GENERAL
EDUCATION 通识
大学生 教育

Chinese Tea Culture

中华茶文化

主 编 黄志根
副主编 丁以寿 汤 一

ZHEJIANG UNIVERSITY PRESS
浙江大学出版社

图书在版编目(CIP)数据

中华茶文化＝Chinese Tea Culture / 黄志根主编.
2 版. —杭州：浙江大学出版社，2000.9（2023.4 重印）
ISBN 978-7-308-02421-1

Ⅰ. 中… Ⅱ. 黄… Ⅲ. 茶-文化-专题研究-中国 Ⅳ.
TS971

中国版本图书馆 CIP 数据核字（2000）第 34853 号

中华茶文化

黄志根　主编

责任编辑	傅百荣
封面设计	刘依群
出版发行	浙江大学出版社
	（杭州市天目山路 148 号　邮政编码 310007）
	（网址：http://www.zjupress.com)
排　版	浙江时代出版服务有限公司
印　刷	广东虎彩云印刷有限公司绍兴分公司
开　本	787mm×960mm　1/16
印　张	17
彩　插	8
字　数	296 千
版　次	2000 年 9 月第 1 版　2007 年 12 月第 2 版
	2023 年 4 月第 12 次印刷
书　号	ISBN 978-7-308-02421-1
定　价	39.00 元

1963年4月28日
毛泽东同志在采
摘龙井茶

周恩来总理在杭
州梅家坞与采茶
女亲切交谈

陆羽刻像及《茶经》

当代茶圣吴觉农半身铜像

中国云南哀牢山古茶树

少数民族姑娘在采茶

林中的茶园

位于杭州（余杭）的径山寺，周边盛产名茶，在宋代因盛大的茶宴而显赫一时，曾引来日本的僧人参谒

近代绿茶揉捻茶业装置

茶马古道一瞥

黄山山区盛产名茶

武夷山九曲溪上
的天水茶色。其地
曾孕育出红茶与
青茶两大茶类

祁红（红茶）

铁观音（乌龙茶）

绿茶（碧螺春）

银针白毫（白茶）

茉莉花茶（再加工茶）

杯中森林（开化龙顶）

普洱茶茶汤

丰富多彩的茶叶包装

材质不同、造型各异的茶具

现代工夫茶
茶艺示例

1.备器　2.净器　3.温壶
4.投茶　5.注水　6.刮沫
7.淋壶　8.关公巡城
9.韩信点兵　（工夫茶茶艺程序）

唐·饮茶图

明月相向照
天涯物新切
梅花一味香
感君五城情

丰子恺·松间明月长如此

宋·斗茶图（局部）

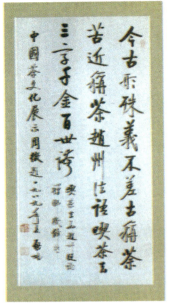

茶与书法

金庸题写茶诗

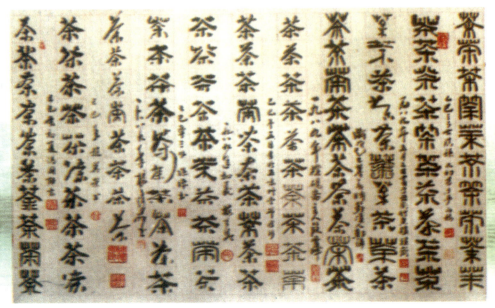

古代一百零八个"茶"字书

在舞台上竞技的盖碗茶茶艺

大学生的茶艺表演

空姐学习侍茶之艺

宜茶场景与茶具组合

已故著名茶人庄晚芳先生

茶界百岁老人张天福与他的人生座右铭

生命不止
探索不息

中外部分茶人相聚浙江大学

茶叶博物馆外景

第七届国际无我茶会·茶道
交流会

第七届国际无我茶会
（杭州柳浪闻莺）

舞台上的《采茶舞曲》

现代茶会上的观音舞

开茶节上的文艺表演

传统文化下的
饮茶氛围

说　茶

（代　序）

　　中国的茶文化丰富多彩、意境优美、雅俗共赏，在世界范围里独树一帜，是中国人的精神面貌和修养的一面镜子。

　　论历史起源和文献记载，茶不如酒明确，酒起源于原始农业时期，甲骨文中有酒没有茶。研究茶史的人常据陆羽《茶经》"茶之为饮，发乎神农"这句话，陆羽的根据来自《神农食经》"茶茗久服，令人有力悦志"，而神农氏通常又定作五千年前，于是茶在五千年前即已有栽培的推论就这样定下来。在陆羽那个时候说神农氏发明饮茶是可以理解的，到今天还这样"一脉相承"就不妥当了，所以也有人不同意这种观点。如所周知，神农氏是男性的农神，但是世界各地的农神多是女神。如罗马的农神 Ceres 是女神，希腊的农神 Demetor 是女神，埃及的农神 Isis 是女神。为什么前者都是女性，只有中国的神农（还有后稷）是男神？这表明农神为女性是先有的，农神为男性则是后起的。可是，中国江南农村流传崇拜至今的"秧姑娘"、"稻花神"、"米娘娘"却都是女性，与罗马、希腊、埃及一样，几千年下来不受神农的影响，这也是很值得深思的现象。

　　因为农业起源于新石器时代的母系氏族社会，子女们"知母不知父"，男子负责狩猎，女子负责采集，发明种植的是女子，不是男子。因此，我认为有理由把最先发明采茶的人归功于女性。周族的农神后稷，传说是其母亲踩踏了"大人"（通常释为熊）的足迹而怀孕生下他的。这正是反映了母系社会不知道后稷的父亲到底是谁，与图腾信仰相结合，便作出踩着了"大人"的足迹而怀孕的解释。中国北方的各氏族部落早在新石器晚期即已不断通过战争、交融，形成华夏族，父系氏族已占主导地位，一切历史的起源追踪，都排斥女性而带上父系色彩，故农神也成为男性，是不足为奇的。

　　否定茶不是神农氏发明，不等于说新石器时期还不知道采用茶叶。新石器时期原始人采集的植物种类繁多，有供食用的、饮用的、祭祀用的、药用的、毒物用的、染色用的、编制用的等，所以原始人认识的植物种类之多，超出于现代人的想象以外。原始时期的小孩跟着母亲在树林里采集,很早就认识各种植物,知道那些可食,那些有毒。现代城市里的小学生,虽然每天吃饭,却从来没有看到过水稻的植株,还误以为稻米是像苹果那样从树上采摘下来的。据Jardin(1967)[1]的调查统计,原始农业时期的人认识的植物种类,至少在1400种以上,其中叶菜类最多,达600余种。很难设想在这么多的采集植物中,像茶叶这样可贵而又极其普遍的植物却会在他们的视野之外,不知道加以采集利用。我对日本学者关于照叶树林文化的观点很感兴趣,[2]我以为这种观点有力地支持了茶叶利用起源甚早的推断。

在喜玛拉雅山南麓海拔1500～2500米的地方,生长着以常绿的青冈栎为主的森林,由此经过印度阿萨姆、东南亚北部山地、云贵高原以及长江流域和华南山地,一直延伸到日本列岛西南部,呈一条横跨东南亚的半月形暖温地林带。构成这一林带的树种以青冈栎、柯树、樟树及山茶为主,都是常绿树种。这些树种的叶片表面,都有像山茶叶那样的光泽,故称之为"照叶树"。起源于这个林带并发展起来的农业及其文化,有着异常的一致性或相似性,如农作物方面有共同的山地刀耕火种旱作粟、稗、陆稻等,块根类的山药、芋头等,果树的柑橘等,低地的水稻,以漆树制作漆器,以糵酿酒,竹类的普遍利用等,茶叶的加工和饮用正是处于这一地带以内。直至今天,那里有稻,哪里有竹,那里必然就有茶。故稻文化也好,茶文化也好,竹文化也好,它们都是从最初的照叶树林文化中孕育发展起来的。

黄河流域处于南方照叶树林带以北,是完全不同的另一种生态环境。黄河流域的原始农业环境较长江以南为有利,故原始农业发展早而繁荣,最早的文字也产生于黄河流域。黄河流域的农业环境直到秦汉时期,仍然是森林密布,湖泊众多,黄土肥沃,从而孕育了古代灿烂的文明。但黄河流域是在上述照叶树林带的范围以外,故"茶"就无法同酒同时出现于甲骨文中。

陆羽《茶经》里提到茶的别名有荼、茗、荈、蔎、槚等五个(实际上还要多)。这些称呼都是南方的方言或少数民族"茶"的语音。因为这些字都不见于金文,当它们在传播中被汉字记录下来时,已经是较迟的秦汉时期了。所以这些茶的方言和少数民族"茶"的语音,要到西汉《尔雅》和东汉《说文》中才收入并

---

① Zeven,A.C. and Zhukobsky, 1975, Cradles of agriculture and centers of diversity 收入 Dictionary of cultivated plants and their centers of diversity , pp. 10—14.

② 尹绍亭编译:《云南与日本的寻根热》云南社会科学论丛之二,云南省社科院1986年。

加以解释。这些字并非简单的同义词，是随着茶文化的发展融合，各自取得新的含义。如《尔雅·释木》只说："槚，苦荼也。"到了晋代，郭璞的注就说："今呼早采者为荼，晚取者为茗，一为荈。蜀人名之苦荼。"说明古代对春茶和秋茶是分别命名的。故唐以前称茶较少，一般多称茗荈。如北魏《洛阳伽蓝记·报德寺》："时给事中刘缟，慕（王）肃之风，专司茗饮。"同书又说王肃在北方，吃不惯羊肉酪浆，仍喜欢"汤饮茗汁"，那时都还不使用茶字。

　　一定的文化气候总是以一定的政治、经济、文化的聚集和发展为前提。秦汉以来，饮茶之风虽已传到北方，南方的饮茶虽远较北方为发达，但那时还没有出现统一的书面语茶字，说明茶文化尚未形成气候。强大的唐朝、特别是安史之乱以后，是中国经济文化重心南移的转折点，从此历宋、元、明、清，北方虽然保持政治的中心，但经济和文化重心的南移已成为不可逆转的局面。反映在南北人口比例的倒转，十分明显。汉时关中地区的人口密度每平方公里达200人以上，华北其余地方也有100～200人，而南方江浙一带的人口密度不到10人，南方大部分地区都在3人以下。在这种北南人口悬殊的前提下，茶即使向北方发展，也是十分有限的。魏晋南北朝长时期的分裂中，南方农业大有发展，到唐朝天宝元年（742）时，南方人口大增，直追北方，北南人口之比上升为6：5，（到了明清时期，北南人口之比便倒转为4：6，这一比例至今依旧，北方人口再也不可能超过南方）。南方经济开发已经超过北方，与此相应的是，茶文化也同时迅猛勃兴，以陆羽《茶经》及许多诗人为代表的朝野饮茶之风兴起，皇家、仕宦、诗人、寺庙僧人直至民间百姓，莫不饮茶。被誉为"唐诗之路"的浙江新昌一带，元稹、白居易的新诗一问世，即有人将其转抄在纸上，拿到集市上，可以换取新茶，诗和茶的交换，不经由货币媒介，以茶换诗，因诗得茶，真是绝妙的茶诗文化结合。法门寺地宫出土的唐王朝茶具，令人叹为观止，皇室嗜茶，对推动茶文化自然有很大作用。陆羽从小在寺院长大，读书学文以后，尊崇儒家，但他的爱好茶艺显然是与寺院茶文化的耳濡目染，并身体力行分不开的。茶艺最初出自佛门，是因佛门六根清净，环境和心境都平淡超脱有关。《茶经》是在儒佛结合之下孕育而诞生的，儒佛结合乃有中国式的禅宗，禅茶结合，乃有中国式的、追求破解人生哲理的茶道，这是水到渠成，理所当然的结果，但只能产生于唐朝这一特定的政治经济文化背景和特定的江南鱼米之乡。日本在唐朝630—894的264年间，曾先后派出遣唐使19次（16次成功）到大唐国访问学习，对大唐的官阶、学制、服装、音乐、历法、农业、医药、绘画、棋艺、哲学、儒学、佛教等，一一依照唐朝模式吸收、消化，并加以本土化。茶道即是其中之一，茶道传入日本以后，日本人精心钻研，发展为日本式的茶道,中国则因不断的改朝换代,尤其是两次游牧族入侵,茶道遭受挫折,显得衰落不振。直至改革开放以后才通过日、韩交流,努力复兴。

据不完全统计,自陆羽撰《茶经》以后,历代都有茶书问世,积累至今,超过百种。这些茶书和唐及唐以后积累起来的大量咏茶的文章诗词、民间歌咏等一起,是中国独有的值得挖掘的一笔茶文化遗产。

中国的饮茶、品茗之风始自南北朝,大盛于中唐,到宋代,士大夫品茶、斗茶之风达到高峰,民间饮茶也是五花八门。南宋临安(今杭州)作为历时近160年的首都,人口密集,商业繁荣,城里的茶肆"插四时花,挂名人画,装点门面,四时卖奇茶异汤。冬月添卖七宝擂茶",又有些茶肆"列花架,安顿奇松异桧等物,装饰店面,敲打响盏歌卖"的,又有在巷陌街坊里专门"提茶沿门点茶"的,婚丧二事有人代为"点送邻里茶水"的,还有些僧道头陀"以茶水点送门面铺席,乞觅钱物"的。繁荣的背面,也有借开茶肆而在"楼上专安著妓女,名曰花茶坊"的等等,不一而足。①

元朝蒙古族入侵,知识分子受打击迫害最甚,"学而优则仕"的道路堵塞,于是产生出受市民阶层欢迎的元曲杂剧。明朝商业经济大发展,知识分子一变写戏曲而转向写作白话小说。满清入关,商业发展被压制摧残,社会经济倒退,满族统治者害怕知识分子的反清复明,采取大兴文字狱的高压恐怖政策。知识分子发生分化,一部分逆来顺受,走上仕途;另一部分远离政治,埋首考据训诂之学;还有一部分继明朝小说之传统,白话小说的数量大增,出现了《红楼梦》这样空前绝后的名著。茶文化也随着这一大背景的改变而改变,出现新的面貌。茶文化更见普及了,至于是否水平更提高了,则很难说。我通过电脑对明清小说如《水浒》、《拍案惊奇》、《警世通言》、《喻世明言》、《红楼梦》、《老残游记》、《儿女英雄传》、《官场现形记》等加以检索,查找这些小说中茶的出现次数,及其叙述的内容,发现一些涉及茶文化的有趣现象。

电脑光碟版的 120 回《红楼梦》②,全书 1305 页,其中 246 页有茶的记载,出现率占 17.82%,这个频率算是高的,对照 124 回的《水浒全传》1305 页中,茶的页数只有 80 页,出现率为 6.59%便知。有意思的是,《水浒》中茶的出现次数虽然少,酒的出现次数却甚多,有 504 页,出现率占 38.62%。但《红楼梦》中酒的次数也不低,有 266 页,占 19.27%,与茶相差不大。这里面包含很多信息量。从茶文化的传统看,茶与文人的关系当然很是密切的,甚至于文人

①　(宋)吴自牧:《梦粱录》卷十六,"茶肆",浙江人民出版社1984年版。

②　青苹果数据中心:《中国古典名著百部》,北京电子出版物出版中心2000年版。

被视为茶文化的同义词，我以为这太偏见了。如从饮茶的人口看，平民百姓的饮茶人口是绝对优势，难道他们就全不懂茶？对茶文化就全无贡献？茶树品种栽培改良、茶叶加工制作、茶水水源供应、制茶燃料供应、茶炉茶具制作，那一样不是农民百姓的劳动贡献？只因为文章诗词是文人创作的，文章诗词成为茶文化的载体，文人自然要占尽风光。

将《红楼梦》中描述的茶艺和《老残游记》中出现的茶艺描述加以比较，也可说是清前期的曹雪芹和清后期的刘鹗对茶艺的不同看法，这也是时代变化的反映。这种差异给我们今天提出了怎样品评历史上茶艺高下的问题。《红楼梦》第四十一回"栊翠庵茶品梅花雪"①中，提到贾母不喜欢饮"六安茶"，喜欢饮"老君眉"（指洞庭湖君山所产的银针茶，其味清淡，宜于老人饮用）。泡茶用的水大观园里强调用"去年蠲（juan，清洁意）的雨水"才好。但妙玉认为这并不算好水："妙玉冷笑道：你这么个人，竟是大俗人，连水也尝不出来。这是五年前我在玄墓蟠香寺住着，收的梅花上的雪，共得了那一鬼脸青的花瓮一瓮，总舍不得吃，埋在地下，今年夏天打开了，我只吃过一回，这是第二回了，你怎么尝不出来？隔年蠲的雨水，那有这样轻浮？如何吃得！"大观园里的少爷小姐们喝的茶不用普通井水、雨水，而是要把当年雨水收进容器，埋在地下，到第二年拿出来煎茶才合格。还有是收藏早晨花朵上的露点，最好的是收藏雪水等等。而妙玉这里的要求更高，必须是梅花上的雪！饮茶需要好水配合是天经地义的，但像大观园里这种强调，实在是有闲阶级的钻牛角尖。不过，应该肯定的是关于雪水的问题，雪水和雨水是不同的，雨水每7公斤含重水1克，雪水每7公斤含重水仅1/4克。重水对生物的生长发育有抑制作用，反之，重水含量低，对生物的生长发育则起促进作用。这是作物栽培上获得证明的，雪水用来泡茶，因其重水含量低，可能对茶味有所改善，是否如此，似未见专门的研究报告。妙玉说雪水"轻浮"，倒有点被她无意中言中了？还要指出的是，雪水煎茶和雪水的功能，不是《红楼梦》的发明，白居易"晚起"诗即有"闲索雪水茶"之句。早在2000余年前的西汉《氾胜之书》中即已强调用雪汁浸谷种，说可以丰收。遗憾的是，我们现在没有条件用雪水或埋藏的雨水进行泡茶试验了，因为现在环境污染很利害，我曾在大雪天试行收藏雪水，谁知白皑皑的雪花，一旦溶化，竟然是一碗黄褐色的污水，用pH试纸一试，pH值约在5左右，这样的雪水积聚在梅花上还值得收集泡茶？现在时常降酸雨，严重时要腐蚀植物叶片，还值得"隔年蠲藏"吗？妙玉养尊处优，其品茶的要求变得不知

---

① 笔者所藏《金玉缘》本作"宝哥哥品茶栊翠庵"，品茶文字一段大同小异。

天高地厚,说什么"岂不闻一杯为品,二杯是解渴的蠢物,三杯更是饮牛饮驴了",这不像品茶,而是在开口骂人,不光是对平民百姓饮茶的诬蔑,也是她没有茶道修养的反映。第五回"游幻境指迷十二钗"中说用"仙花灵叶上所带宿露"的水来烹茶,更是离谱,茶文化如若沿着这种思路走,肯定是条死胡同。

《老残游记》第九回"三人品茗,促膝谈心"中描写申子平喝了一口女店主为他冲泡的茶,感觉是:"子平……端起茶碗,呷了一口,觉得清爽异常。咽下喉去,觉得一直清到胃脘里。那舌根左右,津液汩汩价翻上来,又香又甜。喝过两口,似乎那香气又从口中反窜到鼻子上去,说不出的好受。"这样的描写,显得平民化又不失雅兴。接着申子平问:"这是什么茶?为何这么好吃?女子道:茶叶也无甚出奇,不过本山出的野茶,所以味是厚的。却亏了这水,是汲的东山顶上的泉,泉水的味,愈高愈美。又是用松香作柴,沙瓶煎的,所以好吃。尊处吃的都是外间卖的茶叶,无非种茶,其味必薄。又加以水火俱不得法,味道自然差的。"我觉得《红楼梦》描述的品茶和《老残游记》描述的品茶,可说是上层官府大家族养尊处优者和一般市民阶层品茶的差别,二者追求的目标不同,感受也异。前者会随着家族的衰落而失落,后者会随着形势的发展而改变,还是后者有生命力。

上面两部小说都论到茶水的问题。茶和水的关系太密切了,前人对水质的追求有时也难免陷入误区,对名贵茶叶的珍爱和保藏也有不科学的理解和做法。唐朝宰相李德裕因喜欢无锡惠山泉水烹茶,便动用驿传(古代以快马传递信息)从无锡把惠山泉水昼夜兼程,传送到长安饮用。皇帝赐给臣下的茶称"龙茶",宋朝的欧阳修,把受赐的龙茶一直贮藏着,舍不得吃,直到七年以后,才拿出来分给下属一些人品尝。宋朝的唐庚对此提出批评,他说烹茶的水贵在新和活,从无锡通过驿传的泉水,且不说真伪,就算是真的,也已不是新水活水了。贮藏了七年之久的茶,已经不是新茶了,还有什么茶味![1] 唐庚是懂茶水之道的。

茶水之外,第三位便推茶具,所谓"茶—水—盏"三位一体。茶具因产地不同,原料质地差异,艺术造型水平悬殊,自然有雅俗之分。好茶、好水加好茶具才算完美无缺。茶具在茶文化中已发展成为可以独立展示、收藏的艺术品。

民间饮茶虽然没有赋诗填词、钻牛角求水的雅兴,却表现出质朴无华,充满人情味的饮茶乐处。在明清小说中我们看到民间茶店的各种称呼,什么茶

---

① （宋）唐庚:《斗茶记》,转见中华书局影印《古今图书集成·食货典》第293卷,699册,第33页。

社、茶坊、茶局、茶肆、茶家，服务员称"茶博士"，现在听起来别有风致。店家和主人按照邀请饮茶对象的身份、地位、亲疏以及饮茶的目的不同，如叙旧、结交、请托、说情、纠纷、和解等而分别称奉茶、献茶、供茶、端茶、拜茶、点茶、看茶、传茶、讨茶、吃茶、待茶、捧茶等等。人物对话生动鲜活，富有民间生活气息。同样的饮茶，这种些微的差别，通过文字描述的勾画，没有声音，没有图像，使人看了却如身临其境，即便是现代的电视摄像镜头，也无法表达。这其中茶文化是起了画龙点睛的作用。我用电脑查检的结果，明清小说中茶的出现次数大抵都与《水浒》类似而略高，如《喻世明言》为9.68％，《老残游记》为9.81％，《官场现形记》为9.50％，《拍案惊奇》为7.40％，《儿女英雄传》为11.07％，《二十年目睹怪现状》为7.59％等。民间小说中茶的出现频率如此均匀而高比例，是茶文化深入民间精神生活的反映。

过去农村乡间的道路上，每隔五里、十里必有一个供人小息的路亭，路亭里往往有茶摊或义务供茶的小摊，这些茶亭的柱子上通常都有对联。如"小息为佳，请品数口绿茗去；归家何急，试对几首山歌来"，在茶亭吃茶，不光是休息、解渴，还要对山歌，这是民间的茶文化气息。又如"四大皆空，坐片刻无分彼此；两头是路，吃一盏莫问东西"，这简直是民间的禅语了，但这些都随时光流逝而消失了。

当我们刚迈入21世纪的今天，源远流长的中国茶文化正面临着前所未有的西方饮料的冲击和挑战。西方饮料的特点是配方品味的标准化、包装规范的形式化和奢侈化，尤其口味的单一化最为突出。无论你走到世界那一个角落，你想喝可口可乐、雪碧，都是同一成分，同一包装，同一口味。正是依靠这种标准化、单一化的低成本、高利润，而所向无敌，占领中国饮料市场如入无人之境。中国传统的茶饮料恰恰是品种的多样化、风格的地方化、口味欣赏的个性化和层次差别化、以及潜藏于背后的只可意会、难以言传的文化内含。如果把中国的茶饮也来个西式的标准化，无论走南闯北，城市小镇，打开一听易拉罐的茶饮料，就只一个品牌，一个味道，无分春秋，不见茶叶，只剩茶汁，那末，这一模仿西式饮料成功之日，也即中国茶文化寿终正寝之时。

在这种挑战面前，近年来不断有各式各样的茶馆在城市街头兴起，它们之中，不少茶馆环境的陈设佈置，一反歌厅舞场的喧闹嘈杂、噪音污染，使顾客进入茶室就座之下，即觉得气氛安静平和，心情舒畅。茶馆主人具有一定的茶文化知识，能向顾客介绍茶品、茶艺，并配合有茶艺小姐的表演等，以此与西式饮料市场的一边倒相抗衡，可说是良好的开端（显示比较优势、内涵与生命力，是非常值得的）。

　　问题不在现代化带来什么副作用，而在国民的文化素质修养，茶文化是培养国人的素质最佳精神粮食之一。本书作者作为青年教师，原先是专攻现代茶叶科学的，但对茶文化有兴趣，于是抽时间涉猎茶文化方面的书籍资料，涉猎的领域扩大了，眼界随着开阔了，几年下来，终于开出了茶文化讲座的选修课，受到同学们的欢迎，经过整理，充实讲稿，于是有了初版《中华茶文化》（2000 年）的问世。光阴如矢，转眼茶文化讲座已经满六年了，通过六年来边教边学，作为茶文化课程本身，其适应面已拓宽，如浙江大学已将它定为通识课；为此作者在初版《中华茶文化》的基础上又作了进一步的修改和充实，并已列为国家"十一五"规划教材，值此再版即将付梓之时，作者索序于我，眼看《中华茶文化》讲座从无到有，从稚嫩趋向成熟，觉得情不可却，因以一个"不可一日无此君"的饮茶爱好者的身份，拉杂写些茶文化的感想充数，以为代序。

游修龄
2007 年 10 月于杭州华家池

目 录

绪　论

中国是茶的故乡，茶已伴随中华民族走过了一个又一个千年。茶以润物无声、潜移默化的方式，对社会和谐作出难以估量的贡献。

一、茶、文化，茶文化

最初，茶是人们把茶树新长出的嫩叶，当作蔬菜食用，在长期的反复采摘食用过程中，人们不断地改进加工的方式，由食用向冲泡饮用的方向发展，使得小小的叶片片茶叶，终于成为人们"爱不舍口"的饮料，并演化出千变万化的品饮方式和饮用礼节。现在，中国广袤的大地，茶叶品类之多，饮用方式之丰富多彩，仪态万方，在世界文化舞台上显示出中国独特的优美的茶文化，及其蕴含的深厚文化传统。

"文化"是个多义词，原本指文治教化，即《易经》所说的"观乎人文，以化成天下"。文化也可指运用文字的能力和所具备的书本知识。此外，文化也是考古学上分期标志的专名，如河姆渡文化、龙山文化等。但现在使用最多、最频繁的文化，是指人们在社会历史实践过程中所创造积累的物质财富和精神财富的总和，尤其是指精神财富的创造和积累。茶文化即是这一定义在茶饮领域中的体现。

中西文化接触交流中，文化一词是对英语 culture 一词的汉译，英语 culture 来自拉丁文 cultura，cultura 的本义是指耕耘土地。栽培农作物，然后上升为指精神领域的"耕耘和栽培"，这便包括了物质财富和精神财富的双重含义。所以用"文化"翻译 culture（或 cultura）是很确切的译名，有利于中西文化的沟通。

茶，即是通过中华民族勤劳的创造和智慧，使自然原生的茶成为人们的可口之品与喜闻乐见的对象物,茶事是很多中国人的习惯记忆与情愫对象,并成为一种文化。作为饮用之物,茶在中国也确实能体现出不一般的特质与蕴意:世间食(饮)物众多,山珍海味食之多,难免乏味;但茶却是百尝不厌,引导人在其香其味中缠绵,还能从中得到启发、感悟,并滋生出精神。

　　茶之为文化要求茶与文化的深刻联系与融通。在中国,人们对自然界的认识历经了自然崇拜到认识与利用自然的过程,这可与生物性的本原反应与人的自觉(人文精神的不断创造)相联系;与此相应,从茶与食并存的文化现象开始,茶人"开门七件事"(指"柴米油盐酱醋茶")所代表茶融于生活的高度概括,到茶融入人们的心灵空间并体现出精神与物质的互不分离,茶充当了人们精神生活的载体。在以劳动创造收获与技艺歌颂快乐的中国,受"道法自然"的影响,人们在茶中所凝聚的智慧,与民族文化的积淀、发展存在着某种对应,结合茶文化内涵的普遍与深刻性,茶成为文化的一种代表或象征可谓是必然。事实表明,自然而富有灵性的茶,以平凡却不失高贵的方式,广泛渗透于社会生活;久而久之,茶已慢慢地浸润人性而折射出人们的精神面貌和修养,溶之于民俗与社交礼仪体现着中国文化的精神。

　　在中国这片以"天人合一"为哲学观的文化大地上,茶以综合的(不同于逻辑思维方式,而注重古今一贯、形神合一)形式,存在于人们的日常生活与劳动创造中,通过体验与感受生命的内涵及意义(如从平淡与惊喜、辛劳与收获中体会心得)相结合而上升为一种文化。

二、茶文化的内涵与定义

　　对茶文化的认定,要以其内涵与相关的实践为基础。

　　茶早在原始社会就被人们所利用(食用与药用)。可以想象,在当时物质匮乏、缺医少药的社会条件下,像茶这般药用功效丰富而不难得到的植物,人们是多么的需要!在历史上的商品社会里,茶事因与经济、民生,以及政法相联系(如历史上有过对茶叶种植与交易的管制、茶马交易,以及国家实施的边销茶民族政策,等等)而体现出重要性;茶也因此被视为经济史上研究农业社会或货物经济的代表物。茶与文化与精神相联系而融会贯通于民俗风情;中华民族是礼仪的民族,也是喝茶的民族,不同民族间相似又不尽相同的饮茶风俗,是茶融入国风、渗于民情的体现。茶的情趣也广泛地渗透于文艺创作中:唐宋诗词中的茶事描述,明清小说中生动活泼的茶事情节,歌舞书画中所表达的茶之深情；雅俗共赏的茶让细致的心灵通过茶事绽放出美丽的花朵；茶的传说、茶的故事，反映着民心，还寄托着人们的善良心愿与对美好生活的向往。茶事的丰富多彩也着实让人开眼界，茶品、茶具、茶艺、茶馆，等等，这些无不反映着人们通过茶事所反映的生活实践与精神创造。

在中国，饮茶不仅为了解渴，这一非常值得注意的文化现象也早就被异域人所注意。中唐时期来华学习求法的日本僧人园仁，就曾把所亲历的见闻择其要而记于《入唐求法巡礼行记》中，其中对民间茶事，包括在穷乡僻壤处茶事的广泛性记载，可谓是对《唐国史补》中"风俗贵茶"的一种注释，也与日本茶事自上而下的发展形成了对照。文化通过传播而体现生命力，而当东北亚学者们因茶文化而到中国寻根问祖，并为谁之先前传入而争论时，我们应当思考茶的深远影响与给人类有过的积极贡献。在中外交流中，茶充当了文化角色，是以文明的内涵影响着东北亚及南亚一带。即使茶以商业的方式输出到西方，还在英国繁衍出与生活及工作方式相融合的 afternoon tea（下午茶）；有人戏称其为影响工业文明的饮料之一，实乃反映了人们对生活中的优雅与紧张工作间歇闲暇的追求。

相对于社会经济与文化，茶的科学似乎来得迟了一些，但它在近来的活跃与现代茶文化的绚丽多姿相互辉映——茶的自然科学性为茶的利用与茶文化现象的生发提供了客观依据。传统的饮茶满足了解渴、自娱与同乐的需要，现代科学则引导人们科学饮茶，以促进健康。科学与文化原本就没有隔阂，如传统的客来敬茶之道，科学就给以驱逐疲惫、清新自我、生津助谈与愉悦和乐的解释。毫无疑问，科技的发展将为茶文化发展注入新的活力。

不同于中国历史上科技曾被视如"形而下"的技艺，受西方科技的影响，近来出现过以技术为主的科技影响文化阐述的思想倾向。这给当代茶文化的认识与理性的界定带来了困难。茶文化是通过茶的自然性（功效）承载的，但它还不同于反复更替或层出不穷的商品文化，反映的是与其功效相关的生活方式与社会历史等文化内涵。茶文化的研究对象不局限于茶的物质性，还在于它与传统文化的相亲相近以及给予人的影响。文化是"人化"的结果，并起到"化人"的功效。茶的文化是人们对茶的自然属性进行"人文化之"的过程，以满足于生命活动、迎合社会发展的需要，它不同于现代茶叶科学以生物与化学分析为依托所进行的微观性应用研究。当然，科学的理性与技术的方便也根植在人性里，茶文化的发展也必须与之相应。

茶文化是人们对茶的认识，以及在此基础（人文为主）上的应用和创造过程。应用，是历史上曾有过的、沿袭下来的，也可能是推陈出新的现代应用。

创造是方方面面的,可指劳动,生活,乃至与哲学相关的思想和理念,以及创新;其中包括人们对茶事所作的无心插柳的尝试、经意与不经意的创造。这些内涵渗透于文化的累积与创造特性中,自然也体现于茶文化的形成与发展过程,并表现为有助于和谐社会、传承文明。茶文化是寄寓于人对主客观世界的认识与(创造性)活动,通过茶而体现的物质需要与心灵空间,并迎合人类智慧的追求与社会和谐发展的需要。由此而论,茶文化中的茶,不再是原生态意义上的茶(这好比是桑叶经过蚕的辛劳而吐丝作茧,通过人的智慧形成丝织品光洁与服饰的绚丽,显然,但后者已不同于前者),它已通过人的智慧幻化出多姿多彩而富含哲理的茶文化。

茶在中国,不同于水、浆等为解渴之物(用)。由自然与人类共创的茶文化,已广泛渗透于我们的哲学、民俗、美学、文学、历史、宗教与文化传播中,也构成了物质与价值、精神与哲理相互联系与印证:茶的历史代表了我国多民族的团结和生命的绵长;茶的外传见证着中华民族面向世界的历程;茶的制作过程体现了勤恳踏实与精益求精的品性;茶的种类与风格可意喻中华民族的丰富多彩以及其宽厚的胸怀;茶事的丰富与雅致可反映人们对美好生活的向往与追求(如茶在文艺创造中所表现出的灵动精致)。

三、茶文化的形成特征与认识方法

随着社会的发展,茶似已从"柴米油盐"之列脱颖而出,成为民族文化的一朵奇葩。依托于中华文化的包容,茶文化接纳深刻的佛理而得到更广泛的发展;面对西方文化的涌入,茶文化在改革开放中得到发展,而迎来了新的发展纪元。茶文化有其独特的形成机理与存在特征。

(一)茶文化是物质与精神的巧妙结合

茶以实用为原始价值,可它的意义远非于此,这与精神内涵分不开。当事物超越实用,深入到精神与心灵层面而阐发开来,其发生发展常常出人意料,茶文化给人的感动即是如此,它历经实用到精神、简单到丰富,并由此拓展到社会的方方面面;茶也成为人们情趣性活动对象而陶冶人们的情操,感受其纯情与物我世界的精彩,为生命活动的创造增添原动力。茶与社会生活的广泛联系,通过精神与物质相通这一特征,使得茶的文化现象如同溪流汇聚江河一般。茶文化是丰富而斑斓的(如文化世界的迷离与缤纷绚丽),但它并不离奇。

以茶具为例,虽然有着不同种类与独特的内涵,但以迎合茶文化的发展才是理想(如紫砂的精深与细致有其自身存在的理由,但如果脱离与茶相关的实用与鉴赏价值,就会大大逊色)。通过实践而体现民族智慧的茶文化,因缘于物质和精神的融为一体而沟通雅俗,并拥有了广泛的影响。

(二)中华民族是喜茶的民族,与时代相关的实践与茶文化创造成就了一幅美丽的历史画卷

由于地域(气候)的差异与地区发展的不平衡,茶事的传播与发展也呈多维走向,这些已在当今不尽相同(因地域与民族而异)的饮茶方法与习俗中得以充分表现,也巧妙地融合于丰富多彩的民族文化。以我国东北与西部边区为例,由于受饮食结构与自然地理的影响,茶成了人们生活的必需,他们采取的烧煮掺揉等饮食用方法,为的是以独特的方式与情景去适应周遭、满足自然粗犷条件下的生活需要。在他们心里,茶也不仅是有别于清饮的食用,也是一种蕴藉与更好地体验生活的努力与精神追求的需要。这里要强调的是:中华茶文化是由各民族共同创造而繁荣,多民族的相关创造,是茶文化发展的独特的原动力之一,"个体性是茶文化不断创造、变迁的基因",并成就了(创造性)茶文化实践中的积淀与发展,如已有的礼仪性(如客来敬茶),抑或是历史性(如茶马古道),还可以是生活中小事(如茶叶蛋作为食用的方便与经久),等等。茶文化的个体性创造价值与群体性的融合而呈现出的丰富多彩,还是中华这多民族的创造性与兼容并蓄而充满活力的一种象征。

茶文化的传播、发展,乃至创造,脱不开自然环境与情理相应的需要,其表现方式离不开社会背景,时代不同,主题有异。中华茶文化是由时代背景为时间线索的特色性创造与积累。唐代因为茶广泛渗透于不同社会阶层与思想流派而初步形成了综合性的茶道文化体系;宋代则演绎了以精细与高雅为特征的品茶、斗茶文化,是艺术文化的代表;明清时期小说中将茶事描写得生动传情,使茶文化成为文艺中的一枝奇葩,也明确了茶的社会地位与文化元素性质;而近来描绘的"国饮"文化蓝图,也是值得期待的。历史上的茶道文化也是在其实践与创造中演绎的。鸦片战争至20世纪上半叶,茶的文化似乎显得很郁闷,但它不是消沉,是受制于社会大环境而以渗入民间、藏于人们心中的方式存在,等待"春风"的到来;它的发展受特定的社会文化,尤其是强大的社会变更力的影响。如今茶文化所显示出的勃勃生机,得益于改革开放带来的春风,并有了"茶文化"与"茶艺"等响亮的称谓,让人传颂与创造,其时代的强音还将伴随民族的崛起与文化的自信而奏响。

(三)茶文化札根生活而又丰富了生活

茶,从人们的生理需要到溶于生活方式;茶文化是历史筛选的结果,它通过自然的亲切与感官而得甘醇之余,在心灵与感受方面引人入胜,继而给人以启发。茶与生活相结合的这一特质,使茶文化的发展能在接受各种挑战中表现出非常旺盛的生命力。由此而表现出恒久魅力是人们生活中的必需与精神的象征。这里以服饰等为例进行比较说明:相比于服饰文化的多变、富有个性与美的直观表达,并吸引人们的眼球,茶文化具有内在的稳定与恒久性;较之于饮食文化由口腹之欲演化出的浩荡与不失精致,茶文化显示出幽雅与质朴的形神兼备,体现人类与自然和谐相处的本质与民族文化的深厚(即使在瓜果蔬菜等反季节种植流行、转基因产品横空出世的今天,茶以其自然的本质、富有原生态的价值而倍受人们推崇);由茶的适心、灵性与回味而产生的情感蕴藉给人以美的感受与主观性的体验,即使当今多变的媒体娱乐与便捷的电脑也难以显现,饮茶还能对电子媒体带来的副作用(电视电脑对人体的辐射)起消解与抗护效应,等等。茶文化,还是自然生物与文化多样性的典型代表。

茶,结缘于人们的需求与对美好的向往,为自身的发展找到立身之本。

立足于需要与人性化,在适应情感与理性中发展的茶文化,常常表现出历经风雨之后现彩虹般的美丽;这既是它自身价值的所在,也引发人思索。茶还让人想起同样是联结华夏神州与海外世界、传播中华文明的民族特色物品——丝绸,其形式不同,却反映了类似的性质:茶的色与香,丝的质与洁,不张扬而充满了灵性与迷人,其内涵、价值因为经历久远而又丰富递增,可为民族文化的象征。

四、茶文化的思想渊源与价值构架

从茶之源、茶之用、茶科学的发展,到茶文化与茶科学的互动相长,茶文化的认识与研究还有待深入。作为与精神密切相关的茶文化,还要揭示与阐述,以指导现实、开创未来。

(一)茶文化的历史追溯

如果茶的出现是以神农的传说为开端,那么茶文化的形成少不了思想根基。以茶树作类比,它的长大、繁茂而结出果实,必须有根基与营养,才能通过主干支撑枝茂与果盛,于文化而言,思想的根基与精神方面的养分尤其重要。茶之入精神思想,在魏晋南北朝时期有较多的记载,而该时期在思想上正是上承春秋战国的"百家争鸣",下接盛唐时期儒释道的兼容并蓄。茶文化体系的形成发展,是得益于茶的物质与精神相通融的特征所承载的不同思想的传播与说教功能。茶迎合了人们希望通过简单的事与物来解释世界与人生的需要,而充当了精神思想创造与传播的媒介作用。茶的影响与儒、释、道等主流文化思想在其中的广泛渗透相辅相成,通过传承深入礼乐教化("厚人伦、美教化")而成民族风尚。茶文化的作用,也是在融汇了民族思想与艺术,体现人性的积极追求之后,才得以充分发挥——人们通过饮茶,明心净性、增进修养,提高审美情趣而体验生活的乐趣。

由自然与人类携手共创的茶文化,因承载着思想、积淀着民族的勤劳与智慧,成为中华民族优秀文化的重要组成部分。

(二)茶文化与"真善美"

茶文化的实践与发展,结缘于生活。在此,援引真、善、美于茶文化体系进行阐述,是以置理想的追求于茶文化实践相联系的一种尝试。

茶之真("求真"是人自身"向文而化"的意识状态)。[①] 真——是客观的存在。茶的科学知识能很好地揭示茶能满足人体的需要。茶之真,源于茶的自然和朴素的本质,与生命中的精神需要相切合,合乎"天人合一"至高境界的追求。因此,茶之真,是茶性之源,是其情趣通达诗意而感人的媒介,也是茶之哲理性的物质基础与茶文化的知识性所在。

茶之善("求善"是人对自身所认识的合理的文化世界的"秩序"所作的努力)。善——友善、和善,是中国为人处世的前提与传统文化的立足点(不同于西方的以真先于善而存在),也是人们以现实、直观表现喜爱与心神的理想方式。茶之善,是与道德的"自觉"相承接,以民俗的方式在民间广泛流传,体现各民族性相通的特征、承载着友善与热情,而反映茶与民族的不可分割性。茶之善,因体现中华文化的亲和力而成为传播文明与友谊的桥梁;其纯朴的特征也是美的创造的媒介。

茶之美("求美",是人们对"愉悦感"的具体形象的一种追求)。天地有大美,美之利与功为"化成天下";由善与情趣而入美与爱,是人生的永恒主题,也

---

① 　括号内的"求真"、"求善"与"求美"的相关解释分别引自李鹏程《当代文化哲学》一书第四章第二、第三与第四节,人民出版社 1994 年版。

是文化的具体表现与任务。茶之美，就是让人们在心中贮存那缕清香与转瞬即逝的嫩绿，让其色、香、味成为人们可反复与存贮的愉悦美，由此生发的漫想与比喻，以艺术的方式展现，引发人们体会自然与人文的和谐之美！茶之美，启真扬善。

对真、善、美的创造，是人类社会超脱于万物的根本。它可与"君子不器"相联系，给人一个全面发展的、完整的价值尺度。在茶文化中体验真、善、美，是人们的智慧借助茶文化而体现的崇高追求。

（三）茶文化的哲学渊源

茶文化陶冶人的情操，反映着人性的客观与积极追求；茶给人以潜移默化的影响；茶文化是依据人的（全面）发展与社会的进步而体现其价值；茶文化的科学性应该体现这一价值观。

称茶文化为"中介文化"，还不能充分反映它的雅俗共赏与博大精深；以自然科学而论茶文化，会因为物我分离而导致主观性不足的缺陷。两者也不具备终极性的认识意义。而科技日兴、文化日盛与饮茶者日众的现实与新形势，对茶文化的研究者提出了与时俱进的要求。显然，因局限于具体学科的研究已难以担当指导茶文化现实发展的重任的情况下，打通社会科学与自然科学之间的分隔就显得非常重要，也就是说，茶文化的探究还必须借助于对科学与文化有规定意义的元理论去寻找有关依据，以阐述茶文化的本质。实际上，茶文化除了受科学的深刻影响，还同社会与人生相依。钱穆说："苟写一部中国饮茶史，亦即中国社会史人文史中重要一项目。"[①]足见茶文化与社会、人生、乃至哲学方面的不可分割性。茶文化从起源与发展，与民族哲学有着依存的关系；而文化要达到哲学的意义，方可体现整体与无限，阐述其对象存在的本原性与客观性[②]，茶文化也不例外。茶道所寓意的真善美，正是我们传统哲学意义上的文化价值；我国的学者也有过"茶艺者，阐茶饮之哲学精髓也"、"超然物外，悠游哲学境界"的概括，或相关分合式的论述；同样，日本茶道的成功，与其相应的哲学体系密切相关。茶文化的发展脱不开哲学渊源，哲学超越抽象的自然与人本的实践观，引导人们进入事物内在的无形世界的认识观，有助于诠释茶文化的抽象与真实以及博大与精深，以更好地指导茶文化的发展与实践。可见，援引哲理，融自然科学于文化的相关研究是认识和揭示文化（精神）

---

① 钱穆：《现代中国学术论衡》，台湾东大图书股份有限公司1985年版，第41页。
② 李鹏程：《当代文化哲学》，人民出版社1994年版，第14页。

世界的重要途径。

五、研习茶文化的心得与相关任务

茶文化是人们通过茶的认识、感受与体验以及相关的实践创造而体现其价值——茶源于自然、滋养了民族；茶从人的生理需要到生活方式，进而转化为生活情趣与社会责任相关的精神追求，充分反映了茶与人，乃至人与社会的关系，并构成了中国茶文化发展的主线。

茶文化的发展因时代而表现出不尽相同的作用。面对科技发展与文化多元的影响，结合我们的主要工作，以下几方面值得我们关注。

（一）茶文化与茶科学

正确认识与处理茶的科学与文化，关系到茶文化的本质内涵的解释。通过茶的自然科学性（如饮茶对人的营养与保健作用的科学解释等）认识茶文化，是一条"便捷"的通道。但茶文化与茶科学是有区别的。茶文化以其可随意而不平凡，以源之于自然的造化与文化意义上的协同而成就精致与高深、简单又恒久的经典，这不是通常的茶的科学知识所能通达与阐释的。茶科学的发展对茶文化所起的积极作用，可以从茶的成分功效等来佐证其健康作用，但茶文化还具有因融于生活实践的精神力量所体现出的文明教化作用。茶文化与茶科学都是满足人的需要，但研究对象是不同的，茶文化所涉及的领域更为广泛；除了保健，茶的生态与环保，茶的种类与其相应的饮用方法的多样，还是生物与文化多样性的客观，也是社会和谐所需。可见，茶科学与茶文化，可通过饮（茶）者日众与产业化的引导而互荣并进，但也要注意到两者在着眼点、研究方法与认识意义上的差异。

（二）茶文化与生活

文化传统的延续，除了文字与精神的宣扬，也可通过生活习惯等滋养。茶文化即是通过生活来充盈与承载，并孕育有相关的意蕴。茶文化体现的劳动艰辛、制茶过程的历练和与之相关的人生感受，给人以心灵的感动，它以特定的方式向人们展示其由来，并给人以启示：茶来自山园与希望的田野，带着春天的萌动与气息（如清幽的芳香）以及自然的代谢，给人以新鲜与活力，象征着耕耘后收获的希冀；茶汤的平和、包容与苦后回甘（有予人鼓舞的意味），是不同于咖啡的一时刺激与亢奋；用心品茶的细致与蕴含，能体会与感受到欣赏以及新发现的妙处。茶文化通过生活的积累与认识的渐进而温故纳新。它所代表的文化，是与中国人心中的价值观念紧密相连而体现永恒。

（三）茶文化的与时俱进

任何一种文化现象的兴起或发展都与时代背景分不开，并在实践中体现时代特征。茶文化是一定社会历史条件下的产物，并随着历史发展不断变化着内容方式。唐朝的雄浑与开放，接纳了佛教文化，促进了传统文化的圆融，并孕育出"茶道"的精深与恢宏。当代茶文化，是在改革开放后传统经济向市场经济过渡中发展的。它以"犹抱琵琶半遮面"开始，从推陈出新中拉开序幕，伴随改革开放的深入发展而繁荣昌盛。这里要强调的是，当初的传统文化在与西方文化的交流与碰撞中历经了考验，它是在稍显退让之后，随即以其适应性与包容性，显现出经久弥新的魅力。这让人想起茶文化在一定程度上所代表的传统文化，在对外开放后与外来文化的消融中①所体现出的积极效应——中国文化的"和"与茶的人性化效应可以给竞争环境增添不同于冷漠或紧张而带来和谐与活力；这方面的工作有待进一步实践与开拓。与此同时，我们应注意到，时代正在把茶文化推向更广阔的未来。正在崛起的中国经济，呈现出了理想的文化发展环境，其和谐理念正在得到越来越多国家的认同，这该是茶道文化发展逾千年来的难得机遇。② 为此，茶文化爱好者在多一份自豪中，还应多一份责任。"国民精神之发扬，与世界识见之广博有所属。"（鲁迅语）我们当以智慧与勇气面对现实，以科学的实践观指导茶文化发展，开拓创新，以不负时代的重任。

（四）茶文化与现代教育

茶蕴含民族思想精华，予人以潜移默化的积极作用。英文 Education 的原意是"引出、激发"；茶文化的蕴藉与其有着客观的联系。我国的现代茶文化教育，起步较迟但发展得挺快，它已从少儿的礼仪与知识性教育、中学的课余爱好活动，发展到大学课程教育与社团活动形式；技能性的职业培训也蓬勃开

---

① 不同文化的交流与撞击，在初期的表现反应因反差而表现得较为猛烈；但经过一段时期的吸收消化较量，会产生新的结构，新的平衡。

② 现在的中国国力日强，其文化的影响力也与日俱增，而全球化时代与更为开放的文化环境将给我们的茶文化发展创造美好的前景。

展。其中,高校茶文化教育,因有助于提高大学生的人文素养、能动思维与启发学习者的创造性而以补应试教育之不足而受人关注。

当代茶文化教育,是以茶为物质载体,对其人文精神加以提携、并赋予时代的内涵与针对性的特色教育创举。茶的由来、茶的品质种类等基本的知识与技能是茶文化所需,但高等教育不应局限于这些,还应引导人们认识茶文化雅俗共赏背后的文理交融,通过茶事感受其中可有传承文明与创新的意义。沉潜于茶文化中的文化素养、民族智慧与科学精神,即是现代高校进行相关教育的理想题材。它有助于学习者提高审美情趣与修养,感悟民族文化的内涵,增进民族文化的认同、自豪感,并从中起到自我教育与引导作用①。国学大师季羡林说过:"茶文化乃中华优秀文化的重要组成部分,弘扬中华优秀文化必弘扬茶文化"。茶饮中积淀着中华民族千百年来的民族精魂。一个民族的文化多深厚,历史多悠久,其精神有多坚强,美的梦想有多迷离,爱茶人能透过茶文化的美丽而感悟到与民族的深刻相关的精神内涵。可见,感受并启示茶文化中蕴涵的、与民族精神相关的"自然精神和人文精神的再认识与创造"的积极内涵,也应该是茶文化高等教育追求的主要目标之一。

以学习与更好地工作为目的的休闲,也逐渐进入现代教育的话题。工业文明带来了快节奏与喧哗,给社会带来了问题。茶文化因其健康、生态与和谐,可给人以紧张学习与工作中的片刻宁静与思考,其可口与适心,能让人在休憩中焕发生机;这无疑是现代休闲的一种需要,并有助于创造性学习与工作的需要。茶文化教育与休闲的结合,能更好地适应现代社会的发展需要。

茶文化是一个窗口,展现丰富多彩而万变不离其宗的祖国文化,它也是一把开启、寻找文化之门的钥匙,它的饮用能以其雅俗共赏与意境悠远引领人们从茶文化的感受与启悟中通往中国文化美丽精神的深处,以潜移默化的方式沉潜于意识而起到培育人生观的积极作用;结缘于民族思想与艺术的茶文化,是我们的宝贵财富。

为人类带来健康的饮料——茶,因蕴藏着精神文明而成为祖国文化的一种不朽传承。

茶文化在构建和谐社会中具有不可取代和难以估量的作用。

---

① 现代教育要积极应对多元文化并存与发展,应该播撒优秀的民族文化,待其萌芽、发育后有助于树立起积极的人生价值观。茶文化可谓是一种有持久生命力而又高雅的文化,建立稳固的宣传阵地,以便能起弘扬优秀民族文化的社会积极效应。

第一章

茶之史

茶之为饮，发乎神农氏，闻于鲁周公。齐有晏婴，汉有扬雄、司马相如，吴有韦曜，晋有刘琨、张载、陆纳、谢安、左思之徒，皆饮焉。

——唐·陆羽

茶,已是一种全球性的饮料。茶的发展经历了一个漫长的过程,这个过程在时间的推移的同时伴随着空间的扩展,乃至于文化的凝聚。"茶之史"所要阐述的就是有关茶的历史发展过程。

第一节　茶文化的起源

事物都有起源,以物质为基础的茶文化起源是建立在茶叶物质资源的存在与发现之上。然而,拥有物质资源并不等同于就有与物质文明相关的文化结晶,即由茶叶资源向茶文化产生之间有着密切而复杂的关系①;但由茶到相关的丰富多彩、意境优美的茶文化,在茶的祖国真真切切地发生而发展着。因此,有必要依着茶树的起源而论述相关的利用与发展。

一、茶树的原产地

茶树的起源是一个较难进行实证性研究的问题,各个时代的研究者依据不同的理论与资料对于茶树原产地问题展开了持续的研究,产生了不同的观点,这里我们只能根据生物进化论和物种起源一元论的原则来推论。而中国作为茶树的原产地,是从不同的研究角度所得出的殊途同归的结论。

（一）茶树原产地诸说

茶树是从山茶科山茶属分化出来的,而其发生地一般认为是在中国的云贵高原。1753 年世界著名植物分类学家林奈就把茶的学名定为"Thea sinensis",意即原产于中国的茶树。然而,这样的通识,却因为驻印度的英国军人勃鲁士(R. Bruce)少校,于 1824 年在印度和缅甸交界处的阿萨姆省沙地耶

---

　① 茶文化必然要建立在茶叶资源的基础上,但有茶叶资源未必就拥有利用资源的能力,即便在拥有后,还存在具体方法与价值取向的差异而未必走上饮用的结果。

(Sadiya)山区发现了一株高约 13 米、径围近 1 米的大茶树后,便以中国无大茶树而在印度发现大茶树为理由而加以改变,称印度是茶树的原产地,由此引发了关于茶树原产地问题的论争,出现了如下几种主张:

1.一元论的印度原产说。1824 年,由英国人勃鲁士提出,追随者有英国植物学家勃来克(J. H. Black)、勃朗(E. A. Brown)、叶卜生(Iblson)等。

2.二元论的中国和印度原产说。1919 年,由荷兰人科恩·司徒(Cohen Stuart)提出,大叶种茶树原产于中国西藏高原之东(包括四川、云南),以及越南、缅甸、泰国、印度阿萨姆等地;而小叶种茶树原产于中国东部及东南部。

3.多元论的东南亚原产说。1935 年,由美国人威廉·乌克斯(W. Wkers)提出,泰国北部、缅甸东部、越南、中国云南、印度阿萨姆等地,气候、土壤、雨量都极适合于茶树生长繁育,都是原产地,并由此形成一个原产地中心。

4.印度、缅甸和中国交界的无名高地原产说。1974 年,由英国人艾登(T. Eden)提出,茶既不是原产于中国,也不是原产于印度,而是起源于伊洛瓦底江上游某一呈扇面形分布的中心地带,即缅甸的江心坡或更北的中国云南、西藏境内。

5.一元论的原产中国说。在各种茶树原产地主张中,这是目前最有说服力的观点。

(二)中国是茶树的原产地

综合至今为止关于茶树原产地的研究成果,可以作出如下的判断:

首先,从地质变化上看,印度北部不可能是茶树的原产地。因为茶树在冰川时期以前已从山茶属中分化出来,而当时的喜马拉雅山一带还沉于海底。相比之下,云贵高原不仅受冰川影响较小,而且云南还是山茶的故乡,因此茶树原产于云南的可能性最大。

其次,从古地质变化来看,印度不可能是茶树的原产地。约在 2 亿万年以前,因地球板块漂移关系,造成地质分裂,形成劳亚古北大陆和冈瓦纳古南大陆,两大陆之间为地中海。劳亚古北大陆为热带植物区系,冈瓦纳古南大陆为寒带植物区系,一切高等植物的发源地均在劳亚古北大陆。中国位于劳亚古北大陆,印度位于冈瓦纳古南大陆,两者择其一的话,茶树的原产地只能是中国。

第三,从物种起源理论看,所谓的印度、中国为茶树原产地的二元起源理论以及东南亚多元起源理论不成立。达尔文在《进化论》中说,"每一个物种都有它的起源中心",茶树的起源也不例外。另外,从与物种起源密切相关的细胞的染色体数目分析,不论是大叶种还是小叶种,茶树体细胞的染色体数目都是 15 对,存在种类上的一致性,即便两者的生化成分在含量上有差异,理应属于同源,而不是二元性起源。

第四,不同国家的绝大多数研究结果证实了中国是茶树的原产地。科学家们对茶树的分布、变异、亲缘关系做了大量的调查研究,绝大多数学者认为中国是茶树的原产地。如 1935 年,印度茶业委员会组织了一个科学调查团,对印度沙地耶山区发现的野生大茶树进行调查研究。植物学家瓦里茨(Wallich)博士和格里费(Griffich)博士都断定,勃鲁士发现的野生大茶树,与从中国传入印度的茶树同属中国变种。1892 年美国学者瓦尔茨(J. M. Walsh)的《茶的历史及其秘诀》、威尔逊(Wilson)的《中国西南部游记》,1893 年俄国学者勃列雪尼德(E. Brelschncder)的《植物科学》、法国学者金奈尔(D. Genine)的《植物自然分类》,1960 年苏联学者杰姆哈捷的《论野生茶树的进化因素》等有关报告中,均认为中国是茶的原产地。特别是 20 世纪 70～80 年代,日本学者志村桥和桥本实,从细胞遗传学角度和形态学角度,对自中国东南部的台湾、海南茶区起,至缅甸、泰国、印度的主要茶区的茶树进行了全面系统的分析、比较,结果认为茶树的原产地在中国的云南、四川一带。我国著名茶学专家庄晚芳从社会历史的发展、大茶树的分布及变异、古地质变化、"茶"字及其发音、茶的对外传播五个方面对茶的原产地问题做了深入细致的分析,最后认为把茶树的原产地定位在我国云贵高原以大娄山脉为中心的地域较为确切。

第五,中国拥有丰富的野生茶树资源。自从勃鲁士在印度发现野生茶树之后,一时形成以野生茶树之有无判断原生地与否的风气。勃鲁士发现印度古茶树,并没能刺激对于中国野生茶树的调查研究,于是中国没有野生茶树调查报告的现实也就被视为中国没有野生茶树的结果。一个半世纪以后,中国终于展开了比较系统的野生茶树调查,大约在 10 个省区的 198 处发现了野生大茶树。从世界上已知野生大茶树的地域分布来看,中国西南地区是野生大茶树数量最大、分布最集中的地区。现代野生茶树的确认还进一步印证了古代文献的相关记载,《茶经》开篇第一句就是:"茶者,南方之嘉木也,一尺、二尺乃至数十尺,其巴山峡川有两人合抱者,伐而掇之。"①一尺、十尺讲的是茶树的大小,用现代的说法就是有灌木型和乔木型多种茶树;而两人合抱的茶树需要经过多少岁月,再加上"巴山峡川"原始自然的环境与地点,可以说它们不仅

① (唐)陆羽:《茶经》。本书有许多历史资料引自陆羽《茶经》,包括由《茶经》所转述的唐以前的史料,下文不再作特别出处——注明。

是野生茶树,而且是古茶树。

原始的茶树是乔木型的大叶种,而现在世界各地栽培的茶树从形态、习性到物质的代谢积累,都存在较大的差异。这是因为茶树在漫长的传播过程中,被风土驯化所致。茶树从原产地出发,向西南传到印度、缅甸、泰国等南亚诸国,那里气候温暖潮湿,所以仍保持着大叶种的特征和特性,在分类上大叶种可分为云南变种、阿萨姆变种、伊洛瓦底变种、掸部变种等;向东沿长江传至华中、华东地区,由于气候逐渐寒冷,茶树演变成小乔木或灌木型的中、小叶种,分类上称为中国变种。现在,大叶种茶树都生长在气候温暖潮湿的亚热带或热带地区,小叶种茶树则生长在冬季较为寒冷的亚热带地区。茶树在世界各地所存在的差异,符合生物进化由低级到高级、由简单到复杂、由抗性弱到抗性强的发展规律。

可见,多种学说都"众说纷纭"地支持中国是茶树原产地。我们相信,科学技术的进步与实证资料的新发现,中国是茶树原产地这一事实将得到更有力的证明。

二、饮茶习俗的起源

与茶树的起源一样,对于饮茶习俗的起源同样有不同的认识和解释。另外,对于饮茶起源究竟追溯到什么阶段也是一个问题。不少现代学者在总结饮茶习俗的发展时列出了几条演变路线:"由药用逐渐演变为日常生活的饮料";从生叶含嚼的嗜好发展为药用;"茶的含嚼阶段,应该说是茶之为饮的前奏","随着人类生活的进化,人们逐渐改变生嚼茶叶的习惯,进而将茶叶盛放在陶罐中加水生煮羹饮或烤饮"。综合这些内容,尽管有些混淆和矛盾,但是似乎可以理出这样一条头绪:生叶含嚼→药用→烤煮羹饮→饮用[①]。由此,追溯饮茶习俗的起源究竟是从"烤煮羹饮"得出食用起源的结论,还是从之前的"药用"阶段得出药用起源的结论就成了一个关键问题;其中,判断基准的不确定不仅是造成上述总结混乱的基本原因,也是现在的饮茶起源研究中普遍存在的问题。饮茶习俗的起源不同于研究茶叶的利用史,有必要从茶叶在饮用之前的利用或使用形态的过渡方式作为起始研究对象。

---

① 陈宗懋:《中国茶经》,上海文化出版社1992年版,第539页。

（一）饮茶起源诸说

饮茶的起源假说主要有三种：即饮用起源说、食用起源说和药用起源说。

1. 饮用起源说

茶的饮用起源说非常自然，往往与人类追求美味的本能分不开。人类对于苦涩滋味有强烈的出自本能的排斥心理，幼童很少有例外拒绝茶水就是最好的证据，即便是没有接受饮茶习俗的成人也不时有类似的表现。在没有习惯之前不会喜欢茶的事实说明茶叶的味道不符合人的本能，因此不会为了追求美味可口的饮料而在水里加茶叶。习惯是一个学习、练习的过程，在练习适应苦味的同时，也在学习与之相关的文化。茶经历过这个习惯的过程后，才作为嗜好饮料而被人们接受。由此，茶不是作为美味饮料而产生，而是在向嗜好饮料转化过程中为了立足于饮用为目的，在口感与质地上迎合满足消费者的需要，而向美味的目标改进和发展。

2. 食用起源说

在食用起源说中又可分成两类，即由羹汤演变而来与由菜肴演变而来的两种意见。

日本最著名的中国饮食文化研究者中村乔教授在研究中国茶的烹点方法时指出中国茶由羹汤演变而来的：

> 中国的茶是由羹汤发展而来的，羹汤中留有固体原料的食叶法是其初始的形态。因此如同羹汤有勾芡的羹和清汤一样，茶的饮用法也有两种。一是从清汤式演变出饮汁法。饮汁法的茶就是除去勾芡的羹中的固体原料，至少在三国时代的吴国就已经存在，被称为茶莽或茗菜，是煎茶之祖。二是羹式的饮茶法，该方法最初是将茶碾碎之后烹煮，约在六朝时被速食化。①

食用起源说的另一种说法则是由菜肴演变而来的。但茶从菜肴转化成饮料，不存在必然性或契机，食用茶始终作为食用而拥有独自的发展史。

文化人类学的文化圈理论认为，在文化中心的周边保存有中心以往的文化。有一些研究者在考察东南亚北部与云南的食用茶之后，认定这就是饮茶习俗的前身；这种饮茶的食用起源说伴随着中国少数民族起源说产生。

---

① 《茶赘言——中国茶的食叶法和杂和法》，《立命馆文学》463—465 号，第 18 页。

　　食用起源说认为茶的饮用由羹汤发展而来,但这还是无助于解决制茶技术的来源问题。没有制茶技术,茶树鲜叶成不了可储存或方便携带饮用的茶叶,茶树生长地也成不了饮茶的地区。换言之,如果要使茶叶的生产资源成为融洽于文化内涵中,还少不了"人化"的过程与相关的"精神气候"。在文化中心的周边保存着中心以往的文化是一种相当普遍的现象,但特定文化现象的确认需要具体的证据,而到目前为止还没有发现中国古代像东南亚或云南少数民族那样食用茶叶的史料。事实上,云南等地在当时还缺少像四川与江南一带那浓郁的文化与精神气候,这势必影响制茶技术和茶的文化现象的产生与孕育。在东南亚北部及中国南部的少数民族地区,地方的风土和文化仅仅培育了茶的食用。

　　加工技术并不是孤立的,它取决于应用的目的,与地方的风土、文化有着密切的联系。制茶技术没有产生与成熟于茶树生长的中心云南,而是在云贵高原边缘的四川,这一事实表明:茶树这一植物资源,受巴蜀文化的影响,是作为适宜药用的、一种具体的制药技术,而得以发生、发展,并成熟的。至于茶作为嗜好饮料流行,更多的是受中国特色的道教服食风俗等多重因素的影响。

3. 药用起源说

　　药用起源说产生得最早,陆羽依据现已失传的《神农食经》,主张"茶之为饮,发乎神农氏",提出了神农起源说。清代孙璧文在《新义录》里说:"《本草》则曰:神农尝百草,一日而遇七十毒,得荼以解之。"这里的《本草》一直被解释为《神农本草经》,实际是一则无法确认的史料。伴随着陆羽的记载,后人因为神农是医药之神,就将茶与药"自然而然"地捆绑在了一起,孕育了饮茶的药用起源说。在很长的时期里,药用起源说是唯一的饮茶起源的假说,因此与食用、饮用等假说相比,最具说服力与影响力。

　　支持药用起源说的研究者中,大部分与陆羽持相同的观点,认为饮茶起源于史前。不过,在西汉刘安的《淮南子·修务训》中,虽有关于神农尝百草中毒的记载,却并没有所谓的"得荼而解之"①。但该史料被不少人作为《神农本草经》的原文,以讹传讹地引用至今。这正如同书中所说:

---

　　① 《淮南子集释》卷十九《修务训》。其中另有:"古者,民茹草饮水,采树木之实,食赢蠬之肉,时多疾病毒伤之害。于是神农乃始教民播种五谷,相土地之宜,燥湿肥垆高下;尝百草之滋味,水泉之甘苦,令民知所辟就。当此之时,一日而遇七十毒。"说的是在古代,人民吃草喝水,食用螺蚌肉。神农开始教人民种植五谷而亲自品尝各种植物的滋味,曾经一天遇到 70 种毒。

世俗之人，多尊古而贱今。故为道者，必托于神农、黄帝，而后能入说。乱世闇主，高远其所从来，因而贵之；为学者蔽于论而尊其所闻，相与危坐而称之，正领而诵之；此见是非之分不明。

尊古贱今是中国人的传统思维方式，与古希腊人把发明创造归功于诸神一样，在中国则把发明创造的荣誉归功于三皇五帝。当代茶圣吴觉农等学者支持药用起源说，但是不认为饮茶起源于史前的神农时代，而代之以"茶由药用时期发展为饮用时期，是在战国或秦代以后"的推测。

神农为农耕与医药之神，他是早期农耕与医药学形成时期的先哲的象征性存在。我们大可不必由此神话出发，去考证农耕与医药乃至饮茶的起源时代。然而更多的人不愿意否认神农发现茶这一"事实"，认为这意味着否认饮茶的药用起源说，否认中国悠久的茶史，而走向另一极端。其实，这大可不必。著名农史学者游修龄教授说：有关茶与神农的关系，源自茶的影响与饮茶风气的不断扩大，爱好饮茶的人越来越多，人们自然要追问最初的茶叶从那里来？怎么起源？正遇上神农氏功劳传说逐渐扩大，因而把茶也纳入神农的功劳之内，可说是水到渠成的事了。[①] 不过，这里要指出的是：饮茶的药用起源说影响虽然很大，却与其研究的薄弱形成了鲜明的对照。

（二）科学技术史视点的药用起源说

茶在作为嗜好饮料出现之初，就已经具备了相当成熟的加工技术，这表明茶有一个"前发展阶段"。唐代诗僧皎然已经注意到茶的这一发展特征，他在《饮茶歌送郑容》诗中说：

> 丹丘羽人轻玉食，采茶饮之生羽翼。
> 名藏仙府世空知，骨化云宫人不识。
> 云山童子调金铛，楚人《茶经》虚得名。
> 霜天半夜芳草折，烂漫缃花嚼又生。
> 赏君此茶祛我疾，使人胸中荡忧栗。
> 日上香炉情未毕，醉踏虎溪云，高歌送君出。

即认为在世人尚不知饮茶时，茶作为药饵已经被道家仙人利用。

---

① 游修龄：《神农氏和茶叶起源的再思考》，《茶叶》2004 年第 2 期。

　　文化传统一般都是在不知不觉中形成的,因此没有保存相关资料的意识。待其后来要发掘其中的真实内容与过程,就如同沙里淘金,茶的文化也是如此。对于制茶技术来源的探究,至少可以从利用方法上来探明饮茶的起源。

　　从利用方法上看,茶叶旨在提取利用其中的有效成分,这一点与利用纤维果腹的饮食有着原则的区别,而与药物却完全一致。从中药炮制学的观点来看,中药炮制过程中,加热的作用是多方面的:一可以破坏植物内的酶,阻止进一步发生化学反应,固定其性质;二可以使产生的有效成分充分溶解出来;三可以通过高温急剧加热和迅速冷却使植物组织变得膨胀酥松干脆,易于粉碎。制茶与中药炮制的原理一致,加工的过程与目的相同。无论是一般药物还是茶,都要对生药或鲜叶进行加热。此外,炮制也便于制剂、贮藏和服用。

　　制茶与中药炮制还存在目的与效果的一致性。杀青同样是通过破坏鲜叶中的酶而阻止化学变化,绿茶的杀青在茶叶发酵之前,因此完全阻止了茶叶的发酵,使得绿茶成为不发酵茶。青茶是在茶叶部分发酵之后杀青,阻止了茶叶的进一步发酵,固定了其半发酵的性质,形成了青茶最根本的特征。据日本研究香气的专家山西贞教授的总结,从日本的蒸青绿茶中分析出来的5-甲基糠醛、11种碳氢化合物和19种吡嗪类化合物,都是新鲜茶叶中所没有的成分。叶绿素不溶于水,在杀青时,加热分解叶绿体使叶绿素水解成亲水性的叶绿酸和叶醇,这些是构成茶汤色泽和滋味的重要因素。在加热过程中,还产生了绿茶重要的香气成分——二甲硫,部分蛋白酶分解蛋白质形成多肽,随着温度继续升高蛋白质变性凝固,结合较弱的侧链容易裂解成可溶性的氨基酸,与儿茶素水解所引发的变化一样,成为鲜爽醇厚滋味的来源。甙的水解则使苦味消失。现代绿茶在104种芳香物质中,58种是在加工过程中产生的。加热、揉捻等工序破坏了茶叶细胞,便于以茶多酚为代表的有效成分快速、最大限度地浸出。

　　制茶技术的重要性同时也说明,拥有茶树资源与拥有饮茶习俗是不一样的。茶叶饮料的利用,与中国的传统医药存在有千丝万缕的联系。

　　从中药药剂学而论,根据中医临床用药的要求,中药药料的性质以及生产、贮藏、运输、携带、服用等方面的需要,将中药制备成适宜的剂型。汤剂是历史最悠久、应用最广泛的剂型。适应中医辨证施治,随症加减的原则,具有制备简单易行、溶媒来源广、无刺激性和副作用、吸收快、迅速发挥药效等特点。茶叶作为汤剂是用最普通的水作溶媒,为了迅速、充分地提取有效成分,茶与部分药材一样被加工成粉末。只是在茶成为嗜好饮料的现在,"随症加减的原则"改为口味轻重的嗜好原则。末茶的烹点与中药药剂学的原理、技术乃至所使用的工具都相同。

(三)文化史视点的药用起源说

制茶技术来自制药,因为茶本来就如药,只是在茶成为嗜好品之后才区分明确。从早期对于饮茶功效与目的性认识上,人们可以看出其服药意识的端倪。

早期的文献将茶的功效归纳成两部分:

一部分是悦志、醒酒、不眠、益意思等,可以被视为由咖啡因而产生的兴奋剂效果,是茶成为中国的代表性无酒精饮料的决定性因素之一,建立在中国医药学的基础之上。《神农食经》说:"茶茗久服,令人有力悦志。"《神农食经》的著述年代无法考证,但是其中的愉悦心情的认识与《华佗食论》(已失传)中"苦茶久食益意思"的看法完全一致。两晋时期的刘琨(270—317)在写信给他的侄子刘演(时任南兖州刺史),要他为自己准备茶叶,原因是"吾体中溃闷,常仰真茶",即仰仗茶叶来解决体内烦闷无力的问题。

现在日常生活中和看书或凝思时沏上一杯清茶,即有茶叶清心宜思的效用。这个效用与茶叶含有咖啡因有着密切的关系,它使饮者兴奋,不少人甚至无法入睡。晋代的张华在《博物志》里就总结了饮茶的这个效果:"饮真茶令人少眠。"现在普遍利用的醒酒功能也属于导致兴奋、促进人体代谢的效用。三国时期的张揖就在《广雅》里说:"其饮醒酒,令人不眠。"

另一部分为轻身换骨、羽化、延年等,可归为安慰剂性质,以神仙道教思想为根底,强调茶的仙药效果。《壶居士食忌》说"苦茶久食羽化",把茶与道教追求的终极目标羽化登仙直截了当地联系了起来。南朝时代既是道教徒、又是药学家的陶弘景也在《杂录》里说:"苦茶轻身换骨,昔丹丘子、黄山君服之。"不仅强调并以著名的道士服用茶叶的事例来加强自己的主张的可信度。而僧侣虽然没有接受道教饮茶羽化登仙的观点,却也承认了其延年益寿的功效。南朝时宋僧法瑶,其"年七十九"的记载,意在强调其饮茶生活与延年益寿两者之间似存在可能的因果关系。

茶的愉悦作用在被饮用之初就被认识了,而作为仙药般的安慰剂效果并不是茶中确实存在的,该是由茶投影过来的性质、与隐藏在其后的追求羽化登仙的动机。把茶的这些效果汇总起来看,无疑茶是被当成道教服食的有效之药而被饮用。

云贵高原是茶树的原产地,但这一带宽阔的地区却没有早期的茶叶生产与利用记载。饮茶习俗发生在四川,这该与四川地区巴蜀民族的文化浓厚的神仙思想以及与这种思想相呼应的发达的制药技术造就了茶叶饮料,巴蜀民族开发的茶叶饮料以其优异的品质最终取得了全世界的公认,在我们今天回顾其起源时巴蜀先民发现茶叶饮料利用法这一开创性功绩。

第二节　中国茶文化的形成:魏晋南北朝

饮茶的历史非常久远,茶叶的利用更加悠久。但有文字记载,则始自汉代(有零星的记载)。史料表明,到了三国时期后,茶叶已堂而皇之地进入了帝王、贵族的生活,从此茶开始频繁出现在中国文献中。饮茶习俗在中国被主流文化认同、接受是在魏晋南北朝。根据魏晋南北朝的文献,从茶叶的加工制造技术到饮茶的精神寄托均已完备,证明了中国茶文化的形成。由于中国茶文化是世界茶文化的源泉,对于早期中国茶文化形成阶段的研究更有世界性的意义。

一、饮茶方法的确立

茶文化与茶的物质利用密切相关,饮茶习俗的形成以茶叶的加工制造为基础。在茶文化形成时期的魏晋南北朝茶叶加工技术已经有了初步的发展,原因主要有两个:一是饮茶由药用转化过来,在成为嗜好饮料之前已经在技术上非常完善;二是到魏晋南北朝,茶叶在嗜好饮料领域也有了充分的发展。

（一）茶叶的采制加工

据说在三国魏张楫所著《广雅》里有这样的记载:在"荆巴"地区,大约相当于现在的湖南、湖北全境、河南、贵州、广东、广西的一部分以及四川东部,人们采茶叶制作成饼状。成熟的老叶由于纤维化程度高,黏性不够,于是加入米汤以助成型。

现在从春至秋都可采茶、制茶,因此有春茶、夏茶、秋茶的区别与称谓,并且一般以春茶的评价最高,秋茶其次,夏茶最低。晋代的采茶时节与现代没有明显区别,虽无明确的春茶、夏茶、秋茶之名,却有其实。东晋郭璞在注释《尔雅》中的"苦荼"时说:"今呼早采者为荼,晚取者为茗,一茗荈,蜀人名之苦荼。"而最早具体谈到采秋茶的是晋代的杜育,他在《荈赋》中有"月惟初秋,农功少休。结偶同旅,是采是求"(附Ⅱ1①)的描述,就是说在初秋季节,过了农忙阶段,大家结伴同行,寻找茶树,采摘茶叶。不仅明确表明秋季采制的茶是"荈",还强调利用农闲时间,推论其茶叶的采制规模存在影响粮食作物生产的程度与可能。此外,文献中有记载,在进贡时也把荼与茗明确区别开来:"贡荼千斤,茗三百斤。"②从中可见,在当时,荼(茶)与茗(荈)指代的具体茶叶,是有所区别的。

(二)茶的煮饮方法

按《广雅》中介绍了饼茶的饮用方法:饮用时,先把饼茶烤至焦化,然后捣成粉末,放入陶瓷器皿,倒入开水,并用葱、姜、橘子皮调味。说的是,饼茶是制造加工茶叶的完成形态,但饮用时的茶叶是粉末状,也就是说人们当时喝的是与现在的散茶不尽相同的末茶。

"惟兹初成,沫沉华浮。焕如积雪,晔若春敷。"晋代杜育在《荈赋》说刚刚煎成的茶汤,茶末下沉,泡沫上浮,其光彩像积雪,其明亮似春卉。可见,尽管末茶经历了漫长的历史与不同的朝代,期间的生产技术与饮用习俗都发生了不少变化,但从中所反映出人们的审美意义与精神追求是不变的。

历史的踪迹清楚地告诉我们,晋代时已经存在固定的烹煮方法,并有一定的技能要求,以保证成功地烹煮茶水,烹煮程式的制定在所难免。这从稍后便有鲜卑族官员刘镐专心致志地学习汉人王肃的饮茶方法("专习茗饮")③中可以得出明确的结论。

1. 茶具的追求

饮茶习俗形成的标志之一是茶具的专用化,晋代已经形成茶具独特的审美观。《荈赋》以四川为背景,"水则岷方之注,挹彼清流;器择陶简,出自东隅。酌之以匏,取式公刘"(附Ⅱ2),是晋代关于茶器的难得史料,它指人们选择时

---

①　附Ⅱ,指具体详细内容可参考本书附录Ⅱ,附Ⅱ1,是附录Ⅱ的第一部分,附Ⅱ2则是第二部分。下同。

②　(宋)寇宗奭:《本草衍义》卷十四。

③　(北魏)杨衒之《洛阳伽蓝记》卷五:"时给事中刘镐,慕肃之风,专习茗饮。"

不仅挑选了陶瓷器,而且挑选了出产于中国东南部的茶叶(与四川的"长江头"相比,它只能是与远在天边的"长江尾"相近)。杜育对茶器种类与产地的描述,可谓是舍近求远中有所强调,表现出对茶具作出了舍奢求简的独特追求。因为,无论是从当时的生活状况上看,还是宗教信仰,最顺理成章的选择应该是金银器皿;贵族生活豪奢气派,神仙道教的养生服食也讲究金石丹药,金银器皿的使用当是首选。

《广雅》中提到的荆巴人也选择瓷器作为点茶器具,从中见出魏晋时代在茶具的审美上已经达成相当一致的认识,这在后来陆羽所赞的"碗,越州上",即越窑青瓷是最具代表性的陶瓷产品中得到印证。

二、制茶与饮茶的分布

(一)社会各阶层的饮茶

在魏晋南北朝,饮茶习俗已经渗透进社会各阶层的生活里。在上层社会,吴帝孙皓替没有酒量的韦曜开脱,密赐茶代酒;在"贾谧二十四友"里,杜育、刘琨、左思等三人有饮茶史料遗世;晋惠帝在"八王之乱"中被挟持,颠沛流离,回到洛阳后,窘迫之中用瓦盂饮茶;南朝宋僧昙济用茶款待刘子鸾、刘子尚两位小王子;南朝齐武帝把茶定为自己和昭皇后的祭品。在古代,除了王公贵族,僧人道士和庶民百姓中的饮茶现象有一定的普遍性;人们强调南朝宋时僧人法瑶的长寿,似乎意在强调饮茶的重要性;道士丹丘子向擅长烹茶的虞洪讨茶喝(虞洪即是庶民),《茶经》中就有很多转述记叙庶民饮茶的例证。

(二)产茶地的分布

社会接受饮茶习俗的状况除了从社会阶层上考察以外,还可以从地理分布特征上研究。从魏晋南北朝的文献上看,茶叶产地总的说来与《广雅》所提到的"荆巴"的记载比较一致,集中在长江流域,从上游的四川沿江而下,集中在湖南、湖北、浙江和江苏一带。其中,特别值得一提的是浙江,据南朝宋山谦之《吴兴记》的记载:"乌程:温山(县西北二十里)出御荈。"把中国最初的御茶园在乌程(今浙江湖州)的温山,虽然有隐含温山靠近六朝首都建康(今江苏南京)的地理优势,但是更加主要的原因是浙江在制茶技术上较之四川大有后来居上之势。顾渚紫笋是唐代最著名的茶叶之一,《同治湖州府志》说:"顾渚山在县西北四十七里,高一百八十丈,周十二里,即茶山。"就是说温山与顾渚山不仅都在湖州,而且方位也相同,两者结合起来,可以清楚地可看出其发展脉络。浙西茶叶生产历史的悠久性可想而知。而称紫笋茶为贡茶之最,至少它可为继蒙顶甘露茶之后的又一经典名茶代表,并折射出后来江南名茶的地位名声与形象。

(三)饮茶地的分布

制茶为饮茶提供物质的保证,产茶地是最初的饮茶习俗分布地。茶在从四川沿长江东传的过程中,伴随着文化意蕴的日益丰富,制茶技术不断提高,长江流域成为早期的饮茶习俗普及地区。魏晋南北朝的茶成为南方生活的象征性饮料,并可与北方的乳酪相媲美。

魏晋南北朝的饮茶史料有如下的地域特征,四川的饮茶史料起始时代早,并且在后代也不断出现;西晋国史短暂,饮茶史料集中在首都洛阳是其特征;南朝饮茶史料围绕着政治、文化、军事中心的江苏、浙江、安徽,北朝饮茶史料仍在洛阳。

三、茶会的形成

(一)饮茶的礼仪

饮食在古今中外生活中是最经常使用的社交赠答方式之一。隋唐时的孔颖达在《礼记注疏》中就提出"夫礼之初,始诸饮食"的认识。相对隆重、正式的宴会,饮料的招待更加频繁。就茶而言,昙济和尚以茶款待南朝宋的王子;陆纳用茶招待造访的谢安;风流的领袖王濛以茶待客,没有饮茶习惯的大臣们无法拒绝这一礼仪行为,只能强饮,因此视为强人所难的"水厄";在两广和越南北部,甚至使用瓜芦树叶代茶,"客来先设",即款待客人时首先上茶。由此可见,在茶文化形成时期的魏晋南北朝,饮茶就已经在全国范围、社会各个层次被礼仪化了,也就是说茶礼已经在世俗的世界里形成。

中国的茶礼在应用于世俗社交的同时,还用于神鬼、祖先的祭祀,宗教性的茶礼即滥觞于此。在南朝齐太庙的四时祭里,茶是昭皇后的祭品之一;齐武帝不仅把茶定为自己的祭品,而且在诏书里明确强调"天下贵贱,咸同此制",意即这个制度适应于身份高低不同者,对于宗教性茶礼的确立乃至推广无疑具有积极的意义。中国有"人所饮食,必先严献"的惯例,因此在中国人接受饮茶习俗之初的魏晋南北朝,茶礼就被用于宗教祭祀,从这个意义上说,宗教性茶礼的形成有其必然性。南朝齐武帝为先人选择祭品参照的"生平所嗜"原则也与此相通,也如现在的"上供神知,人有一吃"。在朱熹的《朱子家礼》里,茶礼举行得最频繁,也充分反映了饮茶的普及程度。

(二)茶宴

在茶宴上,茶自然成了主角,不管菜肴、点心多么丰富,也只能处于副食的地位。如果是为了果腹,日常饮食的主食是谷类食品,贯穿始终的主食——饭吃完了也就标志着一次饮食结束。而在非日常饮食的宴会里,饮料起着主食并统摄丰富副食的作用,并且最大限度地延长了宴会时间,也增添了同乐的好氛围。以往,酒一直统领着这个角色。而当茶叶饮用普及到一定程度之后,茶自然而然地参与其中,与酒分享统摄非日常饮食(用)的要求,由此产生了茶宴,后世多称茶会。

茶宴、茶会之名多见于唐代,如刘长卿《惠福寺与陈留诸官茶会》,茶宴之实却出现在晋代。"温性俭素,每宴惟下七奠柈茶果而已。"即桓温每逢宴会,其中,仅设七碟茶果待客,所示的是茶宴的俭朴特质。

(三)茶果

在这些早期的茶宴史料里,虽然没有出现茶宴的名称,却将茶宴的馔品称为茶果。

随着时代的发展,茶因富具饮用功能而被人们单列出来,与此相关的茶果的丰富与合理化发展,也合乎情理。宋明清乃至现代茶馆甚至包括日本的佐茶食品,都主要是由果实、蔬菜和糕点糖果构成,其历史渊源可以追溯到饮茶文化形成的初期。

"果"的本意是木本植物的果实。在采集狩猎时代,果实是重要的采集食物。随着农业园艺的发展,果实在中国人饮食结构中的不可或缺的地位(在中国古代,把谷物歉收称为"饥",而把果实歉收称之为"荒"),果实的嗜好食品色彩日益浓厚。

果菜是指可以作为蔬菜食用的未成熟的果实,在很多场合被作为果实与蔬菜的总称。源于中国的农耕文化,中国的果菜种类特别丰富。

四、茶的精神

陆羽在《茶经》中说茶"最宜精行俭德之人"、"茶性俭"，于是关于茶的俭的文化意蕴的研究均以陆羽为出发点，并延续到现代。"俭素"、"素业"、"俭"等观念固然少不了节俭的含义，但是更加主要的意义在针对荒淫放纵、奢侈无度，强调自我约束，反映了一种人生观与追求。"俭者不敢放侈之意"①。它直接影响到审美情趣，于是在茶的世界里，较之华丽，淡雅一直是崇尚的更高境界。

（一）饮茶的风流

魏晋风流（风度）是魏晋文化中最具时代特征的内容之一，在鲁迅作过《魏晋风度及文章与药及酒的关系》的相关研究后，今人作了新的总结。② 茶的饮用感受不同于酒，但在与风流之间有着某种联系。茶，无论是作为药饵服用，还是在服食意识淡化之后仅视之为生活趣味，都是作为风流而被士人接受。在北魏，汉人的饮茶还被少数民族模仿。"时给事中刘镐慕（王）肃之风，专习茗饮"，鲜卑人刘镐在王肃的影响下，通过学习饮茶表明了他对于汉文化的憧憬态度。

（二）素业的茶会

药饵服食是风流，纵酒放达也是风流。随着社会环境的变迁，风流观也不断发生变化，在"东渡风流"阶段，"风流主要已不再表现为鄙弃世俗、佯狂任诞，而表现为政治上应付自如的才智、政治生活中进退出处的豁达，以及身在魏阙心恋江湖的超然态度"。作为对于荒淫无度、酗酒废职的反省，茶被作为与酒的抗衡，象征着积极参与政治、自我约束、朴素的生活态度。于是在设置

---

①　（汉）许慎著，（清）段玉裁注：《说文解字注》卷十五《人部》，上海古籍出版社1981年版。

②　"魏晋风流"，是在魏晋这个特定的时期形成的人物审美的范畴，它伴随着魏晋玄学而兴起，与玄学所倡导的玄远精神相表里，是精神上臻于玄远之境的士人的气质的外现，更多地表现为言谈、举止、趣味、习尚，是体现在日常生活中的人生准则（参见袁行霈《陶渊明与魏晋风流》一文，国立成功大学中文系主编《魏晋南北朝文学与思想学术研讨会论文集》，文史哲出版社1991年版）。

茶宴时,陆纳视之为"素业"(其侄子陆俶因没有理解而私下准备了丰盛的酒宴,结果被斥为"不能光益父叔,乃复秽我素业")。随着时间的推移,茶的风流,以素业的茶会形式流行,是一种必然的发展趋势。

(三)俭质的茶器

茶器是表现茶的俭素精神的途径之一。杜育即是在金银器皿在上层社会非常流行时却选择了陶瓷和葫芦等日常饮食器皿,所谓"器择陶简,出自东隅。酌之以匏,式取《公刘》"(附Ⅱ2)。郑玄解释使用匏来酌酒的含义是"俭且质也",即瓢的使用象征着节俭、质朴,因为"匏是自然之物"。① 先人在解释使用陶匏为祭器时说:"'器用陶匏尚礼然也'者,谓共牢之时,俎以外其器但用陶匏而已,此乃贵尚古之礼自然也。陶是无饰之物,匏非人功所为,皆是天质而自然也。"(《礼记注疏》)"式取《公刘》"一语道破茶文化在短时期中从内容到形式的全面具备,充分吸收、消化了酒宴形式。

(四)俭素的茶果

桓温对茶果的选择标准与茶俭素的精神也是相通的。茶果以果实、蔬菜和谷物为基本素材,虽然不是绝对的素食,但是鲜明的素食取向有目共睹。战国尸佼提出"木食之人,多为仁者"的命题②,把人性与饮食联系起来,从《中庸》可以看出其思考脉络。汉代郑玄在注释"天命之谓性"时说:"木神则仁",孔颖达在解释《礼记》中使用陶匏为祭器时说:"皇氏云,东方春,春主施生,仁亦主施生。"根据阴阳五行的思想,仁在季节是春,在方位是东,在五行中对应木。人在食用植物之后,植物的仁性随之转移到人的身上。即后人所谓:"木性仁,故木食之人亦为仁者。"

于是素食的"木食"拥有了清高脱俗的文化意义。晋葛洪《抱朴子·逸民》中有:"然时移俗异,世务不拘,故木食山栖,外物遗累者,古之清高,今之遁逃也。"在此作者虽然不加以肯定,却将"木食"与"山栖"、"清高"联系起来。可见这种观点在魏晋南北朝有一定的代表性。

可见,茶中已初步显现的节俭精神、与其品质成就相应的道理,在魏晋南北朝时期已成气候。古典茶文化之成气候,只是等待社会的发展、时机的成熟与领袖人物的到来。这些条件无疑在唐朝时一并显现。

---

① 《毛诗正义》卷十七《大雅·公刘》。
② (战国)尸佼著,(清)汪继培辑《尸子》卷下。

第三节　中国古典茶文化的鼎盛期:唐宋

　　中国古典茶文化发展到唐宋时代达到鼎盛,制茶技术不断更新,饮茶风俗普及到"比屋之饮"的程度,各种宗教都积极地利用和发展茶文化。陆羽总结了中古茶文化,并为中唐以后的茶文化的发展提供了扎实的理论基础,标志着古典茶学的确立。在这种背景之下,政府开始注意到茶业这个重要的经济来源,开始征税专卖,而宋代的茶法更是受军事、政治左右,并直接为军事、政治服务。

一、兴盛于全社会的饮茶

　　茶文化的发展烙有深刻的时代特征。唐代文化蓬勃向上,浪漫辉煌,充满了创造性。茶叶流通车载船济非常顺畅,开茶马贸易之滥觞,直接促成饮茶习俗的兴盛;陆羽为唐代的茶文化定下了崇尚俭德、积极进取的基本格调;茶与唐代文化中最璀璨夺目的诗的结合,使得两者都有辉煌的发展,《全唐诗》中还保留着千首与茶相关的诗;茶文化的高度发展使得它成为中华文化的代表,不仅为边疆地区少数民族所喜爱,还被新罗、日本积极引进。宋代文化细腻思辨,高度发达的社会经济为生活文化的建设提供了基础,培养了洗练精致的审美趣味。宋代的饮茶无论是在内容上还是在形式上都更加精致细腻;饮茶开始与其他生活文化要素组合,挂画、插花、煎茶、焚香被称为"四般闲事";茶叶加工发生了从团茶向草茶的重点转移;宋代茶文化精神中仍然保持着清高雅洁的特征,同时伴随着城市的发展,市民娱乐的性质高度增强,直接促使茶馆业兴旺发达;茶叶仍然是文学创作中的一种重要意象,宋代诗词中的咏茶作品恐怕不亚于唐代;同样在社会文化高度发达的大背景下,伴随着雕版印刷技术的成熟,茶书的创作与出版出现了一个高潮。凡此种种成就都是在全社会的共同努力下达成的,贵族文人、商贾僧侣都从不同的角度参与发展了唐宋茶文化。

（一）皇室的饮茶

在古代社会，皇族拥有巨大的社会影响力，他们的好尚在很大程度上左右着社会风尚的走向，在饮茶习俗的发展上也是如此。

唐宋宫廷用茶主要由贡茶制度保证。唐湖州太守裴汶在其《茶述》中品评天下贡茶："今宇内为土贡实众，而顾渚、蕲阳、蒙山为上，其次则寿阳、义兴、碧涧、湄湖、衡山，最下有鄱阳、浮梁。"

唐代最著名的贡茶当属顾渚紫笋。有僧人献佳茗给当时在义兴担任地方官的御史大夫李栖筠，"野人陆羽以为芬香甘辣冠于他境，可荐于上。栖筠从之，始进万两。此其滥觞也"，就是说紫笋茶的进贡与陆羽有着密切的关系，并且从一开始规模就相当可观。"厥后因之征献寖广，遂为任土之贡，与常赋之邦侔矣。每岁选匠征夫至二千余人云。"之后随着进贡规模的不断扩大，紫笋茶的进贡数量已经与其他有进贡定额地方的数量不相上下，于是贡茶就被定为制度，每年为生产贡茶要征用两千余人。进而，"唐制，湖州造贡茶最多，谓之顾渚贡焙，岁造一万八千四百八斤"①。贞元（785—804）以后，"役工三万，累月方毕"②。如此兴师动众，损耗民力，而由此所带来的加重地方民众负担的后果更加惨烈，当时就出现了批评的声音。

贡茶的生产有人喜欢有人愁。就拿唐代的顾渚紫笋来说，欢咏者如白居易《夜闻贾常州崔湖州茶山境会，想羡欢宴，因寄此诗》"青娥递舞应争妙，紫笋齐尝各斗新"，如刘禹锡《洛中逢韩七中丞之吴兴口号五首》"何处人间似仙境，春山携妓采茶时"；愁唱者如李郢《茶山贡焙歌》"吴民吴民莫憔悴，使君作相期苏尔"，如袁高《茶山诗》"茫茫沧海间，丹愤何由申"。无论是喜是悲，贡茶的生产直接保证了宫廷用茶，并在制茶技术的发展上起着主导和牵动的作用，间接刺激了茶文化的发展。

顾渚紫笋每年清明送至京城，"先荐宗庙，然后分赐近臣"③。至于用茶叶赏赐大臣的最著名的例子恐怕当数宋代欧阳修。宋仁宗时，蔡襄监造的小团是最珍贵的茶叶，珍贵到什么程度？即便是宰辅之类的重臣也得不到皇帝的赏赐，只有在国家最主要的祭祀活动之一的冬至南郊大祀中，分掌军政的中书

---

① 《嘉泰吴兴志·土贡》。
② 《元和郡县志》卷二五。
③ （宋）胡仔《渔隐丛话前集》卷四六。

省、枢密院二府各四位大臣才有机会得到恩赐团茶,数量两个,就是说四人分享一个团茶。因为太珍贵了不敢饮用,作为可以夸耀的家宝而被收藏,逢有佳客临门,取出来传观赏玩而已。后来随着产量的提高,贡茶数量也直线上升,于是"至嘉祐七年(1062),亲享明堂,斋夕始人赐一饼,余亦忝预,至今藏之。余自以谏官供奉仗内至登二府,二十余年才一获赐。而丹成龙驾,舐鼎莫及。每一捧玩,清血交零而已。"①可见,当时若非位居宰辅要职者,是很难得到团茶的。

得到御赐贡茶,大臣固然即可以自己享用,但是还有很多场合只不过是通过大臣奖赏其部下。韩翃《为田神玉谢茶表》就是为汴宋留守田神玉代笔,感谢唐代宗赐紫笋茶 1500 串,奖励将士而写的奏表。《全唐文》中还收录了其他作者的类似文章,反映了这种赏赐的频繁。

随着少数民族接受饮茶习俗,赐茶四裔频度与数量在宋代急剧上升。如庆历三年(1043)四月,赏赐西夏主赵元昊茶三万斤,并且"如能顺命,则岁赐如是"。②

通过皇帝赐茶,不仅可以看出唐宋帝王如何在客观上对饮茶习俗的普及所产生的影响,也可看出饮茶习俗在全社会的普及状况。

(二)文人的饮茶

文人或通过科举考试等途径进入仕途,成为官僚;或者仅仅以布衣终其一生。前者因为留下了大量的著述而成为历史研究的主要对象,茶文化史的研究也不例外,尤其作为雅文化的茶文化的创造者,他们对于茶文化成为中国文化的代表性特质,发挥了决定性的作用;后者的人数应该更大,但是一般很难在历史上留下著述甚至姓名,不过在茶史中他们却有着比较特殊的地位,陆羽就是最杰出的代表。

唐代是古典诗歌的鼎盛期,也是茶文化发展最显著的时期。茶与诗的结合进一步确立了茶在雅文化中的地位,同时也为诗歌创作提供了不同于酒的氛围条件,而这个新的氛围适应了唐宋诗风的变化要求,于是茶会赋诗,诗会咏茶,茶会与诗会融为一体,茶与诗互相促进,最终都得到了充分的发展。

---

① (宋)欧阳修《文忠集》卷六十五《外集十五·序二·龙茶录后序》。
② (宋)李焘《续资治通鉴长编》卷一四〇。这里所指的用茶数量之大令人咂舌,同时反映了西夏饮茶习俗之盛行(这种赐茶完全是出于无奈,是自欺欺人的文字修饰,其实质是贡茶,目的是求和)。

颜真卿在湖州时,身边聚集了一批名人文士,诗文唱答,陆羽也是其中之一。这首《五言月夜啜茶联句》由七人联手创作:

泛夜边坐客,代饮引情言。(士修)

醒酒宜华席,留僧想独园。(张鹰)

不须攀月桂,何暇树庭萱。(李萼)

御史秋风动,尚书北斗尊。(崔万)

流华净肌骨,疏瀹清心源。(真卿)

不似春醪醉,何辞绿菽繁。(皎然)

素瓷传静夜,芳气满闲轩。(士修)

陆士修写月夜之下,代酒饮茶借以导引情怀助谈兴。张鹰通过华席醒酒、寺院留僧比喻这个聚会是多么的贴切适宜。李萼写景喻人,崔万点明恭维的是颜真卿。而颜真卿则笔锋一转,赞美茶汤,清心净骨。皎然继续赞美茶汤的美妙,饮而不醉,像茂盛的绿草一样。士修最后点题,在这宁静的夜晚,青瓷素碗传饮茶汤,想起溢满轩堂。

据传《文会图》为宋徽宗所作,他以绘画的形式,直观具体地表现了宋代文人聚会的场面,其中也包含了饮茶。文人们在青枫绿柳下聚会,桌上摆放着丰盛的食品。画面的最前端是准备茶酒的场面,内有五人,除了一人在休息外,其余四人可以分成左面两人点茶、右面两人备酒的两组。《文会图》所描绘的点茶画面是茶汤业已搅拌完毕,右面的侍童正在往茶盏里分盛茶汤的瞬间。黑漆框架、白色桌面的方桌上放着点茶的钵盂和勺子、搭配好和摞起来的茶盏和盏托,桌子的左面从前至后是放茶具的都篮、鼎形水缸,矮桌上放着承载在盘子上的水桶,方形火炉上坐着两把执壶。

(三)庶民的饮茶

中国是茶文化的发祥地,从饮茶在社会各阶层之间的流动上看,与日本、英国等国通过先输入而发展起来的情形不同。中国茶文化起源于下层,然后被上层接受,经过改造,又流回到下层民众的生活中来,在如此不断的循环反复中,中国饮茶习俗在规模上不断扩大,茶文化在内容上不断提升。

唐代"王公朝士无不饮者",在他们的带动下,普通民众也积极投入饮茶这个流行风尚中来,"遂成风俗"。唐代茶叶产量相当可观,普通民众因庞大的数量占相当的消费比例。黄河上下,大江南北无不嗜好饮茶。"饶州浮梁,今关西山东,闾阎村落皆吃之。累日不食犹得,不得一日无茶也。"①一位随遣唐使到中国的日本僧人,记录了一些具体翔实的庶民饮茶史料。最有意思的是开成五年(公元840)三月十七日,圆仁在巡视途中,遇到潘村潘家主人粗恶无礼,圆仁只能"出茶一斤,买得酱菜,不堪吃"。茶叶在这里成了替代货币的流通媒介。

到了宋代,即便不是"稍丰厚者","柴米油盐酱醋茶"已渐成开门七件事。茶作为生活必需品的地位完全确立下来,换句话说茶是一个被日常化了的奢侈品;与此相应,茶肆是庶民最典型的茶叶消费场所。皇帝赐茶的浩荡隆恩同样波及庶民,大中祥符(1008)元年十月癸丑,宋真宗泰山封禅之后,"大宴穆清殿,又宴近臣及泰山父老于殿门,赐父老时服茶帛";明道二年(1033)三月癸酉,宋仁宗幸洪福寺,"还赐道旁耕者茶帛"(《续资治通鉴长编》)。受者不是豪商富贾,而是乡村的农夫,可见饮茶习俗已经渗透到社会的基层。

(四)僧道的饮茶

唐代封演在总结北方民众的饮茶蔚为风气的原因时,特别强调了僧侣的作用。圆仁在《入唐求法巡礼行记》中不但记载了僧侣的日常饮茶状况,也特别记载了茶药供养的事例。用茶供养的最典型的资料当数法门寺发现的茶具,这些茶具就是皇帝、皇室为供奉菩萨而捐赠的。而寺院煎茶、僧侣茶会的诗作更是不胜枚举。

宋代儒道佛的结合更加紧密,很多文人的诗作充满了道骨玄机,高僧、道士在生活中也同样离不开茶,史料就记载有武则天、宋真宗赐予他们茶等物品。

二、制茶与饮茶

制茶是饮茶习俗普及的基本保障,要求质与量的双重发展。因为有了陆羽《茶经》,人们可以比较准确地了解唐代饼茶的加工工艺,同样,可通过宋代茶书把握宋代团茶的基本技术状况。尽管唐宋时代的茶叶绝不仅仅局限于这两种,但是在有文献可考的1700多年茶史上,这种紧压茶占主导地位有着700多年甚至更长的历史,因此具有重要的意义。唐宋的饮茶方法也伴随着

①　(唐)杨华:《膳夫经手录》。

制茶技术的发展变化而变化，从唐时的煎茶发展为宋时的点茶。

（一）唐代饼茶的加工

陆羽用了四个章节记载茶叶的生物特征与生产制造，一方面总结了盛唐以前的制茶技术，另一方面也对之后的生产具有指导意义。《茶经》将制茶分成七道工序，所谓"晴，采之，蒸之，捣之，拍之，焙之，穿之，封之"，即将晴天采的茶放在甑里蒸，在杵臼里捣后，放入模具内拍打成饼形，穿起来焙干收藏。

在陆羽看来，制茶从采茶开始，尤其注重春茶的采摘，"凡采茶，在二月三月四月之间"。采摘的茶叶"长四五寸"，并且选择长势良好者，"选其中枝颖拔者采焉"。采摘下来的鲜叶入甑蒸杀，蒸汽杀青完毕。杀青之后，趁热将茶叶放进臼中用杵捣碎，同时也破坏了茶叶的细胞组织，茶汁被捣了出来，黏附在茶叶表面，使茶在烹点时有效成分迅速而充分地溶解在热水中，这也是现代制茶中的"揉捻"工序的加工目标之一。捣后的茶已经在一定程度上呈糊状，于是放入适当的模具中压制成各种形状，所谓"方圆随样拍"（唐代陆龟蒙《和茶具十咏·茶焙》）。成型后的饼茶放在棚架上焙干。之后，再在饼茶上打个洞，用"朴"穿起来，然后封存起来。需要强调的是，中国古代的饼茶从根本上说是属于绿茶类。

（二）宋代团茶的加工

与唐代相比，宋代茶叶种类最大的变化当属草茶（近乎散茶）的崛起，尤其到了南宋，草茶的质与量大幅度提高。但是宋代所有茶书所记载的都是团茶的采制，宋代留给后人深刻的印象的是团茶。宋代团茶在唐代饼茶的基础上进一步发展，就像宋代茶文化的总体趋势一样，主要特色表现在更加精致细腻上。

宋代品第茶叶出现了贵早的意识，但是限于茶树生长特性，总的说来仍不出《茶经》所说的采摘时间范围。采茶之后的拣茶工序是唐代所没有的，把不符合要求的杂物乃至鲜叶挑剔出去，而拣茶同时成了从原料区分茶叶等级的手段之一，分为斗品、拣芽、茶芽等级别。拣挑分类后的茶叶经反复洗涤之后入蒸笼蒸青，火候的把握至关重要。杀青后的茶青用水漂洗，然后要榨去茶汁。这又是唐代所没有的工序，而且其"榨欲尽去其膏"的原则与唐代"畏其流膏"的原则正好相反。榨净的茶叶经过研磨后用模具成型，《宣和北苑贡茶录》收录了38种棬模图案。经过最后的工序炭火焙茶，制茶结束。

（三）唐代的煎茶

陆羽在《茶经》中倡导他总结的煎饮茶方法，由于他的权威性，使得这种饮茶方式被广为接受，其他茶人在陆羽的基础上演绎发展，"于是茶道大行"。

饮茶方法与茶器直接关联，陆羽在《茶经》中归纳的茶器被世人作为一种定式称为"茶具二十四事"，伴随着唐代饮茶习俗的兴盛而流行，用《封氏闻见记》的说法，"远近倾慕，好事者家藏一副"①。

"茶具二十四事"包括：

1. 生火用的风炉
2. 装炭的筐——筥
3. 将炭打碎的工具——炭挝
4. 夹炭的筷子——火策
5. 烧水的锅——鍑
6. 鍑的支架——交床
7. 夹住饼茶炙烤的夹
8. 放置所烤饼茶的纸囊
9. 将饼茶碾成末的碾
10. 筛选末茶的筛子和存放末茶的罗和合
11. 舀取茶末的工具——则
12. 盛放清水的水方
13. 过滤水的漉水囊
14. 分茶汤的瓢
15. 搅拌茶汤的筷子——竹夹
16. 盛盐盒——鹾簋
17. 存放开水的熟盂
18. 喝茶的碗
19. 收放碗的畚
20. 洗涤用具——札
21. 存储废水的涤方
22. 盛放渣滓的滓方
23. 擦拭器皿的巾

---

① （唐）封演：《封氏闻见记》卷六。

24. 陈列茶器的柜架——具列

以上茶器最后收纳入"都篮",即"以都统笼贮之"。

饮茶时,首先用炭挝将筥中的石炭打成适当大小,火策夹入风炉,生火。用漉水囊过滤后的清水放入鍑中,从交床移至风炉上加热,另外在水方中也放入清水待用。使用夹夹住饼茶烤炙,烤好后放入纸囊捣碎,用碾子将饼茶碾磨成末,用拂末将茶末扫入罗筛筛选茶末,储入合中。水初沸后用揭从鹾簋中取适量盐加入水中调味;二沸时舀出一瓢水放入熟盂,用则取适量茶末放入中央,用竹夹循环搅拌鍑中央;当水再开,势若奔涛,水沫飞溅时,倒入熟盂中的水,至三沸煮茶完毕。用瓢将茶汤分别盛入茶碗,一升水分五碗,注意平均泡沫的数量,趁热饮用。碗数至少三个,最多五个,如果有十人,就增加风炉煮水。饮茶完毕,用札清洗茶器,废水倒入滓方,渣滓倒入滓方,用巾拭干茶器,茶碗收入畚。使用时,以具列排陈;使用后,以都篮收藏。

(四)宋代的点茶、斗茶、分茶

宋代在茶叶种类发展的同时,同样的主流饮茶方法与唐代相比也有一定的变化,这点从蔡襄《茶录》中看出来。《茶录》是宋代现存最早的茶书,以记载北苑建茶的饮用方法为主。蔡襄还有监制建茶的经历,在担任福建路转运使时,创制小龙团,他所总结的饮茶方法也具有权威性。有鉴于此,首先以蔡襄《茶录》为例考察点茶方法。

平时将团茶密封放入箬叶编织的茶笼置之高处。打算饮用的团茶以箬叶包裹入焙中收藏,茶焙用竹编制。陈茶在饮用之前放入开水中浸泡,刮去表面的膏油,再用茶钤钳住,微火炙干。然后将烤干的团茶用干净纸包起来,放入砧椎击碎,再入茶碾碾成末,尔后入磨磨成粉,用茶罗筛筛过。同时,用汤瓶烧水候汤。水烧开后烫盏,茶盏推重建窑黑盏。钞一钱匕茶末放入茶盏,先用汤瓶注入少量开水调匀,再添注开水至四分,茶匙旋转击拂,"视其面色鲜白,著盏无水痕为绝佳"。

点茶这种宋代主流饮茶方法一直延续到元明,尽管明代中叶以后不再为中国使用,但是却保留在了日本。

斗茶约起源于福建,在宋代走出福建发展成为全国性的习俗。斗茶目的不是单纯的享受饮茶的快乐,而是比较鉴别茶叶的品质以及点茶水平的高下。

另外一种极端强调点茶技术、带有很强的游戏性质的分茶(茶百戏等)也在宋代流行。使用茶匙在茶汤中展现出非常逼真的禽兽虫鱼花草等模样的技艺称之为"茶百戏"。① 百戏是古代乐舞杂技的总称,人们将这种点茶技艺名之为茶百戏表明这种茶汤模样变化之丰富以及技艺之高超玄妙(如和尚福全"注汤幻茶"成诗的技艺,也被称为"汤戏",一时观奇赏异者趋之若鹜②),但其结果同样没能挽救其消亡的命运。追奇求怪可以显赫一时,却无法长久生存。

(五)茶馆与世俗的茶

各种思想、各种宗教一方面吸收茶文化为己所用,另一方面又力图在茶文化中加入自己的思想和宗教要素,主导茶文化的发展。尽管他们的目的不同,但是这些不懈的努力最终充实了中国茶文化,尤其提高了茶文化的品位。不过,这只是金字塔的顶尖,在丰富多彩的中国茶文化中,宽实的基础是世俗茶文化,茶肆是最集中体现世俗茶文化的场所。

茶汤的买卖在晋代就出现了,唐代有了最初的茶肆,前面提到的唐代榷茶使王涯在宫廷政变中逃至茶肆,在那里被禁军逮捕最后被杀。伴随着城市布局的变革,宋代城市的坊市制被取消,各种店铺面街而建,娱乐消费设施迅速增加,茶肆也有了充分的发展,发展的结果出现了适合各种消费群体的特色茶肆。

在南宋首都临安,平日在大街小巷有提茶瓶沿门点茶,夜市有车载担挑流动售茶的"浮铺"。有富室子弟、衙门官吏之类聚会,学习乐器演奏、歌曲演唱的茶肆"挂牌儿"。这类"人情茶肆"已经不是以销售茶水为业,茶水不过是收取费用的名目而已。有的茶肆是社会上游手好闲的聚会处,被称为"市头"的茶肆由特定行业专用。有变相妓院的茶肆"花茶坊",当然这不是君子驻足之地,士大夫期朋约友有聚会的茶肆。不管什么类型的茶肆,都插四时鲜花,张挂名人字画,以装点门面。

三、茶与社会经济

文化脱不开政治与经济的影响,文化也因时代不同而被经济与政治利用。后唐至两宋期间的茶文化,明显受到经济与其他社会因素的影响。

---

① (宋)陶谷:《清异录·茗荈门》。

② 杨万里也对这种分茶作过《澹庵座上观显上人分茶》的名诗,诗中有"奇奇妙妙真善幻"的文学性描绘与赞美。

"茶为食物，无异米盐，于人所资，远近同俗。"盐铁使王播提出增加茶税，右拾遗李珏反对，理由之一是：民众对于茶叶异常喜爱，用以驱乏提神，不可或缺，加税势必导致物价上涨，进而严重影响民众的生活，其中贫困软弱的人更是首当其冲。① 茶在人们生活中的地位已经与米盐这些日常生活的必需品相提并论了。到了宋代，茶被列入了开门七件事中。然而，随着饮茶风俗的普及，茶叶消费的增加，提高了茶叶在社会生活中的地位，于是势必引起了政府的关注，最终纳入政府财政收入的体系，而赋予茶叶更加多的经济乃至政治使命。

（一）从茶税到榷茶②

饮茶习俗的兴盛使得茶叶消费量大幅度提高，于是茶叶的生产与销售成为社会经济的重要组成部分，受到社会各方面的关注。安史之乱之后，在茶叶消费继续扩大的同时，国家财政捉襟见肘，面临着巨大的财政危机，迫切需要新的财源。因此，对茶叶征税只是时间的问题。

由于国库需要，茶税可行，从茶叶生产与周转中征税是不需要太多的理由。而自德宗采纳了以水涝灾害税赋减少为由而又赋税于茶的建议后，茶税的征收便成为制度，中国的茶法由此形成。

与政府的财政问题积重难返有关，大（太）和年间（827—835），唐文宗向李训、郑注"访以富人之术，乃以榷茶为对"。于是改变了以往单纯征税的做法，而是要将茶园国有化，由国家直接经营并且专卖，以获取更多的利润，以弥补赋税之不足，"乃命王涯兼榷茶使"。但是，榷茶受到举国上下的反对，王涯也"以榷茶事，百姓怨恨"。此时发生了"甘露之变"，宦官杀了李训、郑注，王涯也被禁军所杀。之后，户部尚书令狐楚为盐铁转运榷茶使，一方面废止了王涯的榷茶制度，另一方面继承发展了贞元税制，为后代榷茶制度奠定了基本框架。唐宣宗大中六年（852）盐铁转运使裴休立茶法十二条，整顿税收体制，严禁私茶贸易，保护征税商人的利益，建立了更加有效的榷茶制度，不仅"天下税茶增倍贞元"，也对后世的产销管理制度产生了深远的影响。

---

① 《旧唐书》，参见"李珏传"、"德宗本纪"、"食货志下"与"郑注传"等部分。

② "榷"，本义是渡水的横木，后引申为专卖的意思。现根据《辞源》的释义，榷茶的内容包括政府对茶的征税、茶叶的专卖，及为此而采取的一些具体管制措施。下文与榷茶相关的"引"（如"交引"等），为类似交易所需的信物，是官府准予商人从事茶叶买卖的凭证。

(二)复杂多变的宋代榷茶制度

征榷是西汉以来中国历代王朝所实行的一个基本国策,用以调节物价、均等贫富、获取巨额利润。盐铁是两项最大的专卖商品,到了宋代,茶叶取代了铁成为第二大专卖商品。

宋朝高度重视作为经济支柱的茶叶的经济制度建设。建隆三年(962),宋太祖在即位的第三年就派遣监察御使刘湛对于经过蕲春(今湖北)销往北方的茶叶进行垄断性收购和批发。尝到"岁入增倍"的甜头之后,随即设置"榷场"(收购与临时仓储场所),乾德二年(964)收购江南所有北销茶叶,建立了被称为"交引法"的榷茶制度,为后来的茶政打下了基础。

交引法的程序是茶商入京师榷货务缴纳钱物,换取相对应的交引,然后凭引到沿江榷务领取茶叶,到指定地区销售。它是南北对峙的产物,具有增加财政收入、限制江南贸易和防止江南商人操纵宋朝财政等多重目的。南北统一后,这个榷茶制度被保留下来。太宗太平兴国二年(977),榷茶范围扩大到除了广南以外的整个东南地区。其间围绕着促进茶叶流通,解决茶叶积压难售问题,对茶法展开过不断的讨论。尤其是在宋辽交战时期,就出现了诸多问题,也采取了相应的对策,以求取得成效。①

咸平六年(1003)宋夏和好,次年(景德元年)宋辽结澶渊之盟,和平的喘息时间为大幅度改革茶法提供了机会。盐铁副使林特等召集各方面人员讨论茶法改革,制定的新法于次年颁行。新茶法大幅度降低了虚估的比例,但是损害了园户和商人的利益,也造成茶叶营利的减少,而茶叶货源不足的问题并没解决;加上铺户豪商炒买交引,官商两损。天禧二年(1018),政府采取了积极的措施,缓解了虚估、茶叶不足,扼制了炒买投机茶叶交引等问题。不过,商人的利益一旦减少,新的问题随即出现,于是采取折中的权宜之计,这既是无奈也是两全的应急性方案。仁宗庆历二、三年(1042、1043),宋先后与辽夏议和,经过十余年的和平岁月,边境军事费用大幅度降低,茶叶禁榷的意义逐渐变得不

---

①　雍熙三年(986),宋辽交战,开了茶叶沿边折中之先河。但是将茶法与备战直接相联系,是真宗、仁宗朝的事,榷茶制度的目的也因此发生了一定的变化。真宗咸平年间(998—1003),相继与辽、夏发生战争,财政开支剧增,尤其是近边境交战的地区。但在那时,其地的军需供给等还属商业行为,而商人又脱不了逐利的本性,政府为了保证抵御北方进入中原所需的军备,采用加饶虚估增加商人利益,长此以往造成利益失衡,政府损失巨大,茶引发行过剩,政府茶叶货源不足。于是这一时期的茶法改革就围绕着茶叶折中,解决在保证北方边境军事需要的同时减少茶利损失,即虚估的问题。

明显;仁宗在嘉祐四年(1059)下令废止榷茶,实行通商。向园户征收茶租,向商人征收茶税,用茶课钱折中,茶叶自由交易,从根本上解决了虚估的问题。

但是通商法不能增加茶利收入,受到不少非议,于是蔡京在崇宁年间展开了一系列的改革:首先,恢复榷茶制,对园户生产的茶叶垄断收购,对商人就场发售长短茶引,减少了集中购销储运的环节,有利于茶叶流通。之后,进一步废除政府的垄断收购批发,仅仅通过垄断发卖茶引获取收入。政和二年(1112),蔡京将他以往改革的茶法进一步严密化,增加印造合同底簿,即发卖茶引的副联,以便勘验、回收已经使用过的茶引,确立了以引榷茶的基本模式,并被南宋继承。

南宋将蔡京制定的茶法进一步细腻严密化,并因时制宜地改造发展,推行于全国,相当稳定。茶引分长短小三种,尤其发展了小引,便于小商贩卖,促进了茶叶的流通,减少了私贩。茶引按照地区和茶叶种类印制,各地都有定额。

(三)茶马贸易的形成

宋代茶法随着政治、经济、军事条件的变化而在各时代被不断调整,异常复杂多变。宋代的茶法除了随时间而变化外,还因地而异。下面着重讨论茶马贸易以及与之匹配的四川茶法。

自从中国茶文化形成就开始影响周边少数民族,以刘镐为代表的北魏鲜卑族官员就模仿南朝流亡大臣王肃饮茶,他们的规模和影响力已经达到让彭城王担心鲜卑本民族的文化消亡的程度,于是出面干预,致使鲜卑族的饮茶风俗至少在当时呈现出后退的迹象,在宫廷宴会上,"虽设茗饮,皆耻不复食"。史书没有对之后的鲜卑族饮茶作进一步的跟踪记载,但是到了唐代,比鲜卑族更加远离中原的回鹘(原散居于今色楞格河、鄂尔浑河和土拉河流域一带,唐灭突厥后建国,怀仁可汗时,其领土东至兴安岭,西至阿尔泰,南到蒙古大沙漠)却"大驱名马,市茶而归"。这是饮茶习俗在魏晋南北朝乃至隋唐成功传播的最有力的证明。尤其是回鹘的以马易茶的贸易形式,开中国千年茶马贸易的先河。

辽金政府曾一度对茶的需求与消费实施禁止措施,一般人看来有些不可思议,其主要原因是考虑到由经济而引起的政治等因素,担心对中原茶叶过分的需求依赖而导致不必要的被动。中国周边的少数民族因为生产方式落后,很少有被中原所需要、尤其是大量需要的产品,但是回鹘却发现了马匹这一对于中原来说必不可少的产品。中原要满足备战等马匹的需求,而如果说茶叶是中国周边少数民族的生活必需品的话,那么马匹就是中原必不可少的战略物资,维持茶马贸易的基本点是双方都需要对方的产品,而又都无法自己生产,因此茶马贸易完全是互补型的贸易,以货易货的贸易的形式是最合理的交易方式。

在宋代,茶马贸易被制度化,对于四川茶叶的禁榷主要就是为西北博马提供制度和物质保证。在与夏、辽、金的对峙中,宋朝每年要向西北少数民族购买近两万匹战马,保证边防的需要。少数民族已经养成饮茶的习惯,宋政府因势利导,在边疆地区禁止私售茶叶,用四川茶叶换取优质马匹。宋政府原先也以绢帛、铜钱等交换少数民族的马匹,但是不仅运输困难,而且少数民族把铜钱融化铸造器皿,严重影响铜钱的正常流通,以四川茶叶博易西北马匹解决了这些问题。当然茶马贸易的形成与完善有一个过程,在实施过程中也出现过各种问题。

乾德三年(965)宋平四川,为了稳定政局,宋政府废除了前些时期的苛捐杂税,其中包括榷茶。在其他地区实行茶叶禁榷的时候,四川却可以在交了商税之后自由通商,以利茶叶通往周边地区。但是这种自由通商最终还是因为紧张的周边关系而结束。

熙宁初年,宋政府西边战事较顺利,相继打败吐蕃和西夏。伴随着战果的扩大,军费开支也不断增加,战马也成为急需品而要求备置。出于利益,西北少数民族赶着大批优质马匹来到边境,而且他们往往是"所嗜惟茶"。可是,西北地区却缺少与之相贸易的茶叶。于是在就近的茶叶产地四川采取应急性措施,熙宁七年(1074),派李杞到成都负责贩茶,将负责川茶营运的反差利润用以购置备战马匹。但是政府一般经营茶叶贸易无法满足战争所需马匹的要求时,便开始在成都府路实行专卖,对川茶进行全面的禁榷终于在熙宁九年(1076)实施——"尽数官买",垄断收购。同时,贩卖者到官场买茶,持引在规定区域内贩卖,并打击私茶,以保护榷茶制度的有效。其间川茶司与买马司不断分合,直到崇宁四年(1105)才最终合并,合并后的都大提举茶马司是茶马事务的最高管理机构。

北宋的川茶禁榷制度在实施过程中不断暴露出存在的问题,于是南宋赵开在建炎二年(1128)参照蔡京茶法进行了茶法改革,通过监督商人与园户的交易,管理商人买引及贩茶的全过程,达到间接专卖的目的,奠定了南宋四川茶法的基础。

四、传统茶学的形成与发展

制茶技术的发展保证了饮茶习俗的普及,饮茶方法伴随着茶叶种类、审美意识的变化而发展,从陆羽开始一方面通过总结茶文化而奠定思想基础,另一方面形成了传统茶学。

(一)《茶经》与传统茶学的形成

《茶经》分三卷十篇,在人类历史上首次全面记载了茶叶,标志着传统茶学的形成。

"一之源"的主要内容是关于茶的植物学知识,此外还包括茶的各种名称、效用等。

"二之具"介绍制茶工具的形制以及在制茶过程中的应用方法,从中可以了解具体的唐代制茶技术。

"三之造"总结了制茶过程,明确了审评饼茶的标准。结合上篇,可以更加全面地理解唐代的制茶技术与追求。

"四之器"逐一介绍了饮茶器具的形制与用途,同时体现了陆羽的审美观。

"五之煮"记载茶汤的烹煮方法,尤其强调了炙茶、木炭、择水、煮茶,对于茶汤和茶汤的分酌提出细致的要求。

"六之饮"在总结饮料起源的基础上,整理了饮茶的发展历程,在列举社会上的各种饮茶法的同时,提出了自己的饮用规则。

"七之事"收集编辑了盛唐以前的茶叶史料。

"八之出"整理了当时四十一个州的茶叶产地并对各地茶叶进行分类、对其品质进行比较评估,分为上、次、下、又下四等,这种全国范围的产茶地总结"前无古人,后无来者"。

"九之略"针对社会上严格甚至刻板地遵循"四之器"中所总结的饮茶程式,在此阐述因地制宜简化饮茶程式的方法。

"十之图"将《茶经》的主要内容以挂轴形式展示出来。

陆羽在《茶经》中总结了到盛唐为止的中国茶学,以其完备的体例囊括了茶叶从物质到文化、从技术到历史的各个方面,这个体例至今左右着中国茶书的结构,甚至影响着现代茶学的认识。

（二）以北苑为先导的宋代茶叶

"自从陆羽生人间，人间相学事春茶。"《茶经》问世之后，各种茶书相继问世，但是从内容上看无非是对于《茶经》的发展、发挥。重视制茶技术是中国茶书的特色之一，对于发现发展制茶技术的中国茶人来说，技术的进步凝结着他们的智慧和血汗，也是区别于以前的时代，区别于其他地区的最客观的标志。与陆羽《茶经》记载一般的唐代制茶技术相比，宋代有关制茶的茶书都以北苑建茶为对象。宋代茶书内容上的这个特征首先是由建茶的地位所决定的，无论其他地区的团茶产量有多么大，建茶享有独尊的地位是不容置疑的。建茶的加工工艺最复杂，对于宋人来说，了解了建茶，其他茶叶的加工也就不言而喻。宋代团茶继承唐代饼茶的技术，其中的革新改进在所难免，尤其以建茶为典型，发展成为宋代最有代表性的茶叶种类，让宋人引以为荣，大书特书，可意想不到的却是，建茶的辉煌掩没了当时因制茶技术进步而出现的茶叶种类的记载，其制茶技术的根本性转型——即由团饼茶加工向散茶加工技术转变的具体过程，难以得到充分的阐述。

宋代第一部记载北苑①制茶技术的著作是丁谓（966—1037）的《北苑茶录》（已散佚），宋子安的《东溪试茶录》成为现存最早的这类著述。宋子安有感于丁谓、蔡襄在各自的书中没有记载北苑诸焙（地名）而撰写了《东溪试茶录》，序言之后分总叙焙名、北苑、壑源、佛岭、沙溪、茶名、采茶、茶病八个部分，历数焙名，统计数量，确认地点，考证沿革，总结诸焙茶叶特征，分析茶树品种特征，反证茶叶缺陷与制茶失当的关联。宋子安在拾遗补缺的同时，也将研究引向细致深入。

《东溪试茶录》所关注的热点问题对于宋人产生了一定的影响，从内容特征上看，黄儒的《品茶要录》将《东溪试茶录》的"茶病"部分作了更加充分的补充阐述，在总论与后论之间，分十个类目专门论述制茶失当所造成的问题。"采造过时"论述采摘不当对于茶汤色泽等的影响；"白合盗叶"论拣芽不当的动机与造成的后果；"入杂"论茶叶中掺杂它叶对于茶汤的影响；"蒸不熟"论蒸青火候不够所造成的缺陷；"过熟"则论蒸青时间过长的问题；等等。"焦釜"同

---

① 宋时将今天福建建瓯县东偏北方向凤凰山一带的茶区称为北苑（其地为南唐以及后来闽国首都福州正北面而得称）。"北苑茶就是今建瓯凤山四周产茶之地，由地名而茶名。"（浙江农业大学茶学系：《庄晚芳茶学论文选集》，上海科学技术出版社1992年版，第312页。）

样是论蒸青火候，釜中水分干涸枯焦所造成的茶病；"压黄"论茶芽新鲜度对于茶叶的影响；"渍膏"论榨汁不尽使茶叶滋味苦；"伤焙"论明火焙茶失当的后果；等等。

熊蕃撰写的《宣和北苑贡茶录》，在梳理北苑贡茶的生产历史之后，历数所加工的名品。其子熊克在经历了负责督造北苑贡茶的工作之后，及时地进行了增补，增加了三十八幅宋代团茶的图，并收录了熊蕃的十首采茶诗，尤其是模具图使得该书别具特色。赵汝砺①则从生产与制作技术上有针对性地撰写了《北苑别录》："御园"条目中罗列四十六处茶园；"开焙"记载开始制茶的时间；"采茶"详细规定了采茶方法；"拣茶"详载挑拣区分茶青的标准；"蒸茶"论蒸青过头、或不及而对于茶叶品质所产生的不利影响……相比之下，在技术类茶书中数《北苑别录》最系统；这缘于作者的目睹其盛或经理其事。

（三）全方位的茶学文献

宋代茶书内容是全方位的，茶书的这个特征也反映了宋代茶文化整体的发展水平。如茶具类茶书的审安老人《茶具图赞》在中国茶书中很有特色，注重图画。典故类茶书的陶谷《茗荈录》，主要记载唐五代宋初的饮茶典故，是陶谷的笔记小说《清异录》的一部分；综合技艺类茶书除了《茶录》，还有必要强调《大观茶论》，其内容包括了从制茶到饮茶的方方面面，但侧重十分明显。它不但注重采摘时分与制作技术要求，更加突出了茶事技艺，除了精神内涵（如"致清导和"），还透视出极致的艺术效应，以名极一时的斗茶用兔毫盏的描绘为例，"盏色贵青黑，玉毫条达者为上，取其焕发茶彩色也。"显示出当时艺术上追求细微与逼真所体现的极致。

《茶具图赞》主要以质地为姓，借职官名称为十二件茶具命名，并按图配上赞语，表彰其作用，它看似是一部游戏之作，也挺有意思。"茶具十二先生姓名字号"分别是：韦鸿胪——芦苇等编制的茶焙，木待制——木质冲钵，金法曹——铜质茶碾，石转运——石制茶磨，胡员外——瓢，罗枢密——罗筛，宗从事——棕质扫帚，漆雕秘阁——漆器雕木茶托，陶宝文——建盏，汤提点——汤瓶，竺副帅——茶筅，司职方——茶巾。

---

①　熊蕃与熊克是父子关系，赵汝砺则是其门生、弟子。

五、茶与中国传统文化

唐宋是中国茶文化的兴盛期,各种社会思潮对于茶文化的充分发展起到了积极的推动作用,茶文化也渗透进社会的每一个角落,这也使得茶文化呈现出多彩的风姿。

(一)道教与茶

以道教为代表的中国传统宗教信仰自始至终影响着茶文化①,主要表现在以下三个方面:饮茶习俗的起源;中国茶文化的形成;中国人的饮茶观念。

神仙思想这个中国传统信仰孕育了饮茶习俗,而此时道教尚未形成,之后神仙思想成为道教的主要组成部分。茶文化是茶树资源与神仙思想结合的产物,为神仙思想服务的医药技术直接为茶文化提供了技术保障,因此道教在茶文化的起源中起着决定性的作用。四川地处茶叶原产地,又有着浓厚的神仙思想意识与发达的制药技术,于是巴蜀先民承担起创造饮茶文化的历史责任。与四川的饮茶形成鲜明对比的是东南亚北部包括中国的云南等地的茶叶的利用形式,由于文化背景的差异,在那里形成了食用茶叶的技术与习俗体系。它们之间不存在继承关系,是完全独立的两种文化。

中国的统一进程加快了茶文化的传播速度,秦在四川设置巴郡、蜀郡,四川文化以其对于中原文化的强烈的互补特征而得到充分的重视,神仙思想就是其中之一。中国传统宗教信仰重组,道教形成,道教养生思想与技术迅速普及,其间服食的意识逐渐理性化,服食目的从羽化登仙转化为健康长寿,药饵品种也随之发生了从金石类向草木类的转化;茶叶以其优越的生化成分且得之不难,而从众多可采集的物品中脱颖而出。饮茶习俗就是在这个社会背景

---

① 尊老子为祖而受宗教性质与神仙化思想影响所成就的中国道教,是有别于道家与茶的联系与影响。中华茶文化受"道法自然",即老庄思想影响深刻,特别是在茶文化的自然观、哲学观与美学观,以及与豁达相关的养生作用等方面。它从人生艺术的天性方面对儒家的"礼仁"追求作出了根源性上的互补,即它那源出"道法自然"的世界本源性认识,在审美态度、艺术眼光和自由精神及其对"道"的独特的阐述方式,对存在性世界的创造,具有特别的意义,其中也包括对山水自然注入人文内涵等。道家对茶文化的发展,在茶与艺术、文学,以及茶道的实践等方面有特别而不可或缺的重任作用;道家的自然情怀在陆羽的《茶经》中即有深刻而充分的表现。

之下被中国的主流社会所接受,经过进一步的改造,赋予茶叶风流、俭约的精神意义,在中原扎下了根。

饮茶文化在中国传播到现在,健康、清雅是饮茶人一贯的追求,这些目标同样是道教的追求。而且无论是从饮茶的起源上看,还是从中国接受饮茶的契机上看,通过道教(及道家的清雅)的追求而有意无意的体现,是合乎情理的。道教对中国人的影响,周氏兄弟的见解一语破的。周树人:中国根柢全在道教;周作人:中国人的确都是道教徒。①

(二)佛教与茶

佛教对于茶文化的影响主要体现在饮茶习俗的传播上。饮茶习俗的传播包括纵向的历史传播和横向的地域传播,中国从魏晋到现代的饮茶历史就是饮茶习俗纵向传播的典型事例,而从四川走向全国(乃至世界)的过程则是人类历史上最辉煌的横向传播事例。这种传播的发生、发展,甚至相互促进,往往有一些相关的因素起作用。

佛教自汉代开始传入中国发展势头异常强劲,其间还伴随着佛教的中国化。到唐代,佛教与茶文化这两种文化结合起来,相互促进。"开元中,泰山灵岩寺有降魔师大兴禅教。学禅务于不寐,又不夕食,皆许其饮茶"(附Ⅱ2)。僧侣的生活具有苦行的含义,清贫严格,饮茶既是僧侣屈指可数的娱乐,也是修行的需要,而所谓修行的需要不仅体现在饮茶驱除睡魔的功效上,更加重要的是将饮茶习俗佛教礼仪化。饮茶成为佛教修行不可或缺的组成部分,这一点在后来的《百丈清规》等佛教经典中有完整的记载。陆羽所著《茶经》的动机,也与他自小在寺院中长大受其茶文化的耳濡目染并身体力行所分不开。茶在寺院中,也确有多种功用,它可以作为寺院礼敬宾客的佳品,因为礼敬交谈中也传播了教义;刘禹锡在参拜西山寺时就有了"山僧后檐茶数丛,春来映竹抽新茸……僧言灵味宜幽寂,采采翘英为佳客"(附Ⅱ1)的诗句。在近来唐代皇家寺院法门寺出土的宫廷礼佛盛典所供所敬物品中,也有君主所使用的珍贵茶具。可见茶及茶事在佛门中的举足轻重。

佛教对茶事的影响是多方面的,如他们能种植茶园,研制好茶,佛理也有助于饮茶的心境,推动饮茶传播,等等。这里举一事例借以强调,史料表明,在唐代初期与唐代盛期这相对国泰民安之时,其茶业没有较好地发展,倒是在安史之乱国库空竭之后,茶业得以热热闹闹地发展开来,不完全是所谓的交通条

---

① 《致许寿棠》,《鲁迅全集》卷八,第285页;周作人《乡村与道教思想》,《谈虎集》。

件(大运河早已开通),佛教的传播影响至多。由于佛教对于当时中国社会的深刻影响,不少人是通过佛教而接受或热衷于饮茶。

(三)儒家与茶

饮茶习俗乘道教服食之东风迅速进入中原社会并成为社会时尚,但是最终使之成为中国文化的重要组成部分还是缘于儒家的改造利用,中国茶文化的主导精神是儒家思想。

两汉儒学在高度发达之后走上了经学化、谶纬化①的道路,最终衰败破落。出于对汉代儒学的反对,杂糅儒道的玄学成为魏晋思想的主流。但其发展的结果却同样存在负面影响,从人性的解放,摆脱名教的束缚,追求自然放达,发展为酗酒废职,荒淫颓废,没有责任感。尤其面对游牧民族的威胁,醉生梦死,逃避现实,最终束手无策,坐以待毙。反省现实,社会价值观逐渐发生变化,风流的内涵被改变,从事具体国家管理事务的寒门贵族重新强调儒家思想,注重能力与责任意识,提倡用使人清醒的茶取代使人昏聩的酒,赋予茶以俭约、朴素的精神意义。由于这种茶文化的精神意义与茶叶生化成分及其效用存在实在与象征的关系,使得自从饮茶习俗形成以来就拥有的清高雅洁的象征特质一如既往,稳定不变。

这是儒家思想在理念层面对于茶文化的影响,同样,在形式上儒家的祭祀理念与方式也影响着茶文化。南北朝时,齐武帝就在朝廷祭祀活动中使用茶叶。不仅自己奉为祭品,齐武帝还力图使这种俭约的祭祀制度化,不过成功将茶叶祭品制度化的要首推宋代朱熹。在《朱子家礼》中,茶的使用频度远远超过酒,而这部礼书被后代严格遵守,还传播到了日本和朝鲜半岛,可见影响之大。

(四)中国传统文化与茶对近邻传播的代表性影响

1. 向日本传播

佛教在中国茶文化向日本的传播中更发挥了决定性的作用。日本为学习中国的先进文化,向唐朝派出大量遣唐使,其中有大量留学生、学问僧随行,包括在日本宗教界最具影响力的弘法大师空海、传教大师最澄和后任大僧都的

---

① "谶",即一种神秘的预言假托神仙圣人预决吉凶,"纬"是相对于"经"而言的。谶纬即预知天象、人事的吉凶,采取对应之术。谶纬化与经学化一样,不可避免地难免偏离儒家思想的原典。

永忠。他们学成回国后,通过各种渠道,使用各种方法弘扬中国茶文化,在唐30年的永忠还亲手煎茶献给憧憬中国文化的嵯峨天皇。此次传播虽然盛极一时,但是由于日本社会经济文化技术等多方面的制约,仅在佛教界狭窄的范围内继续持续。到了镰仓时代,入宋僧人荣西再次从中国引进最新的茶文化,撰写了日本最早的茶书《吃茶养生记》,为日本茶道打下了基础。中国茶文化的传播没有就此结束,当中国制茶技法发生变化——从末茶点茶法转变为散茶沏泡法后,日本也随即跟进,福州黄檗山万福寺住持隐元和他的弟子们在清初赴日本传道,在日本开创临济宗黄檗派,为日本佛教开辟了新的发展道路,同时也带去了当时中国的制茶技术和饮茶法,成为日本煎茶道的基础。可见佛教自始至终都是日本茶文化传承、建设最主要的力量。

2. 向朝鲜半岛传播

中国茶文化,以与佛教相关的内涵传入日本,并成就典型的日本茶道,一方面出于佛理茶事的深刻,还因为日本以其本土的神道教排斥了中国的道教,对儒家也敬而远之[其中有"革命易姓"(孟子)的思想,与天皇一系单传等冲突,日本对这一思想也不尽接受]。相比之下,韩国对中国茶的接受与文化的传播显得较早。

在六世纪和七世纪,新罗为求佛法前往中国的僧人中,载入《高僧传》的就有近30人,他们中的大部分是在中国经过10年左右的专心修学,尔后回国传教的。他们在唐土时,当然会接触到饮茶,并在回国时将茶和茶籽带回新罗。高丽时代金富轼《三国史记·新罗本纪》载:"茶自善德王有之。"新罗第二十七代善德女王公元632—647年在位。高丽时代普觉国师一然《三国遗事》中收录的金良鉴所撰《驾洛国记》记:"每岁时酿醪醴,设以饼、饭、茶、果、庶羞等奠,年年不坠。"这是驾洛国金首露王的第十五代后裔新罗第三十代文武王即位那年(661),首露王庙合祀于新罗宗庙,祭祖时所遵行的礼仪,其中茶作祭祀之用。由此可知,新罗饮茶不会晚于七世纪中叶。

新罗统一初期,开始引入中国的饮茶风俗,接受中国茶文化,但那时饮茶仅限于王室成员、贵族和僧侣,且用茶祭祀、礼佛。新罗统一后期,是新罗全面输入中国茶文化时期,同时也是茶文化发展时期。饮茶由上层社会、僧侣、文士向民间传播、发展,并开始种茶、制茶。

高丽王朝时期,是朝鲜半岛茶文化和陶瓷文化的兴盛时代。高丽的茶道——茶礼在这个时期形成,茶礼普及于王室、官员、僧道、百姓中。高丽末期,由于儒者赵浚、郑梦周和李崇仁等人的不懈努力,接受了朱文公家礼。在男子冠礼、男女婚礼、丧葬礼、祭祀礼中,均行茶礼。

朝鲜李朝前期的十五、十六世纪，受明朝茶文化的影响，饮茶之风颇为盛行，散茶壶泡法和撮泡法流行朝鲜。随着茶礼器具及技艺化的发展，茶礼的形式被固定下来，更趋完备。朝鲜中期以后，酒风盛行，又适清军入朝，致使茶文化一度衰落。至朝鲜晚期，幸有丁若镛、崔怡、金正喜、草衣大师等人的热心维持，茶文化渐见恢复。

朝鲜时期的茶文化通过吸收、消化中国茶文化之后，进入稳定的发展时期，虽有一段时期的衰落，终使茶精神发展到了一个新的高峰。

六、茶肆与世俗的茶

在丰富多彩的茶文化中，宽实的基础是世俗茶文化，茶肆是最集中体现世俗茶事的场所。

唐代有了最初的茶肆（茶汤的取饮或买卖的场所在晋代就有）。伴随着城市规划的变革，宋代城市的坊市制被取消，各种店铺面街而建，娱乐消费设施迅速增加，茶肆也有了充分的发展，发展的结果出现了适合各种消费群体的特色茶肆。

北宋时有关茶肆的专门记叙不多，但在描绘细致的风俗画《清明上河图》中茶肆的情形清晰可见；而南宋时首府临安的茶肆景象据《梦粱录》[①]的记载，是宋代茶肆史料中最具代表性的。

第四节　中国茶文化的转型：元明清

由于资本主义萌芽和发展，西学东渐的刺激，明清时代的中国传统文化呈现出明显的转型，与特定的社会与时代相联的元代则成为转折点。中国茶文化的发展轨迹与中国整体文化的发展完全一致，"唐团宋饼"的紧压茶及其末茶的煎点方式为沏泡的散茶所取代。不少人为中国（团饼）末茶及其饮茶法的

---

① 　（宋）吴自牧：《梦粱录》。

消亡扼腕,发出中国茶文化衰落的哀叹,其实,历史地看茶的发展史,明清的茶文化不能简单地说衰落,而是走上了一条新的发展道路,开辟了现代世界茶文化的新格局。

一、过渡期的元代茶叶

元代的茶文化既不如唐宋辉煌,也不如明清直接影响现代,但考虑到所处的特殊时期,再加上元代与少数民族及国外的交往异常密切,在中国文化中加入了很多新颖的要素,而成为有承前启后意义的转折点,茶叶种类、饮茶方法也表现得相当丰富、新颖。

(一)茶叶种类以及饮用方法

按照元代王祯《农书》中的分类,元代的茶叶主要有三大类:

1. 茗茶

茗茶是蒸青散茶。采下的茶叶放入甑中蒸汽杀青,尽管时间短暂还是有生熟的问题,生则味涩,过熟则味淡。杀青后的茶叶在筐箪上薄薄地摊放一层,趁湿揉捻。揉捻后的茶叶均匀地摊放在竹制焙笼里,加热焙干。加工好的茶叶用箬笼储藏,不易受潮变质。平时安放在高处,隔一段时间再度焙火为佳。

2. 末茶

茶芽蒸青焙干,入磨细碾,以供点试,是为末茶。

末茶的饮用方法与宋代无异,但似乎更容易操作:首先抄茶末约2克放入茶碗,然后注入少量开水,用茶筅搅拌均匀之后再添足开水,回旋搅拌,看泡沫颜色鲜白,附着在碗里看不见下面的茶汤为准。

3. 蜡茶

蜡茶选用上等细嫩茶芽,细碾过筛,加入龙脑等高级香料,放入模具,压制成各种形状。成型后的茶饼焙干,再用油脂润饰茶饼表面。

宋元时期的蜡茶在加工技术上与前代一脉相承,虽然它们的精致程度存在一定的差别,但饮用方法也基本一样。

在这三种茶中,蜡茶主要用于贡品,民间少见,其产量较之宋代有大幅度的下降。而末茶尽管滋味甘滑,美妙无比,却连产茶地的南方也较少饮用;在元代,末茶已经不再是主流茶叶种类。而散茶(茗茶)的饮用最为普遍,尽管仍为蒸青,但是饮用方法基本一样,为明清炒青散茶取得独尊的地位打下了基础。

以上茶叶的饮用方法是清饮,即仅仅使用茶叶。

(二)别具风味的茶汤

将茶叶与其他素材配伍调制成饮料使得茶汤种类丰富,别具风味,是元代茶汤的一个特色。《居家必用事类全集》是一部元代日用生活百科全书,比较真切地反映了民间生活状况,其中"饮食类"开篇就是"诸品茶"的栏目,着重介绍了各种茶汤的调配方法。试看一例用散茶加工的"擂茶":

> 取茶叶开水浸泡柔软,和去皮炒熟的芝麻一起放入擂钵研磨至极细,加入川椒末、盐、酥油饼,再擂磨均匀细腻。放入锅中,加水煎熟,可以随意添加栗子、松子仁、胡桃仁。

可见,现在的擂茶是一种历史悠久的饮茶方法。

在宫廷饮膳太医忽思慧所著《饮膳正要》中,末茶的频繁使用成为一个非常突出的特色。其中所记载的"玉磨茶",其原料就是上等紫笋茶和苏门答腊(印尼)炒米,筛选之后,以一比一的比例伴和,入玉磨研磨而成"建汤"。从点茶方法上看,是一种比较单纯的茶汤,与宋代点茶无异。用玉磨末茶一匙,放入茶碗,开水点之。由于玉磨末茶里含有炒米粉,其汤水应该比较稠。不过相比之下,被称为"兰膏"的茶汤更加浓稠,因为除了使用玉磨末茶,还要加入面和酥油,同样先搅拌成膏状,再开水点之。游牧民族的饮食要素酥油增加了,反映了时代的特征。

(三)饮茶习俗

元代由于饮茶史料比较少,给人以饮茶风气不浓的感觉。其实,造成元代饮茶文献相对缺乏的原因是多方面的,最主要的是处于过渡期的历史环境。沿着唐宋的发展道路,元代已经无法再造辉煌;中国文化的变迁将元代驱使到了变革的十字路口,未来的新道路尚在开辟之中,无论是技术还是文化,都没有达到总结弘扬的阶段。从不多的文献上看,虽然缺少夺眼球的茶文化亮点,但是饮茶自身无疑更加深入地融入了日常生活之中。在平民娱乐的主要形式元杂剧里,一再出现类似茶如"油盐酱醋"的说法。如王祯所说的:茶"上而王公贵人之所尚,下而小夫贱隶之所不可缺"。

茶肆同样是元代的重要茶汤消费场所，元代最有代表性的文学形式杂剧散曲里就不乏相关记载。关汉卿的杂剧《钱大尹智勘绯衣梦》中，茶肆经营者自称"茶博士"，马致远的杂剧《吕洞宾三醉岳阳楼》描写了一对在岳阳楼下开茶坊的夫妇，南来北往的"经商客旅"都要来"茶坊中吃茶"。散曲作家李德载在小令《赠茶肆》（附Ⅱ1）中，不仅表现了对于茶肆的嗜好，还提到了茶肆经营的饮品，其中特别讲到"雪乳香浮塞上酥"。如果说酥油是游牧民族的文化要素，南北朝时乳酪与茶叶分别代表着南北文化（并且尖锐对立），那么以蒙古族为代表的元代统治民族，其政治优势大幅度提高了他们的社会地位而深刻影响着汉族，油酥乳酪兑入茶汤就是在茶叶上的具体表现。民族大融合丰富了茶汤种类，丰富了茶文化。

二、制茶技术的演变

洪武二十四年（1391），太祖朱元璋鉴于宋元以来的贡品龙团过于消耗民力，下令停止龙团贡茶的生产，标志着制茶技术的转型。

明代在中国茶史上具有特殊的地位，而制茶技术的变革是最根本的，因为制茶技术的变化，或者说茶叶种类的转型直接导致饮茶方式变化，明清茶叶技术为现在世界茶叶的发展提供了基础条件。

（一）炒青绿茶的隆兴

明清茶叶加工技术的变化与发展是全面的，而杀青技术的变化最具有代表性。不仅唐宋，就是在过渡期的元代，蒸青也是主流杀青技术。时至今日，不仅炒青绿茶成为中国代表性的茶叶种类之一，炒青技术也成为中国区别于另一个产茶大国日本绿茶的主要技术标志。

综合明代茶书，当时的炒青茶加工过程可以归纳如下：

采茶时间首选谷雨前后，清明太早，立夏太迟。茶芽不可太细嫩，当然也不可过于成熟。

茶叶的色香味形是在加工过程中产生、形成的，杀青是一道非常重要的工序，不仅发掘出茶叶的香气等，所谓"生茶初摘，香气未透，必借火力以发其香"，而且决定着茶叶的种类性质。炒茶的铁锅既不能是新锅、锈锅，更要避免与烹饪混用，沾染油腥气。二尺四寸口径的铁锅一次炒一斤茶青，下茶急炒，火力要猛而稳定，因此燃料必须使用枝柴，不要易燃易灭的树叶。尽管炒青可以形成茶叶香气,但是茶叶并不耐炒,所以炒制时间要短,时间过长香气就会散失。在杀青时,还要一人在旁扇风,以去热气,否则茶叶色黄。杀青结束后继续扇风降温,同时揉捻,使茶汁渗出,烹点时香味才容易出来。揉捻之后再入锅略炒,文火焙干,冷却后收藏。

明代已经形成炒青技术独占鳌头的特点,但是蒸青的杀青技术仍在使用。出产于浙江长兴的名茶罗岕茶或称阳羡茶,即是"甑中蒸熟,然后烘焙"的蒸青绿茶。

(二)独树一帜的紧压茶

早在宋代,中原周边的少数民族迅速普遍接受汉族饮茶习俗,开始时以模仿汉人消费为能事,伴随着茶叶消费习俗深入进日常生活,出现了文化潜化,"外来"的饮茶习俗与自己的固有饮食习惯相结合,最典型的是与游牧民族的乳酪文化相互交融。在这个主因以外,也有一些无奈。这就是南方的茶叶产地无法满足突如其来的如此大的茶叶需求,于是以次充好、粗制滥造,这样的茶叶无法加工成末茶点饮,少数民族只能用上等团茶与汉族一样点茶,而用粗老团茶与乳酪一同煎煮饮用。

在一个文化中心,文化的发展变化比较频繁,相反,其周边的文化相对稳定,于是在这些边缘地区保存了中心的古老文化,这是文化人类学所发现的文化发展规律。在中华文化中心的饮茶发生巨大变化的时候,少数民族的饮茶习俗没有发生质的变化。明清时期,朝廷为了维护政治的稳定和商业利益,在废弃末茶的时候,却为少数民族继续生产维持他们饮茶习俗的茶叶,这就是紧压茶发展的契机。

然而,紧压茶的发展已经超越了供应少数民族地区的意义。在紧压茶的销售范围大幅度扩大,价格飞速提高的同时,制茶技术也发生了变化,品种也丰富起来。明清时代的边销紧压茶尤其为诸如四川、湖南、湖北、云南等制茶历史悠久而影响较小的地区的茶业发展提供了机会。就拿云南来说,尽管这里是茶树的原产地,但是文化发展滞后,唐宋时期云南的制茶技术非常简陋,然而明代的云南茶却异军突起,令人刮目相看,万历年间谢肇淛的《滇略》说:"士庶所用皆普茶也,蒸而成团。"清代更是"普茶名重于天下"。[1]

在中国文化史上,明清是以地方文化发展为特征的时代。这个总体趋势反映在茶叶上就是地方名茶如雨后春笋,各具特色,各有相对固定的消费渠

---

[1]　(清)檀萃:《滇海虞衡志》。

道,少数民族的饮茶习俗则刺激甚至诱导着南方产茶地区的茶叶生产,紧压茶就是最典型的例子。

(三)武夷茶

宋代最著名的茶叶是建州北苑所产的团茶,元代政府还在武夷置局制茶,随着末茶的废弃,北苑茶的荣光也就成了历史,但是,福建的茶叶并没有因此衰落。明清时期的福建茶叶没有取得宋代建茶至高无上的地位,然而这是时代的抉择,前面已经提到,明清是地方茶文化发展的时代,丰富的种类之间没有可比性,于是也就不再存在中国第一的茶叶。在这种时代背景下,福建的茶叶仍然得到了长足的发展,所不同的是武夷茶取代了北苑茶。在嘉靖年间,武夷山"山中土气宜茶,环九曲之内,不下数百家,皆以种茶为业,岁所产数十万斛,水浮陆转,鬻之四方,而武夷之名甲于海内矣"①。

武夷岩茶(其类别归于乌龙茶),是在明末清初经过改造、摸索与总结而成。按照清代王草堂《茶说》的记载,武夷茶在采茶之后匀摊在竹筐上,架在风日之中晒青。"俟其青色渐收,然后再加炒焙",与其他茶叶相比,"独武夷炒焙兼施,烹出之时,半青半红,青者乃炒色,红者乃焙色也","既炒既焙,复拣去其中老叶枝蒂,使之一色"。

在武夷山,不仅诞生了武夷岩茶这半发酵茶,还培育了全发酵的红茶,武夷山星村镇桐木村被认定为正山小种红茶的起源地。正山小种红茶一般在被称为"青楼"的室内加温萎凋,之后揉捻至茶汁溢出,装进竹篓发酵,发酵好的茶叶过红锅,这是正山小种红茶特有的工序。

武夷山的茶叶生产者充分利用了发酵技术,发展了中国两大茶叶种类,但是这两种茶叶之间有一个很大的区别,就是武夷山地区虽产红茶却不饮用红茶。这缘于(明清之际)其近邻厦门是中国重要的外贸口岸,给武夷山茶的生产与外销提供了地理上的便利,而红茶正是一时的主要出口种类②,其地的红茶生产也因此得以持续。

---

① (明)徐𤊹:《茶考》。

② 明清之际,厦门是中国重要的外贸口岸,这为武夷茶的外贸提供了地理上的便利。较早时中国茶叶出口的种类比较丰富,但随着数量的增加,逐渐地红茶成为主要出口种类,以此为需求的欧洲进口贸易诱导着中国茶叶生产的走向,直接刺激了红茶的生产。武夷山的红茶生产基地是较早的出口生产集散地。

三、饮茶习俗

伴随着制茶技术的变革是新型茶叶种类的产生,而茶叶的种类决定了茶叶的饮用方法;明代发生的中国茶文化转型,不仅体现在制茶技术上,也表现在饮茶方法上。

(一)瀹饮法的诞生及其旨趣

明代沈德符在《万历野获编》里比较了宋明茶叶的加工技术,认为宋代的龙团添加香药,而明代的茶叶仅采芽茶,因此保存了茶叶的真味。就饮用方法而言,"今人唯取初萌之精者,汲泉置鼎,一瀹便啜,遂开千古茗饮之宗"。从明代开始瀹饮法成为主流饮茶方式是实事,说它"开千古茗饮之宗",反映了明人的自信。

明代的文震亨《长物志》将明代茶文化特征概括为:"简便异常,天趣悉备,可谓尽茶之真味矣。"其价值观重在简便的技术,原本的味道,自然的趣味。明代是中国合理主义昌盛的时代,不同于唐宋注重繁琐精致的形式,更加强调实际效果,也鄙视形式,相应地还把自然、天趣作为追求的最高目标,主张除去人为雕琢。于是饮茶的游戏、礼仪性质被削弱,饮茶以民俗与生活化的方式普及,渗透进社会各阶层,茶的神秘性与崇高感随之淡化。茶的生产力也得到大大释放。

(二)瀹饮茶具

饮茶离不开茶具,饮茶法的变化必然导致茶具的变化。到明代中叶,瀹饮法已经相当成熟,整合出一整套茶具,顾元庆在《茶谱》中名之为"茶具十六器":

> 商象——古石鼎也,用以煎茶;归洁——竹筅帚也,用以涤壶;分盈——杓也,用以量水斤两;递火——铜火斗也,用以搬火;降红——铜火筋也,用以簇火;执权——准茶秤也,每杓水二斤,用茶一两;团风——素竹扇也,用以发火;漉尘——茶洗也,用以洗茶;静沸——竹架,即《茶经》支腹;注春——磁瓦壶也,用以注茶;运锋——劖果刀也,用以切果;甘钝——木礁墩也;啜香——磁瓦瓯也,用以啜茶;撩

云——竹茶匙也，用以取果；纳敬——竹茶橐也，用以放盏；受污——拭抹布也，用以洁瓯。此外，他还另列七种，分别是：此外还有"总贮茶器七具"：苦节君——煮茶作炉也，用以煎茶，更有行者收藏；建城——以箬为笼，封茶以贮高阁；云屯——磁瓶，用以杓泉，以供煮也；乌府——以竹为篮，用以盛炭，为煎茶之资；水曹——即磁矼瓦缶，用以贮泉，以供火鼎；器局——竹编为方箱，用以收茶具者；外有品司——竹编圆橦提合，用以收贮各品茶叶，以待烹品者也。

顾元庆的"茶具十六器"与陆羽的"茶具二十四器"有着较强的可比性，但是瀹茶过程中几乎没有人成套使用这些器具，而表现出随意性，这也与明清饮茶游戏、礼仪的特性被弱化，成为日常饮食生活不可或缺的部分密切相关。不过，当今的中国茶艺倒不妨借鉴高濂的思路组合茶具。

自明代以降，散茶的瀹饮，使得茶具的格局由原先的火炉与杯碗的相对独立分离，到以壶（汤瓶）、杯碗为中心的转变。而自元朝以后，以瓷为代表的器具，不论是传出国外，还是在国内的使用，都得到了空前的发展，在茶事中也得到了广泛应用。但从明代开始，除了瓷具这种优质茶器，还多了一种烹茶器具的理想选择，那就是紫砂器具。

清代李斗在《扬州画舫录》里总结茶壶的起源时说："茶壶始于碧山治金，吕爱治银。"就是说最初茶壶崇尚金银制品。到了万历年间，虽有人仍然主张"首银次锡"的选具方法，但显然已不被人们所普遍接受。到了明末，情况发生了根本性的转变，如"壶以砂者为上，盖既不夺香，又无熟汤气"，"金银具不入品"。从质地上承认紫砂茶壶的优势，万历年间就是重要的转折点。茶事的丰富多彩与茶文化的发展，还少不了茶具发展相伴左右。

（三）地方性、民族性饮茶法的形成

瀹饮是全国性的主流饮茶方法，但是既然饮茶是饮食生活的组成部分，合理性就成为其最高的追求目标。一方水土养一方人，各地区、各民族结合固有饮食嗜好、物产资源，经过漫长的摸索整合，形成丰富的地方、民族饮茶习俗，并为社会广泛承认。

擂茶是流传在我国南方、有一定广泛性的饮食性习俗；它在调味时，往往依据不同的口味，加入地方特色的配料。"同为擂茶各千秋"①，福建省乐城关

---

① 余悦：《问俗》，浙江摄影出版社1996年版。

的擂茶与赣南、湖南的擂茶有很大的差异；即便是湖南的擂茶，也与桃花源、安化、桃江的擂茶无论从原料到口味乃至饮用习俗都有极大的不同。

酥油茶是西藏地区最普遍饮用的茶水，加工过程大致为：锅子烧水，水沸腾后加入普洱、金尖等紧压茶，煮半小时左右，滤去茶叶渣滓，将茶水倒入圆柱形打茶桶，加入从牛奶中提取的酥油、盐、糖调味，搅拌至水乳交融即告完成。

蒙古奶茶多使用青砖茶或黑砖茶，水沸滚后加入捣碎的茶叶，再烧煮 3～5 分钟后倒入牛奶，稍候加盐调味，茶汤沸滚即成。

很多饮茶方法都是以某个民族为中心开发形成，但是最终采用这些饮茶方式的人不仅仅是这些民族，更普遍的现象是生活在这个地区的人们，比如长期生活在西藏的汉族人很可能养成饮用酥油茶的习惯。同样的道理，同一个民族也会因为生活环境的差异而采用不同的饮茶方法，维吾尔族就是一个比较典型的例子。

横亘新疆中部的天山山脉不仅造就了迥异的自然环境，也造就了生活在南北疆的维吾尔族不同的生产和生活方式，其中包括饮茶方式。北疆维吾尔族牧民以喝奶茶为主，将茯砖茶放入水壶加热，沸腾 4～5 分钟后加入牛奶或奶疙瘩以及适量的盐，再沸煮 5 分钟左右，奶茶就加工好了，随时饮用。南疆从事农业生产的维吾尔族人民多饮用香茶。香茶的制作方法前半部分与奶茶一样，但是最后不加牛奶和盐，而是使用胡椒、桂皮等香料的粉屑调味。

游牧民族对于乳类的利用远比茶叶的利用历史悠久，可以说是固有的生活技术；他们接受饮茶的同时也伴随着对原饮茶习俗的改造，并与本民族固有的文化相融合。其独特的饮茶方式形成了专属于他们的茶文化。

（四）茶肆及其经营方式

几乎历次改朝换代都对社会经济文化造成巨大的破坏，元明更迭也不例外，这种破坏也同样表现在茶业里。南宋时的杭州茶肆曾盛况空前，元代虽然没有准确完整的史料，但是也有一些杂剧散曲提及乃至歌咏茶肆；到了明代初期，茶肆却一度销声匿迹。"杭州先年有酒馆而无茶坊，……嘉靖二十六年(1547)三月，有李氏者忽开茶坊，饮客云集，获利甚厚，远近仿之，旬月之间，开茶坊者五十余所，然特以茶为名耳，沉湎醋歌，无殊酒馆也。"[①]明初茶肆的衰落除了战争的破坏，还与以明太祖为代表的皇帝严格推行惩罚奢靡鼓励节俭的政策有关。伴随着经济的发展，后代皇帝日趋奢侈，明代社会的资本主义萌

---

① （明）田汝成：《西湖游览志余》卷二十。

芽发生,市民阶层迅速崛起,茶肆作为一种娱乐休闲社交的场所再度被重视。明代茶肆的发展脉络与现代有着本质上的一致性(即与时政、经济发展水平和市民娱乐要求相呼应),还表现出迅速向酒馆靠拢的特征。

　　明清茶文化的日常生活化特征同样反映在茶肆上。不同于宋代茶肆竭尽高雅装饰之能事(宋太祖甚至把宫廷收藏的绘画作品捐献给茶肆,悠闲色彩浓郁是宋代茶肆的特征),清代茶肆以娱乐的主流追求目标。与戏院、书场的联姻是清代茶馆的经营特色之一,现在虽无往日的辉煌,却也是一脉相承。尤其经过老舍的艺术描写,茶馆里手提鸟笼,遛鸟闲聊的景象似乎成了特色人群的象征。其实,老舍在《茶馆》里所描述的茶馆风情非常具有典型性和普遍性,清代李斗在《扬州画舫录》里描写扬州的茶肆时也说:"饮者往来不绝,人声喧闹,杂以笼养鸟声,隔席相语,恒以眼为耳。"可以作为《茶馆》真实而有力的历史资料证据。但是这样的氛围是否适合现代社会恐怕是我们需要思考的问题。

四、传统茶的终焉

(一)转型后的茶科学与茶文化

　　在明清茶书中,明代朱权的《茶谱》古典色彩最浓郁,它是一部以末茶为对象的茶书。《茶谱》是一部原创性的茶书,对于茶器的选择充分反映了他的审美观,而他的末茶饮用方法是在点茶法已经没落式微的背景下重新设计的,他并没有以保守自居,相反吸收社会上已经开始流行的饮茶艺术,"崇新改易,自成一家"。

　　转型后的茶与茶文化,是以炒青叶茶的加工技术、饮用方法为中心,许次纾的《茶疏》是其中的佼佼者。全书分为:产茶、古今制法、采摘、炒茶、岕中制法、收藏、置顿、取用、包裹、日用置顿、择水、贮水、舀水、煮水器、火候、烹点、称量、汤候、瓯注、荡涤、饮啜、论客、茶所、洗茶、童子,等等条目,论述了茶文化的方方面面,尤其重要的是许次纾撰的《茶疏》,它不是附庸风雅式的抄录转载,而是切身感受、经验的实录。

　　相比于明代后期,清朝前期茶书数量较多而较混乱与重复(整理),类似原创性(较强)的茶书,还有明代的张源《茶录》、熊克明《罗岕茶记》、罗廪《茶解》、周高起《洞山岕茶系》、冯可宾《岕茶笺》等。

　　水品历来是茶书的重要内容之一,从唐代开始出现专著,明代在这方面的著作有徐献忠《水品》、田艺蘅《煮泉小品》。茶具方面的专著有周高起《阳羡茗壶系》，这是第一部有关宜兴紫砂壶的专著，全书由序、创始、正始、大家、名家、雅流、神品、别派等类目构成，介绍各个时期、层次的艺人及其成就。

（二）传统茶科学与茶文化的总结

明清两朝政府在总结传统文化上倾注了大量的人力物力，明代《永乐大典》、清代《四库全书》等的编修是最典型也是最大型的事例。茶文化的总结也不例外，万历壬子(1616)《茶书全集》问世了。它的编修者是喻政，字正之，江西南昌人；他在出任福州知府不久，就搜集了十七种茶书，加上他自己编写的《茶集》，刊印了第一部茶叶丛书《茶书》，由于该丛书名容易与普通茶书混淆，后世往往称之为《茶书全集》。一年后增补了十种茶书。

中国历史上通过茶书所反映出的茶科学与茶文化在明代的嘉靖与万历年间达到相对的高峰。虽然后来的清代也有类似的《续茶经》①等代表性茶书，但与散落于民间的茶事记载及茶与文艺的渗透相比是逊色很多；这似乎与社会经济、文化的发展情况相应，经过了高峰，就会有下坡，尤其是到了清代的中期，末途的颓势渐现。换言之，传统茶科学与茶文化在达到历史的相对高度后，只是艰难地走完了它们应该走的末路，其时限即为清代的末年至民国的初期。

（三）传统茶业的最后骤起与大落

与传统茶科学、茶文化经历相应，传统的茶业在明代呈现迅速发展后，终于在清代末年经历了骤落的过程，但在其没落前，倒是有过历史性的辉煌，其原因应归结于清代中期以前社会生产力的促进与先前外来的海上贸易所引发。

明清时期散茶的生产与发展是很突出的，这一方面缘于散茶的流行与其技术的全面推行所焕发出的生产力，另一方面得益于社会经济对茶的促动。正如先前的团饼、紧压茶在边销与边疆贸易中发挥了重要作用一样，明清的散茶改变了茶类生产与社会需要的格局：清朝时期出现的茶类"家庭成员齐全"，与稍早就有的花茶生产呈现"百花尽窖"的格局②，以及到了民国初期而有的

---

① 陆廷灿：《续茶经》，该书是以续补《茶经》的方式总结茶文化，征引丰富，但缺少个人观点。

② 朱自振：《茶史初探》，中国农业出版社1996年版。

880 种名茶种类的历史高峰,充分反映了茶叶生产技术与社会需要的某种对应。当然,茶叶产销的大起大落,主要原因是国际贸易的刺激而产生的放大效应。

以对外贸易发展为前提,源于欧洲为代表的西方贸易船队早在 17 世纪初就来中国购买茶叶;先是以荷兰为主,英国是后来居上①(其时东印度公司掌控者的变化很能说明问题)。当时我国的茶叶生产,也受海外需求的刺激而迅速发展;以外销的红茶为例,最早生产于福建武夷山,其产地不久就发展到江西、浙江、湖南、湖北、云南、四川与安徽等省。战争会改变贸易,并产生不利影响,但由于鸦片战争的性质所致,旧中国那禁锢的国门被"洞开"后被强行实施"通商",作为国外所需的我国茶叶出口贸易自然得以迅猛发展。以输出的渠道为例,19 世纪中后期,除了英国,俄国、美国等国也竞相以洋行的性质,与我国原先的茶叶外贸商行和封建买办一起以更"高效"的方式采购茶叶(当然也打破了一度由英国长期垄断的局面)。受此影响,茶叶产量在 19 世纪中后期迅速增加,生产面积增至 40 万~50 万公顷。到了 1886 年,我国的茶叶产量达到 23 万吨,出口量竟是 13.6 万吨(这一出口的数量纪录,直到百年之后才打破)。显然,这样的产销格局,是建立在非对等的自由贸易前提下的畸形发展,人们不愿面对的结果迟早会到来:即与政治滑落、社会动荡与竭泽而渔的茶叶贸易相伴随的旧中国茶业,在殖民主义统领下的南亚茶业(从中国传播引种后)发展起来后,迅速下滑,直至跌入低谷。其时间定格于国家行政主权受损、民情苦难而又受战争纷扰的清末民初。当然,新的开端,在失落之后酝酿;中国茶业的奋起,当在新中国成立之后。

---

　　①　英国不但把茶叶运往欧洲销售,还运抵美洲等其所属殖民地,其牟利方式不但通过商业差价,还依其宗主国地位取得额外所得。美国的独立战争就是因市民反抗而把运抵波士顿的茶叶倾倒到海里所引发。商业贸易虽说要互利,如果自己没有同样规模的产品被购买,就会因为贸易逆差而出现货币外流的问题,这时政治与军事上的强权就会被商业利益集团所利用。同样,鸦片战争,虽说是禁烟所引发,实质是英国通过商业、政治与国家军事机器对购取茶叶与贩卖鸦片的双生利益所运转而引发。

第二章

茶之真

芳茶冠六清，溢味播九区。

——晋·张载

茶者，南方之嘉木也。

——唐·陆羽

"洁性不可污,为饮涤尘烦。此物信灵味,本自出山原。"(唐·韦应物《喜园中茶生》)茶深得大自然的禀性,其性至俭、至清、至真,味恬淡,苦后甘,具有俭朴、清灵、纯真、和静的属性。这使得茶与崇尚"师法自然"之中国传统文化有着别具一格的亲和力。于是,茶被当作"天人合一"这一天道自然观的象征和载体,而饮茶行为也被升格为具有哲学意蕴的茶道。就本质而言,茶的所有被抽象化或人格化的所谓"禀性"是离不开其物质属性的;由此认为,在茶文化形成过程中,包括茶类产品特征、饮茶感官感受及茶的饮用方式等有关茶的最基本特性,是中华茶文化产生的基础。茶文化的形成,经历了从普通植物到饮品、又从饮品上升到文化高度的过程;其中,茶的物质属性与社会思想背景相辅相成共同发挥着作用。

从认知的角度,如果脱离"物质决定精神"这一前提,茶事活动会出现偏差,甚至不得要领(如宋代的"茶百戏")。茶道并非是在表象上对茶的某些属性之任意夸大,而应该把握茶的本质、茶的灵魂。刻意追求形式或虚幻,而脱离"求真"、"求是"这一本义,技艺就可能沦为游戏。可见,要想真正感悟茶文化的内涵和意趣,必须精确把握茶。

第一节　南方嘉木

对事物的探究,能寻到源头后顺流而下。要懂得茶,也需要追溯其源,依循其芳踪。茶圣陆羽《茶经》,第一句即开宗明义:"茶者,南方之嘉木也。"其意即是,茶树是生长在南方的美好树木。宋代范仲淹的《和章岷从事斗茶歌》广为传诵,为茶人们津津乐道,诗中就有"吁嗟天产石上英,论功不愧阶前蓂"之句,将茶树喻为"石上英";类似的还有"瑞草"、"灵叶"等美好的形象比喻。作为一种"经济作物",茶树能与松、梅、兰等观赏植物一样,赢得了诗人们由衷的赞美。其实,茶树之美不仅表现在外观形态上,更主要的是其由内而外、平实而又回味隽永的神韵。

一、茶树形态特征

　　茶树原产于我国的西南部。初为野生乔木型树种,迄今在我国云南省的西双版纳地区仍保存着两人合抱尚不及其树围的野生"茶树王"。经人工栽培,在长期的自然选择和人工选育下,茶树朝着各自所处的气候、土壤去适应,并朝着改变其自身的形态结构的方向演化,因此形成了许多不同的形态特征和固有特性。位于高温、多雨、炎热气候带的,便逐渐形成了温润、强日照性状的乔木型和半乔木型茶树;位于温带气候带的,如我国的浙江、安徽、江西、福建等地区的茶树,逐渐形成了耐寒、耐旱性状的中叶种和小叶种灌木型茶树。

　　我国古代劳动人民对茶树形态特征的认识,都用了比拟的方法。郭璞《尔雅注》载"树小似栀子,冬生,叶可煮作羹饮",仅说明了茶树是一种常绿灌木,而且是一种叶用植物。陆羽的《茶经》,对茶树形态特征作了具体的形象化的描述:"茶者……其树如瓜芦,叶如栀子,花如白蔷薇,实如栟榈,茎如丁香,根如胡桃。"陆羽《茶经》以后的茶书中,也有一些茶树形态特征的描述。由此可见,历史上人们对茶树性状已有一定的了解和认识深度。

　　在近代植物学出现之后,人们对茶树的认识提高到新的、更高的阶段。茶树学名全称为 *Camellia sinensis*(L.)O. Kuntze,是一种多年生木本常绿植物,属山茶科。

　　茶树地上部分包括茎、叶、花、果等,树冠形状、大小因茶树品种、剪采技术而异,有直立状、半披张与披张状;有高型、中型、低型;有圆锥与椭圆形等。

　　茶树的枝干可分为主干、主轴、骨干枝、生产枝。顾名思义,作为茶叶加工原料的芽叶由生产枝产生,其数量与产量呈一定相关性。从主干和分支的特性可区分茶树的不同生态型。原始森林里的野生茶树为高大的乔木型,而生产茶园里的茶树多为适宜人工采摘的灌木型。

　　成熟的茶树叶片,按其叶长和叶宽的比例,有圆形、椭圆形和小披针形等三种基本类型,因茶树品种而异。叶面有革质,具光泽,较光滑也有隆起的。在产茶季节,生产枝上会发出一轮新梢。热带地区,一年四季均可萌发茶芽;亚热带、温带地区,3～11月为茶芽萌发期。新梢上的芽、生长未定型的嫩叶和嫩茎,经过采摘可作为茶叶加工的原料。嫩叶表面无革质,背面一般被覆着银灰色或淡黄色的茸毛,茸毛的多少与茶树品种有关。同一新梢,茸毛的分布与芽叶组织的嫩度有关,即芽多于叶,第一叶又多于第二叶,以此类推。茸毛与茶叶品质有关,特别是有些名优茶,如"黄山毛峰"、"洞庭碧螺春"、"滇红"等,其干茶的外形要求多毫,因此,只有从茸毛较多的茶树品种上采摘的鲜嫩原料才适合加工。

茶叶的叶脉为网状脉。由叶柄延伸的叶脉,顺叶片中央直达叶尖的为主脉(或称中脉),由主脉分出的许多小叶脉称为侧脉,侧脉又分出许多细脉。成熟叶的叶脉较明显,而嫩叶则相反,且愈嫩愈不明显。茶树叶片的边缘呈锯齿状,锯齿的深浅,分布密度,除因茶树品种而异之外,与叶片的老嫩程度有很大关系;一般而言,叶质较老,叶边缘的锯齿便明显些。在同一枝条上,嫩叶叶质柔软,老叶硬脆。叶色有浓绿、淡绿、黄绿等,嫩叶呈嫩绿色,叶片越成熟,叶色越深。

茶花是茶树的生殖器官。茶树是雌雄同株的被子植物,无"雄花、雌花"或"雄株、雌株"的说法。茶花为两性花,由花托、花萼、花瓣、雄蕊、雌蕊五部分组成,雌蕊位于雄蕊群的中央,属完全花。茶花微有芳香,花的颜色,一般为白色,少数也有粉红色的。在自然条件下,通过昆虫传粉受精。如人工培育,异花授粉的种子发芽率高。

茶树一般是在每年的 6～11 月之夏秋季节不断有花蕾形成。由茶花受精至果实成熟,约需一年零 4 个月。即秋天开花,直到第二年冬季果实才成熟脱落。秋季,茶树上同时进行着花与果形成的过程,这种花果相会或"带子怀胎",是茶树生理的一个重要特征,十分有趣。

茶树的地下部分由主根、侧根、细根和根毛组成。根系的主要功能是把茶树固定于土壤,支持地上部分,并吸收养料供茶树代谢。茶树的根扎得较深,人工栽培的茶树,根系水平分布之根幅与树冠之冠幅大致相当。

茶树不华贵,也不骄艳,不似牡丹花似的国色天香,惊鸿一瞥,就欲夺人心魄,或让人肃然起敬。茶树开花不多,花期也是在"百花开后",而且其花朵是白色的,毫不显眼,绝没有与群芳争奇斗艳的意思。但茶树却具一种独特的素雅之美,一身与生俱来的素洁,飘逸沁人心脾的清香。无论是春山明媚,谷雨初收的春季,还是"园丁割霜稻"的秋天,茶树总能一展自身的风采:绿叶、灵枝、嫩芽、玉蕊、幽香。它不喜让人等闲赏识,但却非常耐看、耐品味。

二、茶园生态

茶园生态系统是指由以茶树为优势种群的生物群落和物理环境组成的生

态系统。优质茶常常少不了青山秀水的养育。在我国不少产茶地区,凡风光
旖旎之胜地,总能出产上等好茶,如风景秀丽的西子湖畔的"西湖龙井茶",秀
甲东南的福建武夷山上的"武夷岩茶",还有四川峨眉山的"峨蕊茶",安徽黄山
的"毛峰茶",江西庐山的"云雾茶"和浙江舟山普陀山的"佛茶"等,凡此种种,
不胜枚举。名山名水出名茶。

　　从生态角度来理解,我国名茶的出产地大多山俊水美,植物茂盛,风光秀
丽,自然环境得天独厚。由于这些地方往往为旅游和休闲胜地,因此其生态系
统保持完好,很少受人为的干预和破坏,这就为茶叶优异自然品质的形成提供
了理想条件。如西湖龙井茶产地龙井狮峰山、梅家坞、云栖、虎跑、灵隐等地,
处处林木茂密、翠竹婆娑,一片片茶园就处在云雾缭绕、浓荫笼罩之中,生态条
件可谓得天独厚。这里气候温和、雨量充沛,年平均温度 16℃,年降水量 1500
毫米左右,尤其春茶季节,细雨蒙蒙,溪涧常流,土壤深厚,多为沙质壤土。唐
代陆羽《茶经》中所说的"砾者上",正与西湖茶区优良的土质条件相吻合。又
如茶中珍品——武夷岩茶,其产地集中在碧水丹山、峭峰深堑、高山幽泉、烂石
砾壤、迷雾沛雨、早阳多阴的武夷山绿谷境内;尤其是作为岩茶之王的大红袍
名枞茶树,生长在武夷山九龙窠高岩峭壁上,岩壁上至今仍保留着 1927 年天
心寺和尚所作的"大红袍"石刻。这里日照短,多反射光,昼夜温差大,岩顶终
年有细泉浸润流滴。这种特殊的自然环境,造就了大红袍的特异品质。

　　如同少女需要精心呵护,才能保持美质,作为南方之嘉木的茶树,也需要
雨露的滋养。自古高山出好茶,说的就是得天独厚的生态环境,是孕育名茶的
摇篮。翻开名优茶谱,一串串可让人联想到名山胜景与雾观的茶名,让人目不
暇接,如"黄山毛峰"、"蒙顶甘露"、"武夷岩茶"等,犹如从名山秀川飘然下凡的
仙子,其色、香、味、形非普通平地茶可比拟。按现代科学道理解释,高山环境,
云遮雾罩,太阳直射光被雾滴散射成漫射光,而漫射光有促进茶树体内含氮化
合物代谢的作用,因此,高山茶的氨基酸含量较高。氨基酸是茶汤的重要滋味
成分,有提高鲜爽度的作用,在茶叶加工过程中,还可以通过一定的途径转化
为芳香成分,从而提高茶叶香气。此外,高山茶园因为土壤有机质丰富,土层
深厚,结构疏松,排水良好,肥力较高,有利于茶树新陈代谢与生长发育。于茶
树的生长而言,可谓山不在高(如海拔过高,则冬季气温太低而不宜于生长),
有雾则仙灵。而那依山傍水的"近水楼台"所造就的小气候,不失为孕育名优
茶的风水宝地。例如,产于西子湖畔的"西湖龙井茶";产地位于太湖流域的
"洞庭碧螺春"和"顾渚紫笋茶",都是闻名遐迩的历史名茶。这种湖边"云雾
茶"和丘陵"云雾茶"历来为茶人们所称道。

　　植物生长对环境有一定的要求。从丛林中走出的茶树,对适生的自然环境作出了指示——茶树喜酸怕碱、喜光怕晒、喜暖怕寒、喜湿怕涝,即有"四喜四怕"的生物学习性。在这种生物多样性的天然生态系统中,特定的生态群落往往有相应的植物分布。对此,茶学大师王泽农先生作过精辟的概括,认为茶的生态、生长习性与天然植物群落互为适应以及和自然生态环境相统一。

　　茶树原本是森林里的野生植物,因为其药用和饮用价值的被发现和利用,南方之嘉木走出了云贵高原,穿过巴山巫峡,其芳踪则遍及大江南北。现代科技已充分证明,茶树有其独特的价值①,茶叶是文明的健康饮料。人们在含英咀华中,就能感受大自然的恩赐与温馨。在生态与环保理念深入人心的今天,拥有南方之嘉木点缀的自然环境,是人与自然友好相处的一种象征。

三、寻芳问茶

　　我国是茶叶大国,茶园面积约占世界总面积的三分之一,列世界第一。

　　茶园一般辟在山坡上,我国长江以南的广大乡村,茶园景致,到处可见。四季常绿的茶园,在绿化荒山之同时,向人们展示一道平易而又别有风韵之景观。远眺,如绿浪翻滚,生机无限;近看,如山披绿篱,天然盆景;置身其中,更有一股淡淡的清香飘然而至,让人心醉。到了春天——茶叶的丰收季节,茶园变得更加秀丽滴翠,迷蒙醉人:伴着一阵阵轻柔的暖风,茶山上传来欢歌笑语,采茶姑娘以轻柔而又快捷的动作弹奏出一串串绿色的音符,纤细的手指一撮一张,犹如雀舌报春,此时的茶园,犹如被春风染绿的云霞,仿佛要将春天的气息传播到千山万水。

　　茶树是一种经济作物,却又像观赏植物,茶园是茶文化的一道美丽的生态风景。满目苍翠、生机盎然的茶园风光和夹杂着泥土味的清新气息,令人赏心悦目,心旷神怡,这对生活在都市中的人们颇具吸引力。在观赏茶园风光的同

---

　　①　茶树可谓是全身是宝。它的根含有酰胺类化合物、简单儿茶素和黄酮甙类化合物,是治疗多种疾病很好的入药材料。它的花粉在花粉管生长过程中,对环境极其灵敏,可用以监测环境污染,对环境质量作出评估;茶树花粉也是制造磷脂类化合物皂素、蛋白质的原料。成熟茶果含有纤维素、单宁、脂类、蛋白质,以及一些无机元素,可用于生产提取咖啡碱和茶多酚。茶籽含有丰富的脂肪、粗蛋白、碳水化合物以及茶籽皂甙等,可以用于生产油脂、茶籽皂素和动物饲料。即使是茶籽提取后的所剩物,加工成饼粕仍是一种营养成分全面的有机肥料。茶树对人来说,有着毫无保留的奉献象征意义。

时,听导游或村民讲述一个个关于名茶的动人传说,欣赏采茶姑娘和小伙子对唱茶歌,或到茶艺馆品茶,观赏茶艺表演、吟茶诗、赏茶联,或深入茶农的生活中去体验独特的茶俗。这一切可使人们从世俗的琐碎与烦恼中解脱出来,使身心得到放松,使人们感受到民风的淳朴,感受到浓郁的人情味,感受到生活的真善美,使心灵得到涤荡,精神得到升华。又或在风光如画的茶园近旁,或在幽深肃穆的庙宇深处,沏上一壶好茶,细品慢啜,悠然淡泊。带着些许禅味,透着几分诗意。如果巧逢茶事而能亲身参与茶叶的采摘,体验"采'茶'东篱下,悠然见南山"那种超脱世俗的情怀,或感受体验劳动的乐趣和收获的喜悦,相信这能给观光旅游带来意外的收获。

我国不少风光旖旎的旅游胜地,本身就是名茶产区。如著名的福建武夷山风景区,翠岗起伏,溪流纵横。而这里的茶园,非常别致,岩岩有茶,非岩不茶,茶之美,山之秀,浑然交融于一体,平添了一份诗情画意。又如,著名的西湖风景与著名的龙井茶区相连。"片片茶园绿如染,重重茶山接云天",龙井茶园为湖光山色增添了诗意,成为西湖山区景观不可缺少的组成部分。现代诗人唐弢游览梅家坞茶园后,余兴难尽,旋即赋《访西湖梅花坞》一首:"梅家坞村翠千重,一片歌声绕秀峰。如此湖山归去得,诗人不做做茶农。"

据世界旅游组织预测,今后的生态旅游和大自然旅游趋势愈加明显,21世纪是生态旅游世纪,休闲性观光旅游独具魅力。我国不少地方都开设有观光茶业这一休闲项目;杭州为我国四大旅游城市之一,是世界性的休闲之都。作为西湖龙井茶的产地,"龙井茶,虎跑水"双绝早就闻名遐迩,近年来杭州的观光性旅游发展,与"茶都"相得益彰,且随着一阵阵"茶文化热"的兴起已渐入佳境。有些国内外游客来到杭州西湖,直接为了一睹闻名遐迩的龙井茶园风光,喜看龙井茶乡采茶女、炒茶男的劳动情景;观赏之余,有的游客跃跃欲试,亲自尝试龙井茶的采摘与炒制。1985年,杭州市园林专家和市民共同评选"新西湖十景"活动,"龙井问茶"深受人们的宠爱,这表明杭州市的观光茶业已发展到了新的时期。龙井,又名龙泓、龙湫,位于西湖西南的风篁岭山。北宋时龙井已成为旅游胜地,诗人苏轼常品茗吟诗于此,曾有"人言山佳水亦佳,下有万古蛟龙潭"的诗句赞美。清乾隆皇帝曾到此采茶种茶,老龙井还留有"十八棵御茶"遗迹,并题"湖山第一佳"五个大字,并将过溪亭、涤心池、一片云、风篁岭、方圆庵、龙泓涧、神运石、翠峰阁定为"龙井八景"。"龙井问茶"集风景名胜和茶园生态旅游于一体,在西湖十景中可谓独树一帜。与此同时,与龙井村相邻的梅家坞观光休闲茶园,近来也受到游客们的青睐。据调查统计,到杭州西湖龙井茶区参观旅游的人有95%的人都有动手实践的愿望,有85%的人或是采了茶叶,或是在炒制中抓一把热毛茶,心理上得到不同程度的满足。龙井、梅家坞等地作为著名的西湖龙井茶主产地,境内自然风景优美,人文环境雅致,是中外游客观光旅游的好去处,也是人们周末休闲的理想场所(这种情形,随着人们生活水平的提高,表现得更为明显)。近年来,随着旅游事业的进一步发展,加上交通状况的日趋便利,"梅坞问茶"等濒临西湖风景区的茶景,成为节假日人们近郊游、观光游与深度旅游的好去处。①

又如我国台湾省,观光茶业较为盛行,"旅游景点"往往就是一些环境幽雅、交通条件较好,并有一定海拔高度的茶园,游人并不是为了观赏名胜古迹或自然奇观,让他们倾心只是茶园所构成的一方乐土。如位于台北市郊的木栅茶区,便是台北市非常著名的旅游休闲场所。这里山峦起伏,满眼青翠,一条乡间公路蜿蜒通达各个"景区"。观光场所,大多海拔较高,既可欣赏茶园景致,也能登高望远,鸟瞰台北市全景。一到双休日,游人如织。游客们可去茶文化教室听讲座,也可参观茶园和茶叶加工场,"导游"便是当地茶农。山上设有几家茶艺馆,供游人们品茗休闲。还备有餐饮、住宿设施,以满足游客的需要。相比于喧嚣嘈杂的大都市,像木栅这样的观光茶区,犹如世外桃源,游客们纷至沓来,流连忘返也就不足为奇了。

西双版纳是普洱茶的原产地和发祥地。在1700多年的生产发展历程中,在植茶、采茶、制茶、饮茶、用茶、运茶、卖茶等等茶事活动中,各族人民创造了形式多样、内容丰富、底蕴深厚、特色浓郁的普洱茶文化。位于勐海镇的普洱茶研究院兴建西双版纳茶文化旅游园区,院内有茶文化迎宾大门,大门两旁建有仿紫砂大茶壶、茶杯及反映茶马古道和中华茶文化的三组浮雕,大茶壶身上镶嵌着赵朴初"南行万里拜茶王"的题词;有茶种质科普园、神农亭、茶圣陆羽雕像、瑞草魁茶艺馆等景点;有无性系良种生态茶园、有机茶园、茶树品种陈列园、杂交良种示范园等共30多公顷,有占地2公顷的"国家种质勐海茶树分圃",有一株300多年的古茶树,有集保健与观赏为一体的稀有茶树品种——紫鹃,有一座有机茶加工厂和两个普洱茶加工车间,供游客自己采摘、加工、品饮茶叶;并有一支高素质的民族茶艺队,展演独具特色的少数民族茶艺。

此外,我国福建、云南、四川、安徽等地都开展了各种形式的茶叶观光旅游活动。譬如,作为铁观音原产地的福建省安溪县为全国最大的乌龙茶主产区,全县有70%以上的人从事与茶相关的行业,茶业成为全县最大的支柱产业。作为福建省东南沿海的一个山区大县,该地的生态资源十分丰富,境内多山,

---

① 参见唐杰:《杭州梅家坞茶园生态旅游开发》,《杭州研究》2003年第4期。

千米以上高山多达 2461 座,群山环抱,峰峦叠翠,高山之上,终年云雾缭绕,相对湿度达 78％ 以上。其自然条件特别适宜茶树生长,茶叶品质优异。近年来安溪大力发展茶园生态旅游,除了建立"中国茶都"之外,在凤山风景区内建成"茶叶大观园",园内种植着来自全国各地和日本的名、优、特茶树品种 50 多个,还设有茶史馆、茶作坊、民俗馆、对歌台、茶艺表演厅、休闲茶座、茶叶博览厅等;此外,还在县城东南方向 2 公里处兴建茶叶公园。通过把茶业生产、加工、消费的全过程与种茶、采茶、炒茶、品茶等旅游活动结合起来,安溪已初步形成一种新型的茶业与旅游业完美叠加的交叉性产业,通过创造富有生机的旅游产品,既能提高茶叶生产的经济效益,也有利于实现旅游与环境的良性平衡和旅游资源保护与利用的有机结合。①

　　我国作为产茶故国,茶叶生产丰富,自然环境优越。目前,不少地方正加大投入,开发生态型的观光茶园,这也有望成为社会主义新农村建设之示范点与人们旅游休闲的好去处。

第二节　茶叶品类

　　我国是一个多茶类的国家,茶类之丰富,茶名之繁多,在世界上是独一无二的。茶叶界有句行话:"茶叶学到老,茶名记不了",便是指茶叶品名琳琅满目,数不胜数(不同于国外所制茶叶其产品花色十分单一②)。我国茶叶品名繁多,就种类齐全、品质各具特色而言,堪称茶的世界。

---

① 　参见郭丽妮:《安溪茶文化旅游开发研究》,《泉州师范学院学报》(自然科学版),2001 第 6 期。

② 　以世界其他主要产茶国为例,印度以生产红茶为主,兼产极其少量的绿茶;斯里兰卡长期以来仅产红茶一种,近年来才开始生产少量绿茶;肯尼亚也只产红茶;日本生产绿茶,且主要是蒸青(所产红茶甚少)。

一、我国茶类众多之历史渊源

中国是茶的发源地,据考证,我国利用茶叶的历史可追溯到约五千多年前,人工栽培茶树的历史也有近三千年。在唐代以前,茶叶的利用,开始是以生煮羹饮或晒干收藏,而后多以捣叶做饼或蒸叶捣碎制成团茶。至初唐,蒸青团茶已成为主要茶类,也有晒干的叶茶(类似于白茶)。到了宋代,除了沿袭的蒸青团饼茶,已出现相当数量的蒸青散茶。元代,团饼茶逐渐被淘汰,散茶得到较快发展,当时制作的散茶,因茶鲜叶老嫩程度不同有芽茶和叶茶之分。到了明代,除蒸青散茶以外,出现了炒青绿茶以及红茶、黄茶、黑茶,直接晒干的白茶也同时存在。到了清代,又出现了乌龙茶。至此绿茶、黄茶、黑茶、红茶、白茶和乌龙茶等六大基本茶类已齐全。

漫长的历史沿革,源远流长的中华文明,使茶的资源得到越来越充分的利用,制茶工艺也越来越精致,于是争奇斗艳的各种名特优茶叶便在茶之故乡的沃土上应运而生了。我国古代实行贡茶制,各地要将茶叶中的上等佳品敬献皇帝,且贡茶都有地方官吏监制,自然要求茶叶的加工工艺和品质精益求精,这从客观上促进了古代茶叶加工技术的不断完善,名茶品种的推陈出新。此外,自唐朝以来,饮茶之风盛行,上至王公贵族、达官豪门,下至市井百姓、贩夫走卒,爱茶者众多。同时以儒、道、佛三家为精神内涵的中华茶文化开始兴起,社会名流、文人骚客无不以品茶论道为一大雅事。宋朝更是盛行斗茶之风,范仲淹的"胜若登仙不可攀,输同降将无穷耻"的诗句,反映了人们以拥有绝品奇茗为莫大荣耀,诚可谓山不厌高,水不厌深,茶不厌精。这种论次及第的茶叶比武,大大促进了制茶工艺的不断改进,也为各地名优茶的切磋交流,提供了舞台。

佛教在我国的传播,也直接或间接地促进了名茶的发展。茶与佛有着深厚历史渊源,被誉为茶中珍品的"西湖龙井茶",据传是由一位名为辨才的灵隐寺僧人所创制。迄今一些古寺名刹依然茶烟袅袅,香火不绝,如浙江余杭县径山寺所制的"径山茶",在省内的名优茶评比中,多次获奖,闻名遐迩。僧人制茶,往往在师传的基础上有所创新,以体现寺门特色,这便促进了名优茶生产的发展和茶叶品类的不断增多。

我国的多茶类体系是在漫长的历史发展中形成的,社会文化背景对其起到了重要影响,当然,最根本的因素还是劳动人民的创造力。例如,自唐朝以来,西藏、新疆等西北边陲地区饮茶之风盛行,对于以食牛羊肉为主的边疆少数民族而言,具有去肥腻、助消化功效的茶叶成了不可或缺的日常消费品。但因气候寒冷、干燥,这些地区不适合栽种茶树,其所需茶叶从云南、四川等产茶区调入。由于路途遥远,加上古代的交通十分不便,一般的茶叶如绿茶等在长时间的运输过程中很容易陈化劣变,为此,我国古代茶人们发明了经过后发酵,具有"越陈越香"特点的黑茶,并把黑茶压制成砖茶等质地紧实、能经受日晒雨淋、且体积小、适合马匹在崎岖山道驮运的紧压茶。迄今,受长期消费习惯之影响,砖茶依然是边疆少数民族最主要的消费茶类。又如,我国发明的花茶制法主要为了适应北方地区的茶叶消费特点。我国茶叶产地大部分集中在南方,从产地到北方销区的运输距离较长,受交通条件的制约,古代北方人往往很难喝到新茶,而鲜灵、馥郁的花香在很大程度上可以弥补陈茶香气的不足,加上北方人口味普遍较重,于是,饮用茉莉花茶等花茶产品就成了北方地区的传统消费习惯。总之,由于我国地大物博,不同地区间自然条件具有一定差异性,风俗习惯呈现多样性,因此,单一的茶类很难适应各地不同的消费习惯和消费需求。而茶类的多样化,是茶叶加工工艺不断改进,推陈出新的结果,既体现了我国劳动人民的智慧,同时,也折射出茶的兼容并蓄,贴近生活,关爱人生之人文意蕴。

我国茶类众多的另一个重要因素便是茶树品种之多样性。我国的茶树种质资源十分丰富,按叶形大小分,有大叶种,中叶种和小叶种。[①] 上述三种类型之茶树品种具有不同的茶类适制性。适制性是指茶树品种固有的制约着茶叶品质的种性,也就是指茶树品种最适宜制作哪一类或几类优质茶的特性。例如,大叶种茶树,由于茶多酚含量高,适合于制造红茶、普洱茶等;小叶种茶树,氨基酸含量相对较高,适合于制作绿茶、黄茶等。中叶种茶树,一般适合于制作乌龙茶、绿茶等。我国茶区辽阔,东起东经 122 度的台湾省东部海岸,西至东经 95 度的西藏自治区易贡,南自北纬 18 度的海南岛榆林,北到北纬 37 度的山东省荣城县,东西跨经度 27 度,南北跨纬度 19 度,共有浙江、湖南、湖北、安徽等 21 个省(区、市)产茶,按产地地理位置不同,共分四大茶区。不同茶区间由于气候条件不同,其适生的茶树品种也不一致,这就形成了"一方水土养一方茶"的生产格局。如包括甘南、陕南、鄂北、豫南、皖北、苏北、鲁东南等地的江北茶区适合生产绿茶;包括粤北、桂北、闽中北、湘、浙、赣、鄂南、皖南

① 茶树叶形大小与树型大小有密切关系,乔木形茶树的叶片往往较大,灌木型茶树的叶片往往较小;而树型的分布也存在地理纬度上的相关性。

和苏南等地的江南茶区以生产绿茶、乌龙茶、花茶为主；包括黔、川、滇中北和藏东南等地的西南茶区以生产普洱茶、红茶、绿茶和砖茶为主；而包括闽中南、台湾、粤中南、海南、桂南、滇南等地的华南茶区则以生产红茶、六堡茶、乌龙茶等为主。总之，我国自明朝以来形成的多茶类格局在很大程度上受茶树品种之多样性以及品种间不同适制性之影响。

新中国成立后，特别是改革开放以来，我国的茶业步入一个崭新的发展阶段，茶类百花园里迎来了一个更为明媚的春天。随着茶叶科技的发展，新选育的茶树良种越来越多。迄今，茶树栽培品种共 600 多个，其中具有代表性的栽培面积较大的新老品种有 250 多个，经全国茶树良种审定委员会审查通过认定的国家级良种有 70 多个，这为茶叶品质的不断提升和茶叶产品创新提供了十分有利的条件。另一方面，随着经济的发展，人民生活水平的不断提高，消费者对茶叶品质的要求也越来越高，市场上名、特、优产品纷纷走俏，名茶热席卷全国。各茶区在恢复各种历史名茶的基础上，一批又一批的新创制的名优茶闪亮登场。此外，随着茶叶科学技术的突飞猛进，现代工业技术的应用，我国茶叶产品升级换代不断向纵深发展，一些具有较高科技含量的新产品，如茶饮料、速溶茶、袋泡茶、茶叶食品等纷纷抢占市场，为茶的世界增光添彩。

茶类及其品名的形成，有其客观性。为方便对我国茶叶品类的认识和了解，这里列出一套较为科学的茶叶分类方法，以供参考。

二、我国茶叶的分类

当前各种传统茶叶，多数沿用历史上的称谓。例如，"西湖龙井茶"这一品名中，龙井其实是一个地名，该地区也是扁炒青类名优茶的发源地。随着龙井茶知名度的不断提高，"龙井"两字就逐步变成了一种特定茶的指代。迄今为止，在茶名使用上的"见仁见智"虽缺乏严格的规范，倒也体现出了茶文化的内涵，有的采用产地加茶类名称这一命名方式，如"祁门红茶"、"滇红"、"平水珠茶"等；有的按历史上约定俗成的茶名，如"洞庭碧螺春"、"湖北仙人掌茶"、"白牡丹"、"四明十二蕾"等；有的则按茶树品种命名，如"武夷水仙"、"大红袍"、"毛蟹"、"安溪铁观音"等。凡此种种，不一而论。但茶叶叫法上的五花八门并不妨碍人们对其进行科学分类。茶叶分类的基本原则是以品质特征作为主要依据。由于在影响茶叶品质形成的诸多因素中，加工工艺（尤其是关键性的工艺，它在品质的形成上具有排他性）无疑又是最直接也是最主要的，因此，茶叶的分类系统如果以树形图表示,则茶叶加工工艺应作为树的主干,至于茶叶产地、茶树品种、采摘嫩度等虽能影响茶叶品质的高低,对茶叶基本品质特征不构成直接的影响之因素则成为树的侧枝。如此得出的茶叶分类体系纲举目张,泾渭分明。

按照上述思路,首先可将茶叶分为两大类。凡采用常规加工工艺,茶叶产品的色、香、味、形符合传统质量规范的,叫基本茶类,如普通的绿茶、红茶、乌龙茶等;以基本茶类为原料进一步加工,使茶叶的基本质量性状发生改变的,叫再加工茶类,如茉莉花茶、速溶茶、易拉罐茶饮料、草药茶等。任何茶叶产品,非此即彼,而各居其位。因此,基本茶类和再加工茶类,当位于分类体系的最顶层,以此为基础,对茶叶的分类方法展开进一步讨论。

(一)基本茶类的细分

基本茶类一般都以鲜叶为原料,经不同的工艺加工而成。如同一批鲜叶经过制红茶的加工程序,则成为红茶"红汤红叶"的品质特征。若鲜叶经过制绿茶的加工程序,便成为与红茶完全不同的绿茶"清汤绿叶"之品质特征。总之,茶叶基本品质特征是在茶叶加工过程中形成的,是加工工艺特点的一种反映。相对于其他品质因子而言,茶叶色泽类型较为单一,且较为直观,易于用文字描述,因此,习惯上按干茶或茶汤的色泽的不同,将基本茶类划分为绿茶、红茶、青茶(乌龙茶)、黄茶、白茶、黑茶等六种类型。当然,在色泽相同或相似的前提下,由于加工工序或一些工艺细节上的变化,茶叶的外形、香气和滋味也会有所不同,这就形成了同一茶叶类型中不同的子类。

1. 绿茶

绿茶是我国生产历史最久,品类最多的茶类。绿茶制法起源于 12 世纪末,从那时起,历代的文人墨客、医学著作等对绿茶的健身、疗疾之功大加赞赏。

绿茶的制作,一般是采摘鲜嫩的芽叶,通过高温杀青、做形、干燥而成。其中杀青是制绿茶的主要工序,通过蒸汽加温或锅炒等干热工序,使鲜叶中的蛋白酶得以破坏,制止茶多酚的氧化变红,以保证绿茶清汤绿叶的品质特征。

通过不同的做形工艺而使其外形多样化,是绿茶品质的另一大特征。在形状方面,有弯曲如眉者;有浑圆如珠者;有形扁如碗钉者;有紧直如针者;有曲卷如螺者;有叶片上卷形状如匙者;有自然成形如兰花者;有头大尾小状似蝌蚪者;有外披白毫如覆霜华者……堪称琳琅满目、丰富多彩,颇具艺术情趣。所有绿茶,大体可分成条形、圆形、扁形、针形、曲形、尖形、片形、花朵形、蝌蚪形、碎形等十种形状。绿茶干燥的方法有"炒"、"烘"、"晒"等几种,干燥工艺对绿茶的品质形成有着重要影响,它不仅能进一步改善茶叶的香气和滋味,对茶叶的外形也有锦上添花的作用。一般而言,茶叶制成足干后,其条形会变得更为细、紧、实。三种干燥方式相比,则以炒干对外形的影响最大。

绿茶的品质特征,尤其是名优绿茶,一般干看翠绿、汤色碧绿、叶底嫩绿或黄绿。香型以高长带花香最好,其次为嫩香、毫香、栗子香(炒栗子香),且以香高持久为好。冲泡后,色绿汤清,香气清幽,滋味鲜爽。根据杀青和干燥方法的不同,绿茶进一步分为炒青、烘青、蒸青、晒青四类。炒青类如"西湖龙井",烘青类如"黄山毛峰",晒青类如用作普洱茶加工原料的"滇青",蒸青类如"恩施玉露"。

(1)蒸青绿茶:采用蒸汽杀青制成的绿茶称"蒸青",有"中国蒸青"、"日本蒸青"、"印度蒸青"等,日本的蒸青茶产量最高。蒸青茶应具有三绿特征,即干茶深绿色、茶汤黄绿色、叶底青绿色。大部分蒸青绿茶外形做成针状。日本蒸青分玉露茶、碾茶、煎茶等。玉露茶采用覆盖茶园的细嫩鲜叶制成,有类似紫菜的香气,称"蒙香",为日本高级蒸青绿茶的特色。"中国蒸青"有仙人掌茶、煎茶和玉露茶等。为诗仙李白赞叹的湖北仙人掌茶品质较有特色,外形片状似仙人掌,翠绿色,茸毛披露,香味清鲜爽口。

(2)晒青绿茶:色泽墨绿或黑褐,汤色橙黄,有不同程度的日晒气味。其中以云南大叶种制成的品质较好,称"滇青"。其特征是条索肥壮多毫,色泽深绿,香味较浓,收敛性强。

(3)烘青绿茶:采用烘干方式干燥的初制绿茶称之为烘青。烘青绿茶外形挺秀,条索完整显锋苗,色泽绿润,冲泡后汤色清绿、香味鲜醇。根据原料老嫩和制作工艺不同又可分为"普通烘青"和"细嫩烘青"两类。

普通烘青茶直接饮用者不多,但其吸香能力较强,市场上常见的茉莉花茶,多数是以烘青茶做原料的。烘青茶在各产茶省均有生产,主要品类有福建的"闽烘青"、浙江的"浙烘青"、安徽的"徽烘青"、江苏的"苏烘青"、湖南的"湘烘青"、四川的"川烘青"等。

细嫩烘青茶是以细嫩芽叶为原料精工细作而成。大多数"细嫩烘青"条索紧细卷曲、白毫显露、色绿、香高味鲜醇、芽叶完整。这类"烘青"多为名茶,例如,安徽的"黄山毛峰"、"太平猴魁"、"敬亭绿雪",浙江的"华顶云雾"、"天目青顶"、"雁荡毛峰",湖南的"高桥银峰",云南的"南糯白毫",湖北的"松峰茶",江苏的"翠螺"等。

(4)炒青绿茶:采用炒干方式干燥的初制绿茶称之为炒青。炒青绿茶在干燥过程中，由于机械或手工作用力的不同，形成长条形、圆珠形、扁平形、针形、螺形等不同的形状，故又可分为眉茶、珠茶、细嫩炒青等。细嫩炒青中，又有扁形、松针形等不同的外形特色。

①眉茶：眉茶为长炒青之精制产品，是我国主要出口茶类，其国际市场上已遍及五大洲80余个国家和地区，其中主要是摩洛哥、阿尔及利亚、马里、利比亚等国。其主要花色品种有"珍眉"、"贡熙"、"雨茶"、"秀眉"等，以"珍眉"为主要品种，品质特征为：条索细紧挺直、平伏匀称，色泽绿润起霜，香气高鲜，滋味浓爽，汤色、叶底绿微黄明亮。

②珠茶：为圆炒青之精制产品，是我国出口量最大的茶类，其外形圆紧光滑似珍珠，乌绿起霜，香高味浓，叶底有盘花芽叶。珠茶被誉为"绿色的珍珠"，主销西北非，美国、法国也有一定的市场。

③细嫩炒青茶：按外形可分为扁形、卷曲形、针形、圆形等。扁炒青有"西湖龙井"、"峨眉竹叶青"、"老竹大方"等。其中最为珍贵的要数"西湖龙井"。卷曲形茶有"洞庭碧螺春"、"都匀毛尖"、"高桥银峰"、"湘波绿"等。其中苏州一带所产的"洞庭碧螺春"，无论是生产量还是知名度，都可与杭州的西湖龙井茶相媲美。常言道：上有天堂，下有苏杭，苏州和杭州不仅风景名胜称奇，而且所产之佳茗亦令人叫绝。针形茶有"安化松针"、"南京雨花茶"、"保靖岚针"、"信阳毛尖"、"云针茶"等，外形细紧挺直似针，香清味爽。圆形茶有"泉岗辉白"、"涌溪火青"等，其外形略圆，盘花卷曲，浓绿起霜，香高味厚。

2. 乌龙茶

乌龙茶又名青茶，俗称"工夫茶"（"功夫茶"），属半发酵茶类，其品质特点是，干茶色泽青褐，汤色黄红，有天然花香，滋味浓醇，叶底具有不同于其他茶类的"绿叶红镶边"之特征。乌龙茶的特色工艺为做青，即在杀青之前，通过摇动叶子，使叶子的边缘部位擦破后氧化变红，从而达到绿叶红镶边的品质效果。与绿茶、红茶不同，制乌龙茶的鲜叶原料要求有一定的成熟度，并非越嫩越好，因为，嫩度好的叶子质地柔软，做青过程中，叶子边缘部位不易擦破，从而影响工艺质量。乌龙茶加工历经日光萎凋、晾青、做青、杀青、揉捻或包揉、干燥等工序，其中，萎凋、做青类似于红茶制法，而杀青、揉捻和干燥则像绿茶加工，足见其制作工艺之精细和复杂。

乌龙茶因茶树品种的特异性而形成了各自独特的风味，产地不同，品质差异也十分显著。多数乌龙茶的茶名和茶树品种名合二为一，如大红袍、铁观音、水仙、黄金桂等。乌龙茶主要根据产地划分品类，其包含的子类有：闽北乌龙茶（"武夷岩茶"、"水仙"、"大红袍"、"肉桂"等）；闽南乌龙茶（"铁观音"、"奇兰"、"黄金桂"等);广东乌龙茶("凤凰单枞"、"凤凰水仙"、"岭头单枞"等);台湾乌龙茶("冻顶乌龙"、"包种"等)。

(1)闽北乌龙茶:其产地在福建省北部武夷山一带。品质特征为:外形条索紧结沉重,叶端扭曲,色泽油润,间带砂绿蜜黄(鳝皮色),内质香气浓郁,具有兰花清香,汤色清澈显橙红色,滋味醇厚鲜爽回甘,叶底肥软黄亮,红边明显。主要分"武夷岩茶"、"闽北水仙"、"闽北乌龙"等品类。以"武夷岩茶"最为出名。武夷岩茶是该地所产乌龙茶的一个统称,按茶树种植地点的不同,分正岩茶、半岩茶和洲茶。正岩茶是岩茶中品质最好的,产于慧苑坑、牛栏坑和大坑口;这"三大坑"范围之外所产的叫半岩茶;武夷山平地茶园和沿溪两岸所产的叫洲茶。正岩茶香高持久,岩韵显,汤色深艳,味甘厚,可冲泡六七次,叶质肥厚柔软,红边明显。半岩茶香虽高但不及正岩茶持久,稍欠韵味。洲茶色泽带枯暗,香低味淡,品质较次。岩茶多数以茶树品种命名,用水仙品种制成的为"武夷水仙",以菜茶或其他品种采制的称为"武夷奇种"。在正岩中如天心、慧苑、竹窠、兰谷、水帘洞等岩中选择部分优良茶树单独采制成的岩茶称为"单枞",品质在奇种之上,单枞加工品质特优的称为"名枞"。天心岩九龙窠的"大红袍",慧苑坑(岩)的"铁罗汉"、"白鸡冠",岚谷岩的"水金龟"合称四大名枞,其中,又以"大红袍"最为著名,其品质超群绝伦,有武夷茶王之称。但"大红袍"茶树品种对地域环境有强烈的依赖性,因此,正宗"大红袍"之年产量不足一斤,可谓稀世珍品。

(2)闽南乌龙茶:闽南乌龙茶以安溪一带生产的"铁观音"最为著名。"铁观音"既是茶名,又是茶树品种名,因身骨沉重如铁,形美似观音而得名,是闽南乌龙茶中的极佳品。品质特征是外形条索圆结匀净,多呈螺旋形,身骨重实,色泽砂绿翠润,青腹绿蒂,俗称"香蕉色";内质香气清高馥郁,具天然的兰花香,汤色清澈金黄,滋味醇厚甜鲜,入口微苦,立即转甘,"音韵"明显,耐冲泡,七泡尚有余香,叶底肥厚软亮,青翠红边显露。除了"铁观音"外,安溪尚有其他一些制乌龙茶的优良品种,如"奇兰"、"梅占"、"毛蟹"、"黄金桂"等。这些茶叶,既可依茶树品种单独命名,亦可将上述品种茶相拼配后以安溪色种统称之。

(3)广东乌龙茶:盛产于汕头地区的潮安、饶平等县。花色品种主要有"水仙"、"浪菜"、"单枞"、"乌龙"、"色种"等。潮安青茶因主要产区为凤凰乡,一般以水仙品种结合地名而称为"凤凰水仙","凤凰单枞"则是从"凤凰水仙"茶树品种中选育出来的优异单株,品质特优。"浪菜"多采自白叶水仙种,叶色浅绿或呈黄绿色,"水仙茶"多采自乌叶水仙种。"凤凰单枞"采制特别精细,"浪菜"、"水仙"相对粗放。

(4)台湾乌龙茶：台湾乌龙茶，其品种和加工技术最早都是从大陆传播去的。发展至今，根据萎凋做青程度不同分成"台湾乌龙"和"台湾包种"两类。"乌龙"做青较重，"台湾乌龙"中，发酵程度最重的叫"红乌龙"，品质风格与红茶类似。"包种"做青程度较轻，主产于台北县文山等地，叶色较绿，汤色黄亮，滋味鲜醇。

乌龙茶因其具有独特的自然花果香、醇厚爽口的滋味，饮后令人唇齿留香，其味绝妙；以其引人入胜的冲泡艺术结合茶具、茶文化的发展，使乌龙茶得以在全国热起来，销量与日俱增。尽管如此，为了适应市场，乌龙茶的加工工艺仍在不断地改进，轻发酵成为新的市场亮点。近年来，随着空调做青技术的推广应用，与传统铁观音茶相比，轻发酵茶外形色泽更绿、更美观，香气更为清香馥郁，更适应广大消费者尤其是年轻消费者的需要。

3. 黑茶

黑茶属后发酵茶，作为我国特有的茶类，其生产历史悠久，花色品种丰富。黑茶制作都是先杀青，再揉捻，最后干燥，但在干燥前或后还有一个渥堆工序，促进茶内含成分的转化，形成油黑或褐绿的色泽，以及醇和的滋味，品质独特，故又称"后发酵茶"；也可用绿茶中的晒青为原料，经加水渥堆而制成。早在11世纪前后，即北宋熙宁年间（1068—1077）就有用绿毛茶做色变黑的记载。渥堆过程中，叶层内的温度会慢慢升高，同时，叶堆中需要加入一定量的水，以促进某些微生物的生长。应该说，黑茶才是有微生物参与品质形成的真正发酵茶，因此黑茶的显明特色是：如陈酿酒那样，愈陈愈香。

黑茶中的散茶除直接消费外，大多作为制紧压茶的原料，压制的成品形状有：砖形、圆饼形、碗形和柱形等。黑茶品类众多，除了云南普洱茶、广西六堡茶等广泛满足国内外市场需求之外，相当一部分专门供应藏族、蒙古族等西北少数民族地区，称之为边销茶，如茯砖茶、黑砖茶、花砖茶、湘尖茶、青砖茶、康砖茶、金尖茶、方包茶等。黑茶以云南、湖北、四川、广西等省区为主要产区，依产地不同，可分为滇桂黑茶、湖南黑茶、湖北老青茶、四川边茶等。

黑茶大多制作原料较粗老，但也有珍奇品种，尤以云南普洱茶一枝独秀，为不可多得的黑茶名品，近年来，普洱茶走俏市场，在我国茶类百花园中构成了一道引人入胜的奇特风景。

4. 红茶

红茶最基本的品质特点是红汤红叶，干茶色泽偏深，红中带乌黑，其英文名为"Black Tea"。17世纪中叶，福建崇安首创小种红茶制法，是历史上最早的一种红茶。在此基础上形成18世纪中叶的工夫红茶制法,之后又有了切细红茶,即红碎茶生产。红茶的基本制造过程为萎凋、揉捻、发酵、干燥。其对鲜叶的要求:除小种红茶要求鲜叶有一定成熟度外,工夫红茶和红碎茶都要有较高的嫩度,一般是以一芽二三叶为标准。夏天采制红茶相对适宜,这是因为夏茶鲜叶多酚类化合物含量较高的缘故。红茶依具体加工工艺,可分为工夫红茶、小种红茶和红碎茶三种。

(1)小种红茶:产于我国福建北部,初制工艺包括萎凋、揉捻、发酵、过红锅(杀青)、复揉、薰焙等六道工序。由于采用松柴明火加温萎凋和干燥,干茶带有浓烈的松烟香。小种红茶产地集中,产量少,为我国红茶中的特色茶。其外形条索粗壮长直,身骨重实,色泽乌黑油润有光,内质香高,具松烟香,汤色呈糖浆状的深金黄色,滋味醇厚,似桂圆汤味,叶底厚实光滑,呈古铜色。

(2)工夫红茶:以条红茶为原料精制加工而成。按产地的不同有"祁红"、"滇红"、"宁红"、"宜红"、"闽红"、"湖红"等不同的花色,品质各具特色。最为著名的当数安徽祁门所产的"祁红"和云南省所产的"滇红"。"祁红"色泽乌黑光润,有独特的蜜糖似的香气,被称为"祁门香"而享誉国际市场。"滇红"为大叶种工夫红茶,条索肥硕重实,满披金黄色芽毫,有花果香味,滋味浓厚。

(3)红碎茶:其初制工艺的特点是在条红茶加工工序中,以揉切代替揉捻,或揉捻后再揉切。揉切的目的是充分破坏叶组织,使干茶中的内含成分更易泡出,形成红碎茶滋味浓、强、鲜的品质风格。红碎毛茶经过精制后,分成不同花色品种,供应出口。

红碎茶是在我国传统红茶工艺基础上逐渐发展起来的一种将叶片切碎后再发酵、干燥的红茶加工方法。与传统红茶相比,该茶在浓度与强度上得以提升,非常适合于加牛奶冲兑饮用方式。红碎茶也深受欧美消费者欢迎,为国际市场上销售量最大的茶类(占国际茶叶贸易总量的80%左右,现在主要由印度、斯里兰卡和肯尼亚等国生产)。营销全球的立顿品牌茶,即以红碎袋茶为主。

5. 白茶

白茶属轻发酵茶,其品质特征是:干茶满披白色茸毛,毫香重,毫味显,汤色清淡,味鲜醇,十分素雅。白茶的加工工艺很简单,分为萎凋、干燥两个过程。最主要的工艺特点是不揉捻,因为白茶之"白"来自于芽叶表面的白色茸毛,要求鲜叶原料必须采自于茸毛多的茶树品种,不揉捻的目的正是为了保证这种白色茸毛的完好无损。芽叶采下后,薄摊在竹帘上,在室外晒或在室内晾干至一定程度,辅之以低温炭火烘至足干即可。如果不考虑工效,也可不采用人工加温,让叶子在摊放的过程中自然干燥。

白茶主产于福建的福鼎、政和、松溪和建阳等县,台湾省也有少量生产。该茶主要根据鲜叶原料的采摘嫩度和茶树品种命名,分为白芽茶("银针"等)和白叶(白牡丹"、"贡眉"等),以白毫银针品质最佳。

6.黄茶

黄茶的基本品质特征是:色黄、汤黄、叶底黄,香味清悦醇和。黄茶品类的划分一般根据鲜叶原料的嫩度,包括黄芽茶("君山银针"、"蒙顶黄芽"等)、黄小茶("北港毛尖"、"沩山毛尖"、"温州黄汤")、黄大茶(霍山黄大茶)等三个品类。黄茶最常见的工序为:杀青——→揉捻——→初烘——→堆积——→干燥,或杀青——→揉捻——→堆积——→初烘——→干燥。与绿茶相比,多了一道堆积闷黄之工序。

"君山银针"为价值千金的茶中珍品,产于湖南洞庭湖的一个岛上,其外形芽头肥硕,满披白毫,色金黄闪银光,誉为"金镶玉";其汤杏黄,香清鲜,味甘鲜。冲泡后,其芽头呈三起三落的杯中奇观,品饮之余,兼供人们观赏。"蒙顶黄芽"也是黄茶中的珍贵品种,"扬子江心水,蒙顶山上茶"自古为人们所津津乐道,可见蒙顶茶的名声之久远;该茶肥嫩多毫,色金黄,汤黄中带碧,香味鲜爽带熟板栗香。

(二)再加工茶类的细分

再加工茶类主要包括花茶、紧压茶、茶饮料及药用保健茶、速溶茶、果味茶等几类。

1.花茶

茶叶与花进行拼和窨制,让花香与茶香融汇一体,而制成的香茶,称之为花茶,亦称熏花茶。生产花茶的主要省份有福建、广西、江苏、湖南、浙江、四川、广东以及台湾。花茶的内销市场主要是华北、东北地区,外销也有一定的市场,主要为"侨销"(为华侨所喜爱)。

窨制花茶的原料主要是绿茶中的"烘青",也有以乌龙、红茶为原料的。花茶因窨制的香花不同分为茉莉花茶、白兰花茶、玳玳花茶、柚子花茶、桂花茶、玫瑰花茶、栀子花茶、米兰花茶和树兰花茶等。也有把花名和茶名联在一起称呼的,如"茉莉烘青"、"珠兰大方"、"桂花铁观音"、"玫瑰红茶"、"树兰乌龙"、"茉莉水仙"等。我国花茶中产量最多的是"茉莉烘青"。作为花茶中的大宗产品,茉莉烘青以其香气清灵幽雅,滋味浓醇的品质特性而受到广大消费者的青睐,在内销市场上拥有相当大的份额,曾经有过"大江以北无花不是茶"之说。

　　传统的茉莉花茶,是以新鲜的茉莉花和普通烘青茶为原料窨制而成的。随着茶叶加工技术的发展和消费需求档次的提高,目前已涌现一批茉莉龙珠、茉莉银针、茉莉毛峰等以名优绿茶为加工原料的高档茉莉花茶产品,其外形风格包括芽形、松针形、扁形、珠圆形、卷曲形、圆环形、花朵形、束形等,具有艺术观赏价值;内质具有香气鲜灵浓郁,滋味鲜醇或浓醇鲜爽,汤色嫩黄或黄亮明净之特点。

　　饮用花茶,在作为饮料的同时领略天然的花香,如置身花丛之中,享受田园生活的乐趣,有言道,花茶是诗一般的茶,她融茶之韵与花之香于一体,通过"引花香,增茶味",使花香茶味珠联璧合,相得益彰。茉莉芬芳,既幽雅,又馥郁,尤其以鲜灵而有别于其他花茶,香而不浮,鲜而不浊,在品饮时颇有一番碧沉香泛之意境。

2. 紧压茶

　　各种散茶经再加工蒸压成一定形状而制成的茶叶称紧压茶或压制茶。根据原料茶的不同可分为绿茶紧压茶、红茶紧压茶、乌龙茶紧压茶和黑茶紧压茶,以黑茶紧压茶为主。黑茶类紧压茶中,普洱沱茶、普洱饼茶等,蜚声海内外,广受市场欢迎,属高档紧压茶。此外,广西"六堡茶"、黑褐色、汤紫红,茶面以有黄花为品质佳,装篓压成圆柱形,属于紧压茶中的特色茶;大宗黑茶一般制成砖茶,以销往西藏、新疆、内蒙古等西北少数民族地区为主,因此,习惯上称之为边销茶。砖茶可分为黑砖茶、青砖茶、茯砖茶、花砖茶、康砖、紧茶、金尖等不同花色。黑砖茶呈黑褐色;青砖茶青褐色;花砖茶绿褐色;茯砖茶黄褐色,砖内有黄花,俗称"金花",该茶以金花多者,质量较好。

3. 茶饮料

　　以干茶为原料,用热水萃取茶叶中的可溶物,滤弃茶渣,用现代工艺手段制成的罐装或瓶装液态茶。

　　(1)茶水饮料:干茶冲泡后所获得的茶汤,过滤后,添加一定量的食品添加剂,如防腐剂、抗氧化剂等,然后经过杀菌、装罐或装瓶、封口而制成。按茶类不同,分为绿茶饮料、乌龙茶饮料、红茶饮料等。这种应用现代工业技术制作的茶叶深加工产品,开罐或开瓶后即可饮用,十分方便。该类产品以其"简便、快捷"之特点,非常适合现代消费,因此迅速走俏市场,在日本等地,早已取代可口可乐成为第一大饮料。

　　(2)含茶饮料:在现有的各种饮料配方中增加茶的成分,开发而成的新型饮料产品,如"牛奶红茶"、"茶酒"(如铁观音茶酒、信阳毛尖茶酒、茶汽酒、茅台茶、茶香槟)等等。

4. 药用保健茶

为茶叶和某些中草药配制而成的保健产品,它使本来就有营养保健作用的茶叶,更增强了防病治病功效。保健茶种类繁多,功效也各不相同,主要有:具有排除脂肪,减少脂肪积累功效的"健美减肥茶";具有壮阳功效的"杜仲茶";含有人参皂甙的"绞股蓝茶";有助于健胃助消化的"健胃茶";清热润喉的"清音茶"、"嗓音宝";具有止痢功效的"止痢茶";防治血管硬化的"心脑健";具有降低血压功效的"降压茶"、"康寿茶";补肝明目的"枸杞茶";等等。

5. 其他产品

(1)速溶茶:又称即饮茶,为茶汤经浓缩干燥后,制成的粉末状或颗粒状产品,可溶于热水和冷水,冲饮十分方便。

(2)果味茶:在茶叶成品或半成品中加入果汁后制成的产品,这类茶叶既有茶味,又有果香味,风味独特,颇受市场欢迎。我国生产的果味茶主要有荔枝红茶、柠檬红茶、猕猴桃茶、椰汁茶、山楂茶等。

三、名茶荟萃

名茶乃茶中之珍品,通常具有独特的外形、优异的色香味品质。名茶的形成,往往有一定的历史渊源和一定的人文地理条件,名山、名寺出名茶,名种、名树生名茶,名人、名家创名茶,名水、名泉衬名茶,名师、名技评名茶。很多名茶就是在这样的条件下产生和发展起来的。由于历史悠久、花色品种繁多、品质优异、超凡脱俗,犹似一朵朵奇葩,为中华茶文化增光添彩,故历代名茶,总为文人骚客所推崇。古代茶诗中,不少就是以名茶入诗。诗仙李白的一首《答族侄僧中赠玉泉仙人掌茶》,为我国较早的咏名茶诗。此外如宋代蔡襄的《北苑茶》、欧阳修的《双井茶》等都是著名诗篇。斗酒诗百篇,斗茶诗更妍,美轮美奂的名茶激发了诗人的诗兴,增添了诗歌的韵味;而美轮美奂的诗篇,又进一步提高了名茶的知名度,诚可谓茶因诗得名,诗因茶添彩。总之,名茶的发展,对于喝茶由一种生活现象升格为文化现象,起到了很好的作用。

我国名茶种类繁多,限于篇幅,只展示几种有一定代表意义的,以供欣赏。

(一)西湖龙井茶,冠绝天下

西湖龙井茶,向以"色绿、香郁、味醇,形美"四绝著称。"淡而远","香而清",别具风格,独树一帜。其干茶外形扁平挺秀,光滑匀齐,形似莲心、雀舌,色泽浅绿油润似糙米色；香馥若兰，清高持久，泡在杯中，嫩匀成朵，一旗一枪，交错相映，芽芽直立，栩栩如生，汤清明亮，滋味甘鲜。品尝此味，可说是一种艺术享受。古人谓："龙井茶，真者甘香而不冽，啜之淡然，似乎无味，饮过之后，觉得有一种太和之气，弥沦于齿颊之间，此无味之味，乃至味也。有益于人不浅，故能疗疾，其贵如珍，不可多得。"诗人们常用"黄金芽"、"无双品"等美好词句，来表达人们对龙井茶的酷爱。

龙井茶要求采摘匀齐，高档龙井采摘标准为一芽一叶或一芽两叶初展，芽长于叶。龙井茶的炒制工艺精细，经过摊青、青锅、回潮和辉锅等几个过程。历史上有"狮"、"龙"、"云"、"虎"四个品类，其中以狮峰龙井为最佳。新中国成立后归并为"狮"、"龙"、"梅"三个品类，仍以狮峰龙井为珍品。该茶色绿中显黄，呈糙米色，香郁味醇，世人誉之为"龙井之巅"。自20世纪80年代以来，浙江一些茶区仿效西湖龙井茶的采摘和炒制方法，以"浙江龙井"名之，与西湖龙井茶相比其品质略逊。

（二）铁观音茶，音韵花香

"铁观音"为乌龙茶中的佼佼者，产于福建安溪。该地年平均气温20℃左右，年降雨量约2000毫米，水清泉甘，赤红土壤，茶区山峰之间，朝夕云雾缭绕，非常适宜茶树生长。据《清水岩志》载："清水高峰，出云吐雾，寺僧植茶，饱山岗之气，沐日月之精……""铁观音"茶树为灌木型，树势披展；叶型椭圆，叶面呈波浪状隆起，背面略反转；叶质肥厚，嫩芽呈紫红色。

铁观音既是茶名，又是茶树品种名。据《泉州府志》、《安溪县志》和《清水岩志》的记载，安溪种茶已有1000多年的历史，共培育出40多个优良的茶树品种，有"茶树良种宝库"之称。其中，以铁观音、黄金桂（又名黄旦）、毛蟹、本山最为有名，称"安溪四大名茶"。而在这些名品中，又以铁观音品质无双，独占魁首。

"安溪铁观音"制作工艺复杂，技艺精巧。采摘以雨后第二个晴天，"晴天北风吹"的中午时分为佳。采摘标准为小开面或中开面之成熟新梢，采摘精细，要求茶叶新梢匀齐完整，忌破损。其加工工艺由晾青、晒青、做青、炒青、揉捻、初焙、复焙、复包揉、文火慢烤、拣簸等多道工序所组成。优质的"铁观音茶"，条索卷曲、壮实、沉重，呈青蒂绿腹蜻蜓头状；色泽鲜润，砂绿显，红点明，叶表带白霜；其香气如空谷幽兰，清高隽永，灵妙鲜爽；汤色浓艳清澈，滋味醇厚甜鲜，蜜底甜香，回味无穷。

长期以来，铁观音在闽粤一带和东南亚等地享有很高声誉。不论宴会、敬茶,都以铁观音为贵,人们饮到一杯芳香异常的铁观音,往往引以为快。近年来,随着空调做青技术的推广应用,铁观音的产品风格也发生了一定的变化,与传统铁观音茶相比,色更绿、香气更清幽芬芳的"轻发酵铁观音茶"走俏大江南北,受到越来越多消费者的青睐。

(三)普洱茶,誉满中外

普洱茶原产于云南西双版纳等地,历史上,该茶因在思茅普洱县集散,因而得名。普洱茶源远流长,古今中外久享盛名,它从明代开始发展,在清代达到全盛时期,清代阮福《普洱茶记》中说:"大而圆者,名紧团茶;小而圆者,名女儿茶。"当前,在特殊历史条件下产生,并经久不衰的普洱茶,正以其独特的风格和个性飞速发展。其自身所蕴涵的历史性、地域性、民族性、文化性及时尚性、保健性 工艺性、收藏性等诸多特性,使得它具有非同凡响的独特功能。普洱茶不但品质称奇,还往往以其功效取胜,历来被认为是一种具有保健功效的饮料,就连中国古典文学名著《红楼梦》中,也提到了它消食清滞的独特功效。近年来,经医学界研究,并通过临床实验证明,经常饮用普洱茶,有消食化痰、清热、解渴、提神、醒脑、降脂、减肥、降压稳压、美容等作用,因此普洱茶在日本、法国、德国、意大利等国家以及我国香港澳门有"减肥茶"、"窈窕茶"、"美容茶"、"益寿茶"之美誉。

普洱茶按其形态和基本性状可分为散茶和紧压茶两种,其中紧压茶根据压制形状的不同,分为圆形饼状(如勐海大益牌七子饼茶),大小不同的沱型(如下关沱茶)、方茶(如云南茶厂的方茶)、砖茶(如云南土畜产进出口公司的普洱砖茶)。普洱茶按加工工艺的不同分为"生茶生饼"和"熟茶熟饼"两种,前者未经过渥堆发酵处理,属于晒青绿茶类,其茶性较烈,刺激,新制或陈放不久的生茶有强烈的苦味、涩味,汤色较浅或黄绿。经数年存放,经过自然陈化,"生茶生饼"才慢慢转化为普洱茶的一种——"生普",其香气带有活泼生动的韵致,且存放时间越长,就越发显露香韵及活力。"熟茶熟饼"又称为"熟普",因为经过后发酵加工,因此茶性更温和,茶水丝滑柔顺,醇香浓郁。至于"生茶生饼"须存放多少年才由晒青绿茶转化为普洱茶,视茶叶本身之形态、性状及存放环境条件而定,但一般认为至少存放5年以上才适合饮用。而且,不论是"生茶"还是"熟茶",均具有"愈陈愈香"之特点,这份"陈韵"往往是普洱茶爱好者最为推崇的一点。

普洱茶以"滑爽"见长,其沉香甘醇之风韵,饮后使人心旷神怡。近年来,普洱茶迅速走俏市场,为适应市场形势,2003年3月云南省技术监督量局公布了普洱茶的确切定义：普洱茶是以云南省一定区域内产出的云南大叶种晒青毛茶为原料，经过后发酵加工而成的散茶和紧压茶。其外形色泽褐红、内质汤色红浓明亮，香气独特陈香，滋味醇厚回甘，叶底褐红。

普洱茶越岁经年，本身就是一段久远的历史文化。它像一个颇有内涵的人，乍看也许不怎样，但越品越有味、越品越有层次感。在普洱茶的故乡，流传有不少与普洱茶有关的古诗曲和民间山歌，如《茶乡茶民歌》："凤庆到处茶青青，凤庆遍地出黄金。黄金有时用得尽，凤庆茶叶万年青。凤庆茶叶万年青，满山茶树数不清。纵有黄金千万两，难买茶叶万山青………"，等等，形成一道奇特的"普洱茶文化现象"。品普洱茶，不仅仅是感官的满足，还是精神文化的交融。

（四）碧螺春茶，香醉百里

"碧螺春"产于太湖上的洞庭东西两山。产地紧靠万顷碧波的太湖，烟波浩渺，水天一色，环境得天独厚。茶园傍山依水，云雾弥漫，茶林果园，相互交融，真是"入山无处不飞翠，碧螺春茶百里醉"。

碧螺春的品质特点为：条索纤细，卷曲似螺，满披白毫，银白隐翠，香气浓郁；汤色碧绿清澈，滋味鲜醇甘厚，叶底嫩绿明亮，素有"一嫩三鲜"之称。"一嫩"是指芽叶幼嫩；"三鲜"是：香气鲜爽、味道鲜醇、汤色鲜明。

碧螺春不仅外形独特，而且在饮法上，也有不少讲究。一般泡茶是先撮茶叶入杯，再用开水沏冲。饮碧螺春时，宜先用开水倒入杯中，然后放进碧螺春。顷刻之间，只见杯中"白云翻滚，雪花飞舞"，茶汤碧绿清澈，叶底嫩绿明亮，入口香气芬芳，顿觉精气神爽。有位西方诗人动情地说："在清香的碧螺春茶汤里，我看到了中国江南明媚的春色。"

碧螺春茶的采摘特点是，采得早、采得嫩、拣得净，一般每人每天只能采0.5～1千克鲜叶，绝品碧螺春每千克干茶所需芽头数量多达十万余个，可见其茶之珍贵非同一般。碧螺春茶的制法分杀青、揉捻和干燥三个步骤，且一锅炒毕。该茶采制工艺颇具特色，以芽嫩、工细而著称。

（五）黄山毛峰，品质超群

"黄山毛峰"产于安徽省歙县的黄山风景区内，以松谷庵、吊桥庵、云谷寺、桃花峰等处所产为最佳。奇秀无比的黄山，林木丛生，云海雾天，气候温和，雨量充沛，产地茶芽硕壮，自然品质优异。

黄山毛峰属烘青绿茶，分特级及 1～3 级，特级黄山毛峰堪称极品，其外形细扁稍卷曲,状似雀舌披银毫,汤色清澈带杏黄,香气持久似白兰,滋味醇厚回味甘。黄山不仅茶叶好,泉水也好,用黄山泉冲泡黄山茶,茶汤经过一夜,第二天茶碗也不会留下茶迹。

黄山毛峰,在全国几次名茶评比中,名列前茅。20 世纪 50 年代数次国际展览会,博得国际友人极高的评价。1986 年被指定为国家外交礼茶。黄山风景,名闻天下,吸引了大批中外游人。人们在游玩名山,品评名茶之余,争相购买黄山毛峰。由于受产地的限制,黄山毛峰供应量有限,可谓供不应求。特级黄山毛峰每年生产 150 千克左右,除接待外宾之用外,还销往北京、上海等大城市。

(六)武夷岩山茶,岩骨花香

武夷山素有"奇秀甲天下"之誉,自古以来就是旅游胜地,更有"武夷不独以山水之奇而奇,更以茶产之奇而奇"之说。郭沫若曾有"六六三三疑道语,崖崖壑壑竞仙姿"的诗句。奇峰秀水,气候十分宜茶,有"岩岩有茶、非岩不茶"之说。其所产茶叶可谓"臻山川精英秀气所钟,品具岩骨花香之胜",恰如《茶经》所说"上品生烂石"。

岩茶的加工方法也较独特,茶叶原料以开面(芽已基本停止生长)三四叶为好,其炒制工序为:晒青、做青、杀青、揉捻、烘焙。武夷岩茶的晒青,以傍晚时分下晒为好,时间约一小时余。而后摇青与晾青交替进行。摇青是在特制工具中不断回旋和翻动茶叶,使叶缘相互摩擦,次数和力度都逐渐增加。岩茶的干燥要求高温烘焙和文火慢烤相结合,形成特有的火功。岩茶重内质,以香高味厚者为上品。

(七)祁门红茶,香飘四海

"祁门红茶"是我国传统工夫红茶中的珍品,有百余年的生产历史。主产地在安徽省的祁门县。其外形紧秀、锋苗好,色泽乌黑泛灰光,俗称"宝光";内质香气浓郁高长,似蜜糖香,汤色红艳,滋味醇厚,叶底嫩软红亮。

国外把"祁红"与印度"大吉岭茶"、斯里兰卡的"乌代季节茶",并列为世界公认的三大高香茶,称"祁红"这种地域性的香气为"祁门香"。"祁门茶"享有"王子茶"、"茶中英豪"、"群芳最"之誉,加奶后,乳色鲜红,色香味犹存,因而赢得国际市场高度评价。1913 年参加巴拿马万国土产展览会,获得金质奖;1983 年在我国轻工业优质产品的评比会上,荣获国家金质奖章。"祁红"被列为我国的国事礼茶,以表达中国人民的好客热情。英国茶叶消费者最喜欢饮

"祁红",年纪较大的人对高档"祁红"尤感兴趣,有的当作"午后茶"中的珍品泡饮,有的当作早餐茶饮用,也用作陈列,以显示高贵,或作为珍品馈送亲友。

(八)君山银针,黄茶珍品

君山茶历史悠久,始产于唐代,清朝时以此茶纳贡。该茶产于洞庭湖中一小岛,因此岛谓君山而得名。君山岛方圆几十里,湖水四面环绕,云雾缭绕,湖光山色,景象万千。李白有诗赞曰"淡扫明湖开玉镜,丹青画出是君山"。岛上砂质土壤,深厚肥沃。

"君山银针",系采摘细嫩茶芽,经杀青等八道工序加工而成的茶中珍品。其品质特征为:芽头苗壮,挺直匀齐,芽身金黄茸毛密盖。冲后汤色浅黄,香气清鲜,滋味甜爽。若以玻璃杯冲泡,可见茶芽有几分悬空直立而冲出水面,继而徐徐下沉,立于杯底如群笋出土,又似刀剑林立。再冲泡能再起,三起三落,如碧波荡漾中之绿舟,经受风浪考验,杯中水光芽色,蔚为壮观。

(九)信阳毛尖,香高耐泡

"信阳毛尖"是我国传统名茶之一。出产于河南省信阳地区的车云山、震雷山、集云山、天云山、云雾山和黑龙潭、白龙潭。品质以车云山为最,人称"师河中心水,车云顶上茶"。产地山峰林立,溪流网布,土层肥厚。

"信阳毛尖"的采制工艺独树一帜,颇具匠心。吸取"六安瓜片"(帚扫杀青法)、"龙井"(理条法)之精华,分生锅、熟锅和烘焙三个过程。成品"信阳毛尖茶"条索细圆紧直,色泽翠绿,白毫显露;汤色清绿明亮,香气清高,滋味鲜醇;叶底嫩绿匀齐。该茶素以"色翠、味鲜、香高"著称。

(十)太平猴魁,卓尔不群

"太平猴魁茶"产于安徽太平的猴坑、凤凰尖、狮彤山、鸡公山和鸡公尖一带,于 19 世纪创制,属绿茶。相传该茶是经一南京茶商经销成功后一举成名。

猴魁茶制法精巧,用平口锅杀青,翻炒时要"捞得净,带得轻,抖得开"。茶叶炒至叶张柔软暗绿,即可出锅。由于该茶不经揉捻,茶汁未出,故特耐泡。太平猴魁茶品质特点:外形肥壮,平扁挺直,两叶包一芽,如含苞的兰花,主脉暗红(俗称"红丝线");香高味醇,回味鲜甜,汤色清澈,叶底鲜嫩。

(十一)庐山云雾,味浓性辣

"一山飞峙大江边,跃上葱茏四百旋。"这是对庐山避暑胜地的感叹,此处产茶历史之悠久,在我国众多名胜中并不多见,据传庐山早在东汉就已种茶。传说李白也曾在此种茶。庐山的云雾,千姿百态变幻无穷,时而似大海波涛,时而又似高山瀑布,时而浓雾弥漫,时而犹如轻盈的薄纱。庐山的茶树生长在这云雾弥漫的山腰,身在庐山中,难见茶树真面目,因而有"云雾茶"之称。

"庐山云雾茶"的制法,自宋代由蒸青团茶演变为蒸青散茶,明人改为炒青散茶。如今的云雾茶加工分抖散、握条、做毫等七个工序。品质特点:外形条索紧结,青翠多毫;香气鲜爽持久;滋味浓厚甘醇;汤色清澈明亮;叶底嫩绿匀齐。

(十二)凤凰单丛,名扬四海

"凤凰单丛茶"产于广东省潮州市东北部的凤凰山。其产地属于亚热带海洋气候,雨量充足、林木繁茂。高山之中终年云雾缭绕,即使是夏天也"一日分四季,十日不同天",为其优异品质的形成创造了得天独厚的自然环境。"凤凰单丛"系采用水仙群体种经选育繁殖的单丛茶树鲜叶制作而成。

"凤凰单丛茶"的制作,经晒青、晾青、碰青、杀青、揉捻、烘焙等多道工序,历经 10 小时左右。该茶外形条索粗壮,色泽黄褐,油润有光;冲泡后有浓郁的天然花香,清香持久,滋味浓醇鲜爽,润喉回甘且具独特的山韵蜜味;汤色清澈黄亮。凤凰单丛茶因品种多(目前有 80 多个)而成品茶香型各异,并均以"四绝"(形美、色翠、香郁、味甘)著称,而名扬四海。

第三节　　茶叶鉴赏

"矮纸斜行闲作草,晴窗细乳戏分茶。"分茶是宋代盛行的品茶游艺,宋代陆游的诗句,道出了品茶人悠然而淡泊的心态。的确,沏一杯好茶,细品慢啜,能让人平心静气,消除烦恼,进入到宁静而致远的境界。诚如鲁迅先生所说:有好茶喝,会喝好茶,是一种清福。那么怎样才算会喝茶呢?首先,要熟悉各类茶叶的基本品质特征,其次能较准确地辨别茶叶品质的优次、等级的高低,尤其是后者,由于茶树品种、产地的自然环境条件、产茶季节、茶叶采摘标准、茶叶加工工艺水平等方面的不同,同一茶叶花色品种就会形成不同的等级,它们之间的基本品质风格一致,但色、香、味、形不尽相同。显然,辨别等级茶的品质优次不可能像红茶比之于绿茶那样一目了然,必须具备较扎实的品茶基本功才行。从白居易的"不寄他人先寄我,应缘我是别茶人"两句诗中,可以看出,有鉴茶的技艺,才配喝好茶。

我国古代茶书中,最早论及茶叶品尝鉴赏方法的,当推唐代陆羽的《茶经》。《茶经·六之饮》中说到,咀嚼干茶辨味及只凭鼻子嗅一嗅干茶的香气,这不是鉴别茶的好方法。陆羽在"八之出"中评各地所产茶之优劣,叙说唐代茶叶的产地和品质,将唐代全国茶叶生产区域划分成八大茶区,每一茶区出产的茶叶按品质分上、中、下、又下四级。随着制茶工艺的不断改进,特别是元、明以来,散茶制法的日益普及,随着茶类的增多,茶叶的鉴赏,不仅仅作为士大夫阶层的雅趣和选择贡茶的方法,而且也成了商品茶交易按质论价的一种客观需要。现代的茶叶审评方法,正是从历代茶人对茶叶品质的认识和品尝鉴赏茶叶的经验中形成和发展起来的,只是随着茶叶科学的发展,人们对茶叶品质特征和形成机理的认识更加全面和深入,因此与以往相比,茶叶鉴赏方法更臻完善,更具科学性和系统性。例如,古代的斗茶,往往只注重于茶汤碗面上的沫饽①。现代茶叶审评方法,则是对茶叶外形的条索、色泽,内质的香气、滋味等等,做出全面的评价,评定结果可以用一套规范的术语加以描述,如此,大大提高了评茶结果的准确性。评茶之目的,对于一般茶叶,就是为了区分质量的优劣,而对色、香、味、形出类拔萃的名茶而言,则可以更好地欣赏其千姿百态的品质风格,领悟茶中所蕴含的美不胜收的韵味,从而通过品茶来提高茶文化的素养。

一、茶叶鉴赏的内容

茶叶品质好坏、等级的划分,主要从茶叶外形、香气、汤色、滋味、叶底等五个方面加以评定。

---

① 沫饽多,表明茶汤中蛋白质类表面活性成分含量高,以此可作为判别茶叶品质的参考依据。不过,沫饽的多少,更多的只是表明茶叶的嫩度高低,与茶叶加工工艺的关系不大。

（一）外形

茶叶外形既可反映原料的老嫩，又可判断制茶技术的优劣。外形一般按嫩度、条形、色泽、净度四个因子分别评定。

（1）嫩度：是决定茶叶品质的基本条件。原料老嫩可反映内含成分的多少和叶质的柔软程度。除乌龙茶要求鲜叶原料应具备一定的成熟度外，绿茶、普洱茶、红茶等茶类均以嫩度作为评定品级的重要依据。在茶叶品种及采制工艺水平一致之前提下，一般而言，嫩度愈好，则品质愈佳。由于原料制干后，芽叶往往折叠包裹在一起，所以茶叶的嫩度很难直接看出来。一般从以下几点加以把握：首先，看白毫多少，干茶如果满披白毫，就表明嫩度好。① 对条形茶而言，锋苗（茶芽与嫩叶的尖端制成干茶后的代表性形态）多少，也是判别嫩度的主要依据，头尖型的茶条多，表明鲜叶原料中，芽头占的比例大，茶叶的嫩度就好，反之亦然。此外，可看茶叶表面的光洁程度；相比粗老茶，嫩度好的茶会显出光滑与洁净，因为白毫、锋苗的多少，直接影响到茶叶的光滑程度与美观与否，嫩度好，则茶叶的外观美，香气滋味等内质也高，这也体现了茶叶内在品质与外在美的和谐统一。

（2）条形：条形好坏除与原料老嫩度有关，也与制茶工艺密切相关，主要从茶叶的松紧、弯曲、整碎、壮瘦、扁圆、轻重、匀齐等方面把握。各种茶叶均有特定的形状要求，且侧重点不一。例如，龙井茶的条形要求扁平挺直尖削；眉茶要求细、紧、直；珠茶要求细圆紧结；乌龙茶一般要求条索完整，忌断碎；红碎茶除颗粒形状符合一定的规格之外，侧重评定身骨②的重实程度。

（3）色泽：干茶色泽可以反映鲜叶的老嫩和加工的好坏。色泽包括色度和光泽度两方面。色度是指干茶颜色的种类。各类茶叶都有各自的对色度的要求，如绿茶一般为绿、墨绿、翠绿、黄绿等；红茶要求乌；乌龙茶要求青褐等。光泽度是指色面的亮暗程度，主要从干茶的润枯、鲜暗等方面加以评比，以有光泽、油润的为好。例如，凡高档普洱茶其外形大多油润褐红，富有光泽。干茶发枯，是由于原料太粗老，或是贮藏不当茶品质陈化所致，因此，"枯"是劣茶的一个重要标志。此外，干茶色泽花杂（斑驳）是一种品质的疵瑕，如绿茶中的焦斑、爆点，是由于加工火温过高所致；红茶色泽的深浅不一，是因为鲜叶原料老

---

① 芽叶中茸毛的多寡，除与采摘嫩度有关外，主要取决于茶树品种。很多品种，即使嫩度好，也不一定有白毫。

② "身骨"一词，是与茶叶比重相关的专业术语，它可反映茶的外形条索之细紧程度。

嫩不匀,或发酵工艺掌握不当所致。

(4)净度:指茶叶匀净程度,不含茶梗、茶果、黄片等茶类夹杂物或含量少的,则净度好,反之亦然。如茶样中带竹丝、头发等非茶类夹杂物,那就不仅是净度问题,而应属卫生质量问题了。

(二)香气

香气为茶叶鉴赏的重要内容,特别对高档茶来说,香气的优劣,直接决定了茶叶品尝鉴赏价值的高低。如高档普洱茶之香气纯而不杂,清而幽远,陈香显露,有水乳交融般的细腻,也有深山老林般的清悠。香气主要评香型、香气高低、鲜爽度、纯度和持久性。

(1)香型:茶类不同、产地不同,茶叶的香气类型就会多种多样。绿茶中的细嫩"炒青"往往有板栗香;细嫩"烘青"则带嫩香的香型特征。白茶珍品"白毫银针",由于满披白毫,所以有毫香。茉莉花茶则带有茉莉花清高芬芳的香气。祁门红茶为"蜜糖香"之香型,即著名的祁门香;乌龙茶不但带花香,而且香气中还带有"香韵",如武夷岩茶之"岩韵"、铁观音之"音韵"等等。

(2)香气高低:即香气的浓淡程度。一般而言,鲜叶原料的质量越好,则其所含有的芳香油成分便越多;加工工艺水平越高,香气成分的形成和转化就越充分,茶叶的香气就越高,反之亦然。因此,茶叶的香气往往与其等级高低密切相关。

(3)鲜爽度:鲜爽的香气,就像呼吸森林里的新鲜空气那样有一种悦鼻的"感觉",反之,则为一种钝或刺鼻的气味。鲜爽度跟茶叶的香型一定有关系。如乌龙茶、"滇红"等带有馥郁的花香,其香气就比较鲜爽,反之,带粗老气的低档绿茶,其香气就谈不上鲜爽。

(4)纯度:指茶叶应有的正常香气,不应夹杂有其他异味,如烟焦、酸馊、霉陈、鱼腥、日晒、油气等。

(5)持久性:优质茶由于所含的香气成分较为充沛,故香气的持久性较好,冲泡后放置较长时间,甚至冷却以后,仍可闻到明显的茶香。

(三)汤色

茶汤的色泽主要从色度、明亮度、混浊度三方面进行评比。

(1)色度:看茶汤的颜色是否正常。就绿茶而言,要求汤色绿或嫩绿、黄绿。如果茶汤泛黄,色度加深,则就有可能是粗老茶或陈化的茶叶。普洱茶的汤色有宝石红、陈酒红、琥珀红、石榴红等不同的类型。红茶汤色则要求红艳,汤色过浅,则表示原料太粗老,或发酵不足;汤色太深,则表示发酵过度。由于各种茶类对茶汤的色度要求有所不同,所以从茶汤的颜色是否正常,可以发现茶叶采制过程中存在的一些质量问题。

(2)明亮度:即茶汤的亮暗程度,茶汤表面反光较为充沛的,为明亮度高。一般越是高级茶,其茶汤就越明亮。例如,茶汤的明亮度是鉴评普洱茶品质优劣的重要指标,又是鉴赏普洱茶内在美的标志,明亮的汤色给人以美感和联想。

(3)混浊度:清澈的茶汤,汤色纯净透明,无混杂。混浊的茶汤,视线不易透过茶汤,汤中有沉淀物或细小悬浮物。茶汤的清澈透明,是细嫩炒青或细嫩烘青这一类名茶的品质特色之一。有的烘青茶,外形满披白毫,冲泡后,白毫脱落,尽管也会形成茶汤中的细小悬浮物,但与粗老茶的混浊茶汤相比较,在视觉效果上还是很容易区分的。

(四)滋味

茶叶是饮料,滋味好坏是决定茶叶品质的关键因素。茶类不同,滋味的类型也不同。一般名优绿茶要达到醇、厚、鲜的要求,"醇"即是指茶汤入口后有明显的茶味,但苦涩味不重,对味觉没有强烈的刺激性;"厚"是指茶汤入口后有一定的厚实感,而非清汤寡水似的淡薄。"鲜"即是指茶汤的鲜爽度。普通绿茶要求滋味有一定的浓度,滋味平和、平淡为次。红茶中,工夫红茶所要求的滋味特征为:醇、鲜、甜;红碎茶的滋味则为浓、强、鲜,不但要求茶汤有较高的浓度,而且入口要有强烈的刺激性,因为红碎茶一般采用加奶冲泡,如果浓度不强,茶味就会被奶味所掩盖。茉莉花茶主要突出花的香味,所以其滋味不要求浓,而以醇、鲜为上。普洱茶作为一种风味独特的茶类,其滋味除突出醇、厚、鲜之外,还要求茶汤"顺"和"活",所谓"顺"指茶汤由喉咙流下时的圆润与自然感;"活"则是真茶灵性的表征,是普洱茶优质原料、良好工艺、科学贮放及有效成分保留量等方面的综合反映。

由于不同茶类所体现特定需要的不同爱好,它们也因此具有不同的品质特征,但茶叶的滋味普遍要求"纯正",假若将绿茶与红茶兑起来喝,那么其滋味就变得不伦不类。另外茶叶中不能有异味(往往是茶叶加工或贮藏、包装不当所引起),如烟焦味、霉变味、陈茶味、油墨味、日晒味,等等。

(五)叶底

叶底指的是滤去茶汤后留在杯子中的茶渣。它看似没用处,其实叶底是对鲜叶形状的复原,茶叶或老或嫩,看叶底便一目了然,这比评干茶的嫩度要

简单得多,此外,某些加工工艺的特点也会在叶底中反映出来。叶底主要评以下几点:

(1)嫩度:主要看芽头在叶底中占的比例。叶子之间的老嫩度对比,可看叶子边缘锯齿和叶脉。此外,叶张的厚实,也是一个参数。如要作进一步区别,还可通过手感去感触其厚实程度;在其他性状一致的前提下,以叶张较厚者为佳。有的茶叶,加工过程中叶张受破坏的程度较大,光看不能辨别老嫩,可以通过手指的触觉,越柔软者嫩度越好。

(2)色泽:色度和光泽度。

(3)匀度:从老嫩、大小、厚薄、色泽、整碎等方面进行辨别。叶底以匀度高为好,如老嫩混杂,就表明鲜叶原料的采摘较为粗放,这对干茶的外形,甚至香气、滋味也会有影响。如果叶底中碎叶较多,就表明干茶中掺杂着一定数量的碎茶或茶末,也是一种品质瑕疵。叶底的色泽均匀度比干茶更易辨别,例如绿茶加工过程中,因火温过高而发生茶叶焦变,就会在其叶底中留下细小的黑色焦斑;如果杀青温度过低,叶底中就会出现红梗红叶现象。红茶加工如发酵程度不足,则叶底就会"花青",即红色中夹杂一些青绿色。

叶底与茶叶色、香、味有一定程度的相关性,由于"眼看手摸"不比闻香气、品滋味那样"玄乎"(稍纵即逝),因此,叶底往往作为评定品质优次的重要依据。

二、茶叶鉴赏的步骤

茶叶鉴赏一般先看外形,然后评定香气、汤色、滋味、叶底。

(一)外形

对散茶进行品级评定一般先把盘,即将茶样先置于样盘中,通过双手摇动样盘,使茶叶在盘内做慢慢的回旋运动,并按条形长短和大小分成上、中、下三层,分别称为"面张"、"腰档"、"下段"。"嫩度、条形和色泽"看腰档,"净度"看面张,"整碎"看下段。平时品饮茶叶,或在商店选购茶叶,不大可能也无必要按照上述方法操作,可因陋就简,将茶叶倒在茶罐盖子上或干净的纸上,轻轻拌匀后,分别评定嫩度、条形、色泽、净度等,如此得出的结论,虽然不一定很准确,但给我们的品茶增加了一项新的内容,日积月累,还能培养出对茶的悟性,从而提高品茶的情趣。而且外形评定作为最直观的区分茶叶优次的方法,简便易学,实用性强。例如,要选购一款好的普洱茶,首先要验其真,真普洱茶不含任何非茶之物,纯洁自然,天然灵物,毫不做作;接着观其色,好的普洱茶色泽油润,富有光泽,如同健康之人气宇轩昂,活力十足,美不胜收。

(二)内质

专业评茶有一套严格的泡茶规范,一般取 3 克茶叶,置于 150 毫升审评杯中,加沸水冲泡,水必须加至杯口,加盖,一般茶与水的重量比为 1/50,冲泡时间为 5 分钟。然后,利用杯口的锯齿形缺口,滤去杯中的茶汤,倒入审评碗中。开汤后先嗅香气,再看汤色,再尝滋味,后评叶底。

(1)闻香气:茶叶沏泡后,先嗅香气,因为杯中温度较高时,香气成分较易透出,因此热嗅的香气较高,也容易辨别香型特征和一些异味,如烟焦气、陈茶气等。此外,香气要评持久性,因此,除了热嗅外,随着杯温的下降,还要进行温嗅和冷嗅。值得一提的是,茶叶中的香气成分,除了一部分进入茶汤随水蒸气散失以外,大部分为叶底所吸附,因此,最好是先将杯内的茶汤倒出后才能评定香气,否则,香气被茶汤"罩住"就很难辨别其优劣,而且叶底在茶汤中浸泡的时间过长,还有可能产生"闷熟气"。有人喝茶用包装雀巢咖啡的玻璃杯,就容易产生上述问题,因此,茶叶鉴赏,特别是名茶的品尝鉴赏,不宜用高杯子,而应尽量选择大小适中的平口杯。

(2)看汤色:日常生活中品茶,往往认为汤色可看可不看,或是随便观赏一下罢了。其实,只要用心品茶,也可从汤色中了解茶叶的品质状况。宋代盛行"分茶"之道,品尝鉴赏的主要对象便是汤色,当然古人的方法不一定科学,不足效仿,但在冲泡和品饮的过程中,按色度、明亮度、混浊度几方面鉴赏茶汤,对于不断提高沏茶技艺,营造一种平心静气的品茶氛围,很有益处。

(3)尝滋味:一般闻香气和看汤色后再尝滋味。沏好的茶汤可稍冷却一下,以免品饮时烫舌并影响到味觉器官的灵敏度。在品茶之前,不应饮食有强烈刺激性的食品或饮料,如辣椒、葱蒜、糖果等,也不宜吸烟。此外,养成细品慢啜的好习惯很有必要。品尝滋味时,通过舌尖、舌面、舌根体会茶汤的滋味,舌尖微卷,舌苔滑动,如此就能较充分感受茶之美妙风味,如铁观音清灵悠长之"音韵";普洱茶的甘滑之美、醇厚之味、顺柔之态、甜活之质,等等。如果将杯中茶汤,一口气喝完,不但动作不雅,而且也是对茶叶品质的一种浪费,古人喻之为"牛饮",实不为过。

(4)评叶底:品饮后留下的茶渣,如做个有心人,细细地鉴别一下,则杯中之物,是老是嫩,是陈是新,或优或劣,也能看出个大概。如用玻璃杯沏泡茶叶,则叶底不但作为品质的评判依据,而且还可作为观赏对象。①

总之,要较好地掌握品茶技艺,平时喝茶,就要求细细琢磨,慢慢积累,决非一朝一夕之功。

三、茶之品饮

有了优质的茶叶,还必须要有适当的冲泡方法,茶叶固有的色、香、味才能充分地体现出来。明代张源在《茶录》中指出:"茶之妙,在乎始造之精,藏之得法,泡之得宜。"可见,古人也早已认识到泡茶方法的重要性。

(一)泡茶用水

泡茶用水向来十分讲究。明代许次纾《茶疏》中说:"精茗蕴香,借水而发,无水不可与论茶也。"如今,沏茶用水也首推山泉水、矿泉水和少有污染并经净化等处理的溪水,而"龙井茶,虎跑水",说的自然更为经典。

至于江水、河水和湖水,只要远离人间,污染少,仍然是泡茶好水,即使略有混浊,经过滤澄清,仍能使茶汤清澈明亮,香高味醇。如浙江的富春江水,嵊州的剡溪水等,其水品不亚于一般泉水。井水,只要清洁而显活,其沏茶效果自然也是不错的。城市中的自来水,含有较多氯气,可以先装入洁净容器中,静置一昼夜,待氯气挥发后,再用来煮水沏茶才好。

(二)泡茶三要素

泡茶技术,主要是根据不同的茶类、加工方法、茶的特性,掌握好茶的用量、开水的温度、冲泡的时间。人们往往将这三个因素称为泡茶三要素。

(1)茶叶用量(茶水比):一般来说,细嫩的茶叶用量多一点,成熟的茶叶用量稍少一点。普通绿茶、红茶、花茶,以一克茶叶,冲开水 60~70 毫升为宜,容水量 250 毫升左右的茶杯或茶壶,投放 3~4 克茶叶。

乌龙茶,习惯浓饮,茶汤量少而味浓。因此,乌龙茶冲泡时用茶量较大,不论用壶泡还是盖碗泡,通常 1 克乌龙茶冲 20~30 毫升开水。

普洱茶,也习惯浓饮,泡茶用量也较普通红茶、绿茶多。

---

①　加工精致的名优绿茶,嫩度好,在茶汤中婷立婀娜;有的芽头硕壮,成朵的芽叶在绽放着春意的茶水中几沉几浮,可谓是春色"漫杯"关不住,香气袭人能不醉。

细嫩茶叶,品种众多,因鲜叶采摘标准和加工方法不同,品质特性差异很大。一般来讲,揉捻特别重的茶叶用量应少一点,如南京雨花茶、碧螺春等,1克茶叶冲 70～80 毫升开水为宜。揉捻特别轻甚至不揉捻的茶叶用量应多一点,如开化龙顶、白毫银针等,1 克茶叶冲 40～50 毫升开水为宜。

(2)开水温度:品茶还讲究煮法。《茶经》有"其火用炭,次用劲薪"之说。又云:"其沸如鱼目微有声为一沸,缘边如涌泉连珠为二沸,腾波鼓浪为三沸。以上水老,不可食也。"谓煎茶只可三沸,否则就火候太过。唐代皮日休《煮茶》诗:"香泉一合乳,煎作连珠沸。时有蟹目溅,乍见鱼鳞起。声疑松带雨,饽恐烟生翠。尚把沥山中,必无千日醉。"这说明煮水也得讲究火候。如用尚未沸腾之水沏茶,会因"过嫩"而影响茶汤的香气和滋味(也不卫生),而以"过老"之水(煮久了)泡茶,易损茶之鲜香而失茶汤风味。

绿茶中的细嫩名茶,如洞庭碧螺春、白毫银针、西湖龙井、南京雨花茶、蒙顶甘露等,由于原料细嫩,泡茶水温宜适当降低,一般待开水冷却至 85℃ 左右冲泡,如温度太高,会使茶叶泡熟变色,香味俱减。但不宜用未烧开之水直接沏泡。

乌龙茶冲泡要求用刚烧沸的水,水温越接近或达到 100℃,冲泡效果愈佳。

(3)冲泡时间:绿茶中的细嫩名茶,揉捻重的茶叶,如无锡毫茶、南京雨花茶等,茶汁浸出速度快,冲泡时间宜短,一般泡 2～3 分钟后就可饮用。茶叶加工造型时用力较轻的茶,如江山绿牡丹、开化龙顶等,冲泡时间要适当延长,才能冲泡出滋味鲜醇的茶汤。

乌龙茶采用多次冲泡,每次冲泡的时间宜短,通常第一泡泡五十秒到一分钟,第二泡泡一分半钟,第三泡泡两分钟左右。

(三)绿茶品饮

我国绿茶产地分布广泛,历史悠久,形成了不尽相同的绿茶冲泡方法。一般来说,六大茶类中,以绿茶冲泡技法最为简约,然而又较为复杂。简约是因为用玻璃杯、瓷杯、甚至瓷碗等就可以冲泡;复杂是因为绿茶的产地不一,品类繁多,在品种、外形、内质及细嫩程度等方面都有差别,真正要冲泡好一杯绿茶是不容易的。

绿茶的品饮,大致有如下程序:

(1)选具:大凡高档细嫩名绿茶,一般选用玻璃杯或白瓷杯为佳,而且无须用盖,如此一则增加透明度,便于人们赏茶观姿;二则以防嫩茶泡熟,失去鲜嫩色泽和清香滋味。至于普通绿茶,因不在于欣赏茶趣,而在解渴,或饮茶谈心,或饮茶佐点,或畅叙友谊,因此,也可选用茶壶泡茶,这叫做"嫩茶杯泡,老茶壶泡"。

(2)洁具:即以开水冲泡洗净选好的茶具,以充实茶艺过程,平添饮茶情趣。

(3)观茶:绿茶名品,如洞庭碧螺春、西湖龙井、南京雨花茶、蒙顶甘露等,外形千姿百态,故沏泡前,先欣赏其外形。将待沏泡茶叶倒在茶罐盖子上或干净的白纸上,于明亮且光线均匀处,欣赏茶叶的形态风格,或紧细或粗壮,或挺直或卷曲,或扁或圆,或张或弛,或柔或刚等,尽收眼底。再细看其色泽、光滑度、匀整度等。当然,观茶是对名茶而言的。

(4)泡茶:用小匙撮茶入杯冲泡,加入量视杯子大小而定,250毫升容量的杯子,一般置3~4克茶叶为宜。先将暖水瓶中的水倒入小水壶中,使水温略冷却至85℃左右,提水壶,使水柱沿杯(碗)壁四周倒入至容器总容量的1/4左右,静置约1分钟,使干茶吸胀松软,便于香味成分之浸出。此时,由于加的水量尚不多,茶香最易散发出来,故应乘热闻杯中之香气。然后,手提水壶忽高忽低冲水,重复三次,俗称"凤凰三点头",借水的冲力,使杯中的茶叶上下翻动,使茶汤上下浓度一致。碧螺春等特别细嫩的茶叶,沏泡时最好在杯中先倒入开水,再加茶叶,如此可较好地避免因茶叶被"烫熟"而使汤色变黄的现象;同时,茶叶吸水后慢慢下沉,冲泡充分又便于观赏,香气、汤色等品质效果也能更好地显现。

上述沏泡方法,也称为"无盖杯泡法"。绿茶名品大多十分细嫩,故所用之开水为略低于刚烧开水温之"嫩水";还应保持"透气",以免香气闷熟、汤色闷黄。因此,用紫砂壶浸泡或沏泡后立即加盖,都不适宜。此外,杯子最好为透明的玻璃杯,便于欣赏碧绿清澈明亮的茶汤,以及如春笋破土般婀娜多姿的茶芽。且杯子的大小、高矮适中,不宜用"啤酒杯"似的细长型杯,否则,因浸水太深,会影响到香气的充分透出,降低品饮效果。

(5)赏茶:这是针对高档名优绿茶而言的,在冲泡茶的过程中,品饮者可以看杯中茶叶的舒展,茶汤的变化,茶烟的弥散,以及最终茶与汤的成像,以领略茶的天然风姿。

(6)饮茶:饮茶前,一般多以闻香为先导,再品茶啜味,以感悟茶的真味。绿茶冲泡,一般以2~3次宜。若需再饮,以重新置茶冲泡为宜。

(四)普洱茶品饮

"普洱茶"在众多的茶类中,除了它的品质外,还以其饮法独特、功效奇妙而著称。品饮"普洱茶",分"泡饮"、"煮饮"两种基本方法。除了普洱茶砖等因压制特别紧实宜采用"煮饮",即置茶入水壶中煮沸一定时间之外,多数普洱茶采用泡饮方法;泡饮之茶具,一般选用白瓷盖碗或紫砂壶。普洱茶的冲泡以相对多的投茶量、高温和较长浸泡时间为基本原则。具体来说,投茶量5~10克,约为盖碗之四分之一;使用沸水冲泡;除一泡采取快速冲泡,并将茶汤弃之不用,以除去茶汤汤面的泡沫外,随后几泡供品饮的茶汤一般需冲泡3~5分钟。

　　品饮普洱茶的过程也是感受茶性的过程,须要专注于茶,平心静气,悉心品味。茶汤泡出后,倒入玻璃公道杯中,您可以仔细观赏茶汤的色泽,像玫瑰一样的红艳,像琥珀一样晶莹。接着闻香,即靠近杯沿用鼻由轻至深地嗅其香气。不同的普洱茶往往会有不同的香气,闻香识茶,情趣盎然。然后,将茶汤倒入品茗杯中细细品尝滋味,茶汤少量入口,用舌尖将茶汤边吮啜、边打转,以辨别滋味之优劣。品饮"普洱茶"后,一是舌根回味甘甜,口内生津;二是齿颊回味苦醇,留香持久;三是喉底回味苦爽,感觉气脉畅流,心旷神怡。

　　总之,好的普洱茶,沁人肺腑,令人神清气爽。有人认为普洱茶可以用七个标准来衡量:"质、形、色、香、味、气、韵",这里质、形、色是视觉标准,香、味、气是味觉和嗅觉,韵则是最高境界了。

(五)花茶品饮

　　花茶融茶叶之味、鲜花之香于一体,饮花茶,犹如欣赏一件茶的艺术品。茶味与花香巧妙地融合,两者珠联璧合,相得益彰。花茶的品种很多,其中以茉莉花茶最常见,品茉莉花茶最主要的是鉴赏其香气特征,包括:(1)鲜灵度,即香气的新鲜灵活程度,与香气的陈、闷不爽相对立;(2)浓度,即香气的浓厚深浅程度,与香气淡薄浮浅相对立;(3)纯度,即香气纯正不杂,与茶味融合协调的程度,与杂味、怪气、香气闷浊相对立。

　　花茶按选用的品饮器具而分为盖碗冲泡法、瓷壶泡法。通常茶水比例以1∶50为宜,如容量为150毫升的器具其下茶量3克左右,冲泡时间3~5分钟,水温掌控在90~100℃。较粗老花茶可选用瓷壶泡法,水温要求100℃,冲泡5分钟,将茶汤分斟各杯即可品饮。白色瓷杯盛茶,可观茶汤色泽,花香也能充分发挥,既清洁,又雅致。采用一壶多杯分饮法是北方居家品饮花茶常用的方法,方便卫生。

　　品饮高档名优花茶,通常选用透明的玻璃杯,用90℃左右的沸水冲泡,冲泡时间约3~5分钟,冲泡次数以2~3次为宜。冲泡时可通过玻璃杯欣赏茶叶精美别致的造型,如冲泡特级茉莉毛峰时,可欣赏芽叶徐徐展开,朵朵直立,上下沉浮,栩栩如生的景象,别有一番情趣。泡好后,揭开杯盖,闻其香,鲜灵浓纯,芳香扑鼻。再尝其味,花香茶味,令精神清爽,心旷神怡。盖碗冲泡法是四川人品饮花茶常用的方法,盖碗茶具有茶碗、茶托、茶盖组成,每人一套,边饮边品,摆摆"龙门阵",悠然自得,其乐无穷。

(六)乌龙茶品饮

乌龙茶乃中国茶叶百花园中之一枝奇葩。其品种很多,品质各具特色。例如武夷岩茶冲泡后香气浓郁悠长,滋味醇厚回甘,茶水橙黄清澈;铁观音茶冲泡后,香气高雅如兰花,滋味浓厚带音韵,且十分耐泡,真可谓七泡有余香,既有圣妙香,又有天真味。

乌龙茶不仅以品质取胜,而且其沏泡方法,极具艺术品位和文化韵味,令人拍案称奇,大饱眼福。其中,以广东潮汕品饮法最为考究,由于冲泡时颇费功夫,故而被称为"功夫茶"。

潮汕功夫茶要求沏茶用水为甘冽的山泉水,而且强调现烹现泡。

潮汕功夫茶对茶具十分讲究,包括火炉、水锅、茶缸、茶杯等物,造型别致,除茶杯为瓷制外,其余皆为陶器。潮人所说的"茶甑具",一般专指茶壶、茶洗、茶杯三者所组成的一套。泡茶的壶称"冲罐",系用紫砂泥制成,因紫砂器通透性好,茶叶放久不易变馊;其造型各式各样,一般以扁圆形的罐为多,俗谓"柿饼罐"。茶洗俗称"茶船",由上面盛放茶杯的"盘"和下面贮放洗杯水的"洗"两部分所组成;茶盘中间微凹,镂个古钱状的孔,作为盘面的水流入洗中的通口,又起装饰作用。茶杯为瓷制,因此又有"玉令"之称,还有直口、反口之别,为寒暑不同时令之用。

冲泡乌龙茶,先要用沸水把备好的茶具,淋洗一遍,称为"温壶",功夫茶用茶多,而水少,故应注意保温。然后,将乌龙茶倒入白纸,轻轻抖动,将茶粗细分开。将细末填入壶底,其上盖以粗条茶,以免填塞壶内口。壶内置入茶叶量,一般按 1 克乌龙茶冲 20～30 毫升水的比例掌握。用现沸的开水冲茶,水壶需在较高的位置循边缘不断地缓缓冲入茶壶,使壶中茶叶打滚,形成圈子,俗称"高冲"。冲入的沸水要满出茶壶,溢出壶口,再用壶盖轻轻刮去浮在茶汤表面的浮沫。也可将茶冲泡后,立即将水倒去,俗称"洗茶"。"洗茶"和刮沫之道理是一样的,都是为了把茶叶表面茶尘、茶末洗去,并使茶之真味得以保存。刮沫后,立即加上壶盖,其上再淋一下沸水,称之"内外夹攻",与此同时,用沸水冲泡茶盅,使之清洁。约 1～2 分钟后,注汤入杯,这叫"斟茶"。斟茶宜低,以免溅起茶汤。茶汤要轮流注入几个茶盅中,每盅先注一半,再来回倾入,周而复始,渐至八分满时止,这叫"关公巡城"。若一壶之水正好斟完,就是"恰到好处"。否则,将最后几点浓茶,分别注入各杯,此谓"韩信点兵"。这是为了保证斟入各茶盅中的茶水数量、浓淡尽量一致,否则,会有怠慢客人之嫌。

各地乌龙茶沏泡方法,与潮汕功夫茶大体相同,只是在个别细节上略有差异。例如,乌龙茶泡好后,在斟入茶盅前,先把茶汤倾入到公道杯中。公道杯之作用就是使茶汤浓度趋于一致,其实,这与潮汕功夫茶之"关公巡城"、"韩信点兵"达到的效果是一样的,无非操作更简便而已。此外,也有以盖碗法泡制乌龙茶,茶具虽不同,但在泡茶原则,如投茶量多、水温高等,以及"洗茶"、"高冲低斟"等具体技艺要求上,与壶泡法是一致的。

品尝乌龙茶汤,一般用右手食指和拇指夹住茶盅杯沿,中指抵住杯底,先看汤色,再闻其香,尔后慢慢啜饮。如此品茶,不但满口生香,而且韵味十足。乌龙茶较耐泡,因此,一般可冲泡 3~4 次,好的乌龙茶也有泡 6~7 次的,称"七泡有余香"。

品乌龙茶,虽不乏解渴之意,但主要在于领略香气和滋味之妙趣。"杯小如胡桃,壶小如香橼,每斟无一两,上口不忍遽咽,先嗅其香,再试其味,徐徐咀嚼而体贴之,果然清芬扑鼻,舌有余甘。一杯之后再试一二杯,令人释燥平矜,怡情悦性。"①乌龙茶中若能品得芳香溢齿颊,甘泽润喉吻,神明凌霄汉,思想驰古今,那是从物质享受升华至精神享受的高境界。

第四节　饮茶保健

茶叶是公认的营养保健饮料,饮茶不仅能增进营养,而且能预防疾病。国内外大量的研究结果表明,茶叶中含有许多药效成分,而且其祛病健身的神奇功效,已得到医学临床报告的充分证实。

神农尝百草的传说,反映了茶叶的利用是从药用开始的,并由此而慢慢地拓展其饮用的价值。随着制茶工艺的诞生,特别是唐朝以来对茶叶加工方法

① （清）袁枚:《随园食单》。

的不断改进,茶叶的色、香、味、形品质特征得以较充分的发挥,其悦鼻的芬芳、醇爽的滋味,体现出了茶与生俱来的与人们生活的亲和力,非一般药草可比拟。加之茶树栽种方便、产物丰盈,于是,自然而成了大众化的饮料,而且,跨出国门向世界各地普及。在外国人的眼里,茶叶这种日常饮料的地位至高无上。如英国自进口中国茶后,饮茶之风迅速盛行,"当那时钟敲动第四响,一切的活动皆因饮茶而终止",可见当时英国的"下午茶"已是盛况空前。伦敦一家极有名的"嘉拉惠"咖啡店,早在 1657 年就以广告形式在店门前的招牌上赫然写道:"可治百病的药——茶,是头痛、结石、水肿、瞌睡的万灵药!"宋朝留学归国的日本僧人荣西禅师著有《吃茶养生记》,书中写道,"茶叶是养生的仙药,饮茶是延寿的妙术";"饮茶少眠、醒酒、提神、解乏、利尿"。的确,茶作为饮用历史最长、最具生命力的饮料,具有其他饮料无可比拟的优势,它将引领 21 世纪饮料市场的发展潮流。

茶,具有多方面的营养保健功效,如按祖国医学的理论,它能调养人体机能,久饮能强身;如按西医观点,茶中含有许多药理成分,久饮可祛病。此外,茶是大自然的产物,也是人工的杰作,品茶可让人们领略自然景观、风土人情、人文典故等诸般韵味,具有良好的精神调适作用,有利于增进人们的心理健康。以下从各种不同的角度,就茶叶的保健功能做简单的综述。

一、古代医学论茶功

有关茶的功效,中国历代的茶、医、药三类文献中多有述及。至清代,属于上述文献的茶书共 11 种,史、子、集类共 29 种,中医书籍共 24 种,可谓洋洋大观。由此可见,我国的古代学者对茶的药用价值已有高度认识,如汉代的《神农本草》记载了 365 种药物,其中提到了茶有四种功效,即"使人益思、少卧、轻身、明目"。华佗的《食论》中说"苦茶久食,益意思"。唐代以来,有关茶的著述更多了。唐代陈藏器的《本草拾遗》称茶为万病之药。宋代林洪撰的《山家清供》,也有"茶,即药也"的论断。除了各种专业性的书籍之外,文人墨客们还运用诗歌这一在我国古代最为普及的文化形式,对茶效大加赞美,最有名的当数宋代大文豪苏轼的"何须魏帝一丸药,且尽卢仝七碗茶"。这些茶诗的广为传诵,使饮茶祛病强身的观念更为深入人心。

根据《本草纲目》、《神农食经》、《千金翼方》、《本草纲目拾遗》、《本经逢源》、《本草拾遗》、《华佗食论》、《千金方》、《本草图解》等中医药书籍,可将其中有关茶叶医疗效用的内容总结成茶的二十四功效。它们是：少睡、安神、明目、清头目、生津止渴、清热、解暑、解毒、消食、醒酒、去肥腻、下气、利水、通便、治痢、去痰、祛风解表、坚齿、治心痛、疗疮治瘘、疗饥、益气力、延年益寿、其他功效不成系统者，尚有治月经不调、治三阴疟、治口烂等。

经过唐宋医药界传播推广，茶叶遂为一味较普遍使用的药物。尤其是宋朝以后，多种治病疗方中都有茶叶。

茶的单方列举如下：

普洱茶，清代《本草纲目拾遗》称："普洱茶膏黑如漆，醒酒第一，绿色者更佳，消食化痰，清胃生津，功尤大也。"

武夷茶，《本草纲目拾遗》称："最消食下气，醒脾解酒。"

湖南安化茶，《本草纲目拾遗》称："苦味中带甘，食之清神和胃。"

顾渚紫笋，《本草纲目拾遗》称："味甘、气香、性平，涤痰清肺，除烦消膨胀。"

松萝茶，产于安徽休宁，《本草纲目拾遗》称："消积滞油腻，消火下气除痰。"

经过医学家的不断实践，将茶与其他中药、食品配伍，进一步扩大了茶疗的应用范围。曹魏张楫《广雅》，唐代孟诜《食疗本草》、李绛传《兵部千集方》，宋代孙用和《传家秘宝方》、申甫等十二人《经济总录》、陈师文《太平惠民和济方》、朱端章《卫生家宝方》、王守愚《普济方》，元代孙允贤《医方集成》、沙图穆苏《瑞竹堂经验方》，明代俞朝言《医方集论》、李时珍《本草纲目》，清代钱守和《慈惠小编》、韦德进《医药指南》，等等，都记述了茶药配方。不少传统茶疗方，实践证明确实是行之有效的。有的虽不是验方，但作为辅助治疗也是有益的。试列举几种。

治痰热昏睡：茶叶、川芎、葱白适量，煎服。

治头痛：升麻六钱，生地五钱，雨前茶四钱，黄芩、黄连各一钱，水煎服。

治消化不良：核桃、川芎、紫苏、雨前茶，以上药先煎，好时加老姜、砂糖在汤内，即服。

治感冒、咽喉肿痛：银花 20 克、茶叶 6 克，沸水冲泡饮用。

治腹泻：茶叶、生姜各 9 克，水煎服。

治肥胖症：绿茶、荷叶各 10 克，沸水冲泡饮用。

治牙痛：桂花 3 克，红茶 1 克，沸水冲泡饮用。

治腰痛：浓茶汤 200 毫升，米醋 100 毫升，烧热饮服。

治神经衰弱：绿茶 1 克，芝麻粉 5 克，红糖 25 克，沸水冲泡饮服。

治皮炎:绿茶 2 克,山楂片 25 克,水煎服。

茶的复方有几百个之多,可用来防治或辅助治疗感冒、腹泻、肥胖症、神经衰弱、糖尿病、冠心病、贫血、肝炎、高血压、气管炎、皮肤病、癌症、肺病等约五十种疾病。

二、现代医学话茶效

关于茶叶的药用功效,早在 5000 多年前已被认识。但由于科学技术水平的限制,历史上茶的药用很大程度上属于经验性质。20 世纪以来,国内外茶叶专家、医药学家通过潜心研究,应用现代医学理论如自由基学说、免疫学说等,对茶的药用和营养价值有了更为深入的了解。

(一)茶叶的营养价值

我国著名营养学家于若木,对茶叶的营养价值有极高的评价,甚至把中国人勤劳聪明的品格归功于"国饮"①。那么,现代科学会告诉人们什么? 茶的营养成分究竟有哪些,含量有多高呢? 研究分析表明,茶叶中的营养成分主要有三大类。

(1)维生素:茶叶中维生素 C 含量丰富,比柠檬、菠萝、番茄、橘子等水果含量都要高得多。维生素 C 对人体有多种功能,能防治坏血病,增强抵抗力,还有辅助抗癌和防治动脉硬化的功能。据估算,如果一个人每天饮上 3~5 克茶,即可基本满足人体的需要。茶叶中还含有较丰富的维生素 B2,它是我国人们膳食中最易缺乏的维生素,缺乏可引起代谢紊乱及口舌疾病。此外,茶叶中还含有较多的维生素 P 类物质,这就是茶叶中大量存在的茶多酚,其含量高达 10%～20%。维生素 P 能维持血管的正常透性,增强韧性,这对防治人体血管硬化和高血压有着积极的作用。上述维生素,都可溶解于水,因此能为

① 于若木说:"世界各国的华人都表现出优秀的品质,在校学习出类拔萃,在工作中大多数成绩优异,高人一筹。中国人有较高的智商是得到很多外国人承认的,这也许与饮茶不无关系。这并不是说他们在国外都喝茶,而是说中华民族的祖先由茶文化培育了较为发达的智力,并且把这优良的素质遗传给了后代。因此,可以说我们都是茶文化的受益者。不管你们已经意识到或还未意识到,不管你现在是否有喝茶的习惯,均可这样分析。"还说:"据现代医学、生物学、营养学对茶的研究,凡调节人体新陈代谢的许多有益成分,茶叶中大多数都具备。"

人体所摄入和利用。

　　另外,茶叶中还含有较高的维生素 A、D、E、K 等。据测定,茶叶中的维生素 A 含量比胡萝卜还多,维生素 E 比普通的水果蔬菜高得多。这些维生素对人体的正常发育都很重要,如维生素 E 能促进人体生殖机能的正常发育,有防衰老的功效。维生素 K 有止血的作用。但它们均不溶于水,人们通过冲泡的方法饮茶是难以获得的,只有连茶带汤一起喝,或将茶叶做成糕点、糖果、菜肴等乃至药丸食用,方可得到充分利用。从这个意义上来说,吃茶比喝茶能获得更多的营养,难怪至今仍有许多地方保持着吃茶的习惯。

　　(2)矿物质:茶叶中含有钾、磷、钙、铁、锰、铝、锌、钠、硼、硫、氟等,这些无机盐对维持人体的代谢有重要意义。如氟有保护牙齿、防治龋牙的作用。其他如锰,可以防止生殖机能紊乱和惊厥抽搐;锌可促进儿童生长发育,并能防止心肌梗塞;铁能增强造血功能,防止贫血。

　　(3)人体新陈代谢所必需的三大物质:茶叶中蛋白质含量虽不多,但蛋白质是由氨基酸组成的,而茶叶中含有各种氨基酸,而且种类又多,对人体很有好处。特别是茶氨酸,为茶叶所特有,其他还有赖氨酸、胱氨酸、半胱氨酸、天门冬氨酸、组氨酸、精氨酸等。这些氨基酸对防止早衰,促进生长和智力发育、增强造血功能都有重要的作用。茶叶中碳水化合物大多数是不溶于水的多糖类,能溶于水的糖分极少,因此,中国人认为茶叶属于低热量的饮料,适合糖尿病等忌糖者饮用。至于类脂,茶叶中含量较少,但为人体所必需。茶叶中的脂多糖具有增强人体非特异性免疫力、抗辐射、改善造血系统的功能,对防治由于辐射引起的白血球降低具有良好的作用。

　　茶叶中营养成分丰富,某些成分的含量又如此之高,有的还是茶所特有的,因此,许多边疆少数民族,在少食果蔬甚至不吃蔬菜的情况下,人体不可缺少的许多营养成分,特别是维生素类物质,主要靠喝茶来补充。所以,对茶的需要量特别大,有的地区人均年消费茶叶达到十公斤以上,故有“宁可三日无粮,不可一日无茶”之说,堪称中国茶叶的高消费区。

　　人体营养的摄入,不仅数量要充分,还应讲究营养的平衡。长期饮茶,能丰富人体所摄入的营养,促进各种营养成分的平衡,还有益于提高智力,结合茶的“涤烦消愁镇躁”而调理身心。长期饮茶,还有利于皮肤光滑滋润。

(二)茶的药效成分

　　茶叶除了有较高的营养价值外,还有许多能防治疾病、增进人体健康的药效成分。中国人习惯在精神疲劳时,喝上一杯好茶,以提神醒脑;当感到饱食胀满时,泡上一杯浓茶,以助消化;当患肠胃疾病时,抓上一把茶叶咀嚼吞服,以止腹泻;当天热口渴、头晕眼花时,喝上一杯热茶,以止渴清心。近代医学科学研究表明,茶叶中的化学物质虽有数百种,但能博得医学家青睐的主要是:

(1)茶多酚:茶叶中含有20％～30％茶多酚,它主要由儿茶素类、黄酮类化合物、花青素和酚酸组成,其中以儿茶素类化合物含量最高,约占茶多酚总量的70％。茶多酚所包含的30余种化学物质,绝大多数具有药理作用,这是其他食品与饮料无法相比的。尤其是它们能较充分地溶解于茶汤,为人体所吸收。大量科学研究包括医学临床试验的结果表明,茶多酚作为一种具有生物活性的天然抗氧化剂,其药理作用是多方面的,如抑制血管硬化和动脉粥样硬化,防止内出血,防治高血压和冠心病;抗菌杀菌,治疗痢疾、急性肠胃炎和尿路感染等;使有害金属离子还原成无毒害离子,有解毒之功;活血化瘀,促进纤维蛋白元的溶解,降低血脂,防止血栓形成;抗原子辐射等。因此,日本将茶誉为“原子时代的饮料”;动物试验和医学临床试验都表明,茶多酚,特别是儿茶素类成分,具有明显的抗癌效应;茶多酚能较好地清除人体细胞的垃圾——自由基,因此具有良好的抗衰老作用。长期饮茶能延年益寿,因此将从茶叶中提炼出来的茶多酚,称之为“长寿药”,实在不算过分。

2003年《大众医学》杂志组织北京、上海、天津、广州、南京、武汉、长沙、哈尔滨、乌鲁木齐等城市的60余位权威营养学家,结合他们最新的有关食物营养与功效的研究,评选出的“中国十大最健康食品”中,我国消费量最大的茶类——绿茶赫然在列,这充分说明茶叶对人类健康之关爱。可以说,茶叶是迄今为止最具功能性之饮料。而所有茶类中,绿茶之保健功效列居第一,盖因绿茶为非发酵茶,其中的茶多酚保留量较高之故。

(2)生物碱:茶叶中的生物碱主要为咖啡碱,含量约为2％～4％,冲泡时,有80％以上能溶于热水。喝茶时,茶汤中的咖啡碱能进入人体,具有兴奋中枢神经的作用,因而可消除疲劳,提高思维能力,难怪很多作家、艺术家和科学家都喜欢品茶。咖啡碱还具有利尿、解痉、强心等多种功效。饮酒过量后,喝上一杯好茶,通过利尿作用,可加速酒精的排出,达到解酒的目的。

(3)脂多糖:茶叶中的脂多糖约为3％,它具有增强人体非特异性免疫力、抗辐射、改善造血系统的功能。对防治由于辐射引起的白血球降低具有良好的作用。

(三)茶的疗效作用

茶的疗效并非上述单个成分效用的简单叠加,而是多种成分的相互补充、综合协调的结果。例如茶叶中所含有的咖啡碱与咖啡中所含有的或咖啡碱纯品相比，其药理作用是不同的，这是因为前者往往与茶多酚形成络合状态，使其既能发挥有益的功效，又能消除其某些对人体的不良作用。茶的综合疗效可归纳如下。

（1）防癌作用：中外茶学和医学科学家，通过长期的研究，比较一致的结论是，绿茶具有抗癌、抗突变的作用，而且比较明确其中的有效成分是茶多酚，特别是儿茶素中的脂型儿茶素。

中国医学科学院肿瘤研究所，对 100 多种包括中草药在内的环境拮抗物（有可能具有抗癌作用的天然植物）进行抗癌筛选试验，结果表明，作用最强的就是绿茶。广西肿瘤研究所对 6 种食用植物（茶叶、香菇、灵芝、绿豆、当归、猴头）进行预防黄曲霉素致肝癌作用的研究，结果也表明，绿茶是最有效的。中国预防医学科学院营养与食品卫生研究所 1986 年通过对 17 种茶叶所作的比较试验，结果认为茶叶有阻断人体内亚硝胺这种强致癌物合成的效力，其中绿茶和乌龙茶效果较好，且饭后饮茶比饭前饮好，每天坚持饮茶 3～5 克就能起到完全阻断的作用。因此坚持饭后一杯茶，对防癌、健身是有益的。

（2）降低血糖和血压：茶叶中的咖啡碱和儿茶素类能使血管壁松弛，增加血管有效直径，从而使血压下降。另外，茶叶中的钠盐含量甚微，同样有利于高血压病人的康复。茶能预防老年性毛细血管变脆，治疗痔疮、月经过多等出血性疾病。茶叶中的复合多糖对降血糖有一定的作用。此外，绿茶中含有的 2% 左右的二苯胺，对降血糖也有良好效果，但其水溶性较低，主要存在于茶渣中。

（3）降血脂和对动脉粥样硬化的防治：儿茶素具有明显的抑制血浆和肝脏胆固醇含量上升的作用，具有促进脂类化合物从粪便中排出的效果。据原浙江医科大学所做的动物试验，饮茶能改善冠状动脉的收缩，避免血栓的形成，因而具有明显的抗动脉粥样硬化效果。

（4）延缓衰老作用：人体衰老是自然规律，但探明衰老的机理，采取措施延缓衰老是可行的。现代医学研究表明，人体内脂质的过氧化是人体衰老的机制之一。因此，过去人们常服用诸如维生素 C、维生素 E 等具有抗氧化活性的药物，实践证明具有增强抵抗力、延缓衰老的作用。后来科学家发现绿茶中含有的儿茶素类成分抗氧化活性更强。试验结果表明，200×10^{-6} 酯型儿茶素（EGCG）明显优于同样浓度的维生素 E；而且儿茶素与维生素 C 及维生素 E 有抗氧化协同增效作用。高档绿茶，含有较多的儿茶素和维生素 C，因此常喝"西湖龙井"之类的绿茶珍品，对于增强抗脂质过氧化作用，延缓衰老是有益的。

我国唐代刘禹锡、白居易，宋代苏轼、陆游等都是古代著名的文豪，他们不仅撰写了许多与品茗有关的诗词，而且都酷爱饮茶。古代科学不发达，物质水平低下，人的平均寿命较短，相比之下他们可算是高寿了：刘禹锡活到 70 岁，白居易活到 74 岁，苏轼活到 65 岁，陆游则活到 85 岁高龄。在现代高龄老人们中，有饮茶嗜好的，也不胜枚举。[①] 当代茶圣吴觉农一生研究茶、酷爱茶，活到 92 岁高寿。人们赞誉"茶叶是长生不老的仙药"，并非无稽之谈。

（5）消炎抑菌作用：茶多酚对伤寒杆菌、副伤寒杆菌、黄色溶血性葡萄球菌、金黄色链球菌、痢疾杆菌等有明显的抑制作用，且能促进肾上腺素垂体的活动，降低毛细血管透性，减少血液渗出，同时对发炎因子组胺具有良好的拮抗作用。

（6）助消化作用：由于茶叶中的咖啡碱和儿茶素类可使消化道松弛，因此有助于消化，预防消化器官疾病的发生。而且茶还具有吸收对人体有害物质的能力，对胃、肾以及对肝脏部分履行独特的化学净化作用。

（7）兴奋作用：茶叶可以提神解乏，且不受其他因素的影响而降低效应，这主要是茶叶中咖啡碱和黄烷醇类的作用。其作用机理是促进肾上腺素垂体的活动，阻止血液中儿茶酚胺的降解，诱导儿茶酚胺的生物合成。

（8）利尿作用：饮茶具有明显的利尿作用，这是咖啡碱、芳香油的综合作用。国外也有将茶叶用于调节体液中盐类的平衡，治疗呕吐或腹泻及风湿性心脏病等病因引起的水肿。

（9）防龋齿作用：茶树嫩梢中有 $(40\sim720)\times10^{-6}$ 氟素，且水溶性的氟素含量比例较高；另外，茶叶中能抑制葡萄糖聚合酶活性的茶多酚含量很高，因而茶叶对于由龋齿连锁球菌引起的蛀牙有明显的防治效果。[②]

（10）防辐射作用：人们对核辐射的危害已有足够的认识，曾经有部分经受

[①]　上海市超过百岁的张殿秀老太太，从二十几岁起就养成每天起床后喝一杯红茶的习惯。国外也有很多饮茶长寿的报道。前苏联老人阿利耶夫活到 110 多岁，他长寿的秘密就是不喝酒，不抽烟，喜欢喝茶和在空气新鲜的地方散步。埃及尼罗河三角洲贝海拉省的札那帝·米夏乐活了 130 多岁，他从不抽烟，但每天要喝 6 杯茶。英国的伦敦是个多雾的老工业城市，环境污染严重，然而却有不少长寿者。曾经有过对年龄超过 100 岁的 665 人进行调查，结果发现他们几乎都是茶叶嗜好者，人均每年茶叶消费量达 4～5 公斤。

[②]　浙江大学医学院曾在杭州西湖区对 3200 多人进行饮茶习惯与龋齿流行病学调查，在 1440 名无饮茶习惯者中，患龋齿率为 80.6％；而在 1820 名有饮茶习惯者中，患龋齿率只有 65.11％。由此可认为，经常饮茶可以防治龋牙。

广岛核爆炸辐射后的一些幸存者迁移到茶区居住,并饮用大量绿茶,不仅仍然存活,而且体质良好。经研究发现,茶能起到较好的辐射解毒作用。有人用绿茶、红茶中提取的多酚类化合物喂饲大白鼠,再用致死剂量的放射性锶 90 进行处理,结果发现,茶叶可以吸收 90％的这种危险的同位素。我国进行的研究表明,饮浓绿茶可使因接受辐射治疗引起白血球数量下降的癌症患者的白血球数量明显增加,有效率达 90％以上。

辐射对人体的损伤主要是自由基引发的多种连锁反应,茶叶中高含量的茶多酚有去除自由基的能力。此外,茶叶中的脂多糖能改善人体的造血机能,对防治由于辐射引起的造血功能障碍也具有良好的作用。长时间在荧屏前的人,有一杯茶在手,无疑有助于减轻电视机射线带来的不良影响,因此,茶又被称为“电视饮料”。

除了以上十方面的功效外,茶还可以作为预防胆结石、肾结石和膀胱结石的药物;作为支气管炎和感冒时的发汗药和增进呼吸的药物;咀嚼干茶可减轻妇女妊娠期间的反应及晕车、晕船引起的恶心等等。茶叶因含碘元素而具有防止甲状腺机能亢进的功效。

茶叶的保健祛病,还表现在饮茶对于陶冶情操的作用,即对精神的调适功能,它与茶叶所含的药理成分并无直接关系。现代医学越来越注重心理因素对人体健康水平的影响,研究表明,许多疾病包括像癌症一类的顽疾,都直接或间接地与患者的心理障碍或情绪问题有关。茶叶是大自然的杰作,是一种传统的天然饮料,而且其香味是那么的纯真。喝茶讲究一个“品”字,在细品慢饮中,不但能营造一种平心静气的心理氛围,而且能让人们感受大自然,从而少一份浮躁,多一份质朴,这对保持良好的心态无疑是很有好处的。可以说,品茶是都市人贴近大自然的一种理想方式。进一步讲,品茶还能让人们感悟茶的精神。茶,长在山坡,从不争富庶之地;茶树美化了环境,但其姿态是那么的清新、自然;茶叶的清香,需经品味才能感受,从不招蜂引蝶;茶叶的滋味为“无味之味”,细品慢饮中总能给人一种悠长而隽永之回味,而不同于膏粱厚味,虽给人一时“口福”,却无意趣可言。总之,茶从不追求显赫,却在默默无闻中,将一片温馨奉献给人类。这就是茶的品格:“一片冰心在玉壶”。由此可见,品茶其实是一个陶冶情操的过程,茶文化修养达到一定的境界,便会用整个心灵去品味,使自己的思想、情感融入茶的氛围中,茶中有我,我中有茶,在茶的熏陶下,人格得以升华。而有了高尚的品格,就能更好地奉献社会,同时也有利于心理健康,从而更好地达到品茶养身之目的。

第三章

茶之善

清早开门七件事，柴米油盐酱醋茶。

——俗言

俗话说得好：一方水土养一方人。在不断适应中华大地的生态环境的过程中，诞生了中华民族独特的精神文化，并直接表现于日常生活的方方面面，茶文化可以说是其中的典型代表。

中国是茶的原产地，对于茶的利用与栽培已有数千年的历史，世界各地的饮茶习惯及栽培技术都源于中国。当今世界，可可、咖啡与茶并列为三大饮料，但唯独茶上升成为一种博大精深的文化，个中原因不能不令人深思。我们认为，追根穷源，当不出物性及人性两端。相对于咖啡与可可，茶的兴奋性更显著地表现为让人镇静而不是迷狂，中国人认同于茶，并将种种之美善赋予她，将人生与茶广泛而真切地联系在一起。古往今来，中国人种茶饮茶，利茶爱茶，赞茶咏茶，嗜茶醉茶。俗话说得好："清早开门七件事，油盐柴米酱醋茶。"[①]茶是无尽的仁爱，茶是清远的智慧，茶是纯洁的情谊……一句话，茶是美善的象征。茶之善，恰似甘露，滋润着心田；又如清风，涤荡着心空，心物交接，乃具象为日常的生活方式，表现为缤纷多姿的茶的风俗民情。

第一节　客来敬茶

我国是文明古国，礼仪之邦。而茶这种融入精神内涵的物质形态正是我国人民崇尚友善、爱好文明的表征。客来敬茶，即以茶为美好的物品款待来客，是通行于我国各民族的一种社交方式。

《晋书》卷七十七记载陆纳招待名将谢安，"所设惟茶果而已"，陆羽引《桐君录》（约成于东晋时代）所云"又南方有瓜芦木，亦似茗，至苦涩，取为屑茶饮，亦可通夜不眠。煮盐人但资此饮，而交、广最重，客来先设，乃加以香芼辈"，都属于较早的客来敬茶的记载。

唐以后，以茶敬客的习俗，流行地区和范围日渐扩大，颜真卿等人的《月夜啜茶联句》中有"泛花邀坐客，代饮引清言"。北宋时，客来敬茶的习俗已遍行

---

① 这个俗语最晚也应该产生于唐宋时代。唐杨华《膳夫经手录》称："累日不食犹得，不得一日无茶也。"宋吴自牧《梦粱录·鲞铺》称："盖人家每日不可阙者，柴米油盐酱醋茶。"

于宋境,客来设茶,客去点汤。宋朱彧《萍州可谈》卷一:"今世俗,客至则啜茶
……此俗遍天下。"可见,以茶待客,作为一种对客人尊重的表示,一种联络感
情的媒介,当时已十分盛行。宋杜耒《寒夜》"寒夜客来茶当酒,竹炉汤沸火初
红"的诗句,清高鹗《茶》"晴窗分乳后,寒夜客来时"的诗句,同样反映了以茶代
酒的社交礼仪。

　　人们对客来敬茶已习以为常,而少去注意其平常之中所寓哲理。客来敬
茶的意义,因人、因事、因地之异,有所不同,但总的精神是表达一种礼貌,是崇
尚文明的一种表现。因为茶是纯洁、中和的物质,用茶敬客可以明伦理、表谦
逊、少虚华、尚俭朴。当代茶人庄晚芳先生认为,古往今来的客来敬茶,可有以
下五方面的内涵:一为洗尘,二为致敬,三为叙旧,四为同乐,五为祝福。①

　　洗尘,即为来客接风。客人到来,以茶相迎,表示了主人的一种诚意。客
人也许一路辛苦而心烦意乱,但一旦接过主人递上的一杯热茶,"尘"心便一洗
而尽,真如唐皎然所言:"一饮涤昏寐,情来朗爽满天地。再饮清我神,忽如飞
雨洒轻尘。"②茶本有提神去疲的功效,而以茶敬客,更给客人带来精神的
愉悦。

　　致敬,有敬爱、敬重、敬仰之意。用茶敬客,是一种上好的选择。茶的品性
比酒好,既能表谦逊,又能给人以愉快,一杯清茶,口齿留香。

　　叙旧,包括叙别、叙事和叙谈等。与亲朋好友叙旧事、拉家常,有茶助兴,
谈兴更浓,若是初交,有茶在手,拉近了距离,开阔了话题。

　　同乐,是指边喝茶边叙旧,从中获得乐趣。"有朋自远方来,不亦乐乎?"好
友相聚,有茶相伴更添欢乐。宋代梅尧臣有诗道:"汤嫩水清花不散,口甘神爽
味更长。"③主客在烹煮品饮之中得神、得趣又得味,自然增进了欢愉和乐趣。

　　祝福,是发自内心的问候,福、禄、寿、喜、健是人们的共同理想追求。在民
间俗信中,茶是年轻和健康的一种象征,人们敬颂"茶寿",因为"茶"字的笔画
结构隐喻"108"吉利数字,"茶"字象征一百零八岁。

　　值得一提的是,在我国民间还广泛流行着施茶的风俗,广义上与客来敬茶
同属待客民俗一系,蕴含着纯洁善良的同情互助之心。每到立夏秋分之间,就
会有乐善好施的个人或寺庙、民间组织施茶。这段时间是一年内最热的季节,
烈日之下,行人唇焦口燥,令人怜悯,虽不相识,来的都是客,一杯清茶,无异于

---

①　《庄晚芳论文选集》,上海科学技术出版社,1992,第443页。

②　(唐)皎然:《饮茶歌诮崔石使君》。

③　(宋)梅尧臣:《尝茶和公仪》。

雪中送炭。施茶的地点一般在便于行人的路边桥头,施茶者或建永久性的亭子,或搭起简陋的凉棚,安置桌椅、大茶壶、茶碗等,免费供人取饮。过往行人过此饮一杯清茶,一杯来自陌生人的清茶,消渴解乏,祛暑生津,不能不感受到人世间的一缕温情。

第二节　茶宴茶会

一、茶宴

所谓"茶宴"(或作"茶讌"),就是以茶为中心的餐饮会。茶宴始于晋代。

到了唐代,这种以茶为中心的宴会已经非常盛行了,并有了茶宴之专称,广泛流行于宫廷、民间、寺庙等各类场合。"竹下忘言对紫茶,全胜羽客醉流霞。尘心洗尽兴难尽,一树蝉声片影斜。"[①]其诗名《与赵莒茶宴》明确地告诉人们,这是茶宴中的美好感受。唐代吕温《三月三日茶宴序》:"三月三日,上巳禊饮之日也,诸子议以茶酌而代焉。乃拨花砌,憩庭荫。清风逐人,日色留兴。卧指青霭,坐攀花枝。闲莺近席羽未飞,红蕊指衣而不散。乃命酌香沫,浮素杯,殷凝琥珀之色,不令人醉,微觉清思,虽玉露仙浆,无复加也。"也对茶宴的清雅和品茶的美妙,作了非常生动的描绘。唐代大诗人白居易《夜闻贾常州、崔湖州茶山境会,想羡欢宴,因寄此诗》:"遥闻境会茶山夜,珠翠歌钟俱绕身。盘下中分两州界,灯前各作一家春。青娥递舞应争妙,紫笋齐尝各斗新。自叹花时北窗下,蒲黄酒对病眠人。"虽是对茶山境会亭茶宴的想象之词,当也是白居易平素亲身参加的茶宴的写照。这里的茶山境会亭茶宴乃是当时定期举办的著名茶宴。湖州紫笋茶和常州阳羡茶都是当时入贡朝廷的贡茶,两州毗邻的花山有"境会亭",每到清明时节,皇帝派出茶吏、专使、太监到这里专司监制

---

① （唐）钱起:《与赵莒茶宴》。

贡茶,两州太守也按例到此襄理,并举行盛大的茶宴,品尝和审定贡茶的质量。

宋代最有名的茶宴为径山茶宴。径山,今属杭州余杭,是著名茶区,山中的径山寺始建于唐代,自宋迄元为禅林之冠,号称江南"五岳十刹"之首,僧人逾千。寺院里饮茶之风非常盛行,其茶宴有一整套的规矩,并上升成为一种高贵的礼仪。僧人茶宴时,圈圈围坐,边品茶,边议事叙景。明人王洪、王徽等的《径山诗》联句"登高喜雨坐僧楼,共语茶林意更幽,万丈龙潭飞瀑倒,五峰鹤树片云收",即描绘了径山茶宴的幽深意境。南宋时,日本圣一禅师和大应禅师,曾先后来径山研究佛学,并将径山的饮茶之法和茶具传到日本,学者一般认为日本茶道与径山寺茶宴有直接渊源。

现代茶宴大体可分为喜庆茶宴、集会茶宴、待客茶宴、文化茶宴等类型,茶宴中的主要内容——品茶,格外讲究。第一要选取色、香、味、形俱佳的茶品,使人有赏心悦目、齿颊留香的感受。第二要选用适泡的茶具。第三,用茶要适量,水温视茶类而别。举行茶宴时,举办者要控制节奏、把握时间,努力使宴会气氛融洽,情趣盎然,让与会者尽欢而散。当然,客人也应注意仪态,与主人配合默契,一起努力,把茶宴办成陶冶身心,提高情操的即席艺术。

二、茶会

人们以文会友、以诗会友、以酒会友。饮茶之风盛行时,有人便以茶会友,这就是茶会。茶会与茶宴有相似之处,但相对来说要随便得多。唐钱起《过长孙宅与朗上人茶会》诗:"偶与息心侣,忘归才子家。玄谈兼藻思,绿茗代榴花。岸帻看云卷,含毫任景斜。松乔若逢此,不复醉流霞。"既写出了茶增益思维,胜过美酒,也写出了参加茶会的茶友淡远的精神风貌。宋朱彧《萍洲可谈》记载,"太学生每路有茶会,轮日于讲堂集茶,无不毕至者,因以询问乡里消息",颇类似于今日的学生会或者是同乡联谊会。北宋的皇家也有茶会,蔡京在《延福宫曲宴记》中说,宣和二年(1120)十二月的癸巳日,宋徽宗邀集众臣在延福宫开茶会,让内侍取来茶具,"亲手注汤击拂,少顷,白乳浮盏面,如疏星淡月",然后赐茶。众大臣喝了皇帝亲自瀹的好茶,个个感激涕零。在文人聚会的茶会上,常常还会行茶令。南宋王十朋《万季梁和诗留别再用前韵》:"搜我肺肠著茶令",并自注云:"余归,与诸友讲茶令。每茶会,指一物为题,各举故事,不通者罚。"

茶话会是近代出现的名词,一般说来是复合"茶会"和"茶话"而来。新版

《辞海》"茶会"条释义："用茶点招待宾客的社交性聚会,也叫'茶话会'。""茶话"条释义："饮茶清谈。方岳《入局》诗:'茶话略无尘土杂',今谓备有茶点的集会为'茶话会'。"

许多社会团体甚至政府机关,在欢聚时,借助清茶一杯,辅助一些果品茶点,大家随意,不像古代茶宴那样讲究,为一种简朴无华的社交性集会形式,与酒会形成对照。我国自改革开放以来,经济大踏步前进,各种聚会日益增多。举办以茶代酒、节俭大方的茶话会,共祝良辰,互表心意,非常符合现代文明风尚。近年来我国政府也提倡茶话会的好传统,大的如商议国家大事,招待国家元首,庆祝重大节日等;小的如学术讨论,开业典礼等。举行茶话会已形成一种惯例,正如胡耀邦同志在 1982 年春节党中央国务院团拜会上所赞"座上清茶依旧,国家气象更新"。以一杯清茶为主的茶话会,不奢华,省时间,益身心,值得大力提倡推广。

三、无我茶会

1989 年,时任台湾陆羽茶艺中心总经理的蔡荣章创办了一种新颖的茶会形式——无我茶会①。与以往茶会不同,茶会进行期间无需指挥与司仪,一切依排定的程序进行。无我茶会要求人人参与冲泡、奉请和品饮活动,因此,有意参加茶会的人员必须事先准备茶叶、茶具、开水。茶叶、茶具视各人喜好而定,无须统一规定。为使参加者能品饮和鉴赏到丰富多彩的茶品和茶具,一般希望所带的茶叶品种和茶具款式越多越好,以增添茶会观赏性。无我茶会与会者的座位是由抽签决定的,所以参加者在报名时要抽取号签,凭签找位,然后就地而坐,摆放茶具。由于是依次奉茶,故所有座位不论多少都必须围成一个闭合的圈。倘若约定每人泡茶四杯,则其中三杯奉给左邻的三位茶侣,一杯留给自己,这样在座的每个人都能品尝四种不同风味的茶汤。按约定,每人敬茶三次,品完最后一道茶,可以安排五分钟以内的音乐欣赏,烘托茶味,回味意境。待茶侣品完三道茶之后,即可收拾茶具,结束茶会。茶会结束后可酌情安排其他活动,或合影留念,或互赠礼品。

无我茶会强调"无我"精神,即参加者必须摒弃一切自私的欲念,本着一种平等的观念、平和的心境参加茶会,通过泡茶、奉茶和品茶,体验人间之真、之

---

① 　参见蔡荣章:《无我茶会 180 条》,中华国际无我茶会推广协会印行 1999 年版。

善、之美。无我茶会,因其精神契合了当今人们的审美情趣,操作方法简单易行,很快就在其发源地台湾流行开来,成为民众社交活动的一种新形式。目前,无我茶会已成为中、日、韩、新加坡、马来西亚等东方文化圈内的茶文化爱好者参与的重要茶事活动。

第三节　茶　馆

　　茶馆,即卖茶水的店铺,设有座位,供顾客喝茶、吃茶点、休息、交谈、娱乐,风行于我国各地,古来有茶肆、茶店、茶楼、茶坊、茶社、茶铺、茶室、茶寮等称呼。承续着古老的文化之脉,是民众生活的重要场所。

一、茶馆史

　　茶馆至迟出现于唐代,唐封演《封氏闻见记》卷六有"自邹、齐、沧、棣,渐至京邑,城市多开店铺,煎茶卖之"(附Ⅱ1)的记叙,而唐薛渔思《河东记》则有"俄而憩于茶肆"的明确记载。宋朝的茶馆业十分兴盛。宋张择端的《清明上河图》中,即有茶肆的身影。宋吴自牧《梦粱录》卷十六《茶肆》:

　　　　汴京熟食店,张挂名画,所以勾引观者,留连食客。今杭城茶肆亦如之,插四时花,挂名人画,装点店面。四时卖奇茶异汤,冬月添卖七宝擂茶、馓子、葱茶,或卖盐豉汤,暑天添卖雪泡梅花酒,或缩脾饮暑药之属。向绍兴年间,卖梅花酒之肆,以鼓乐吹《梅花引》曲破卖之,用银盂勺盏子,亦如酒肆论一角二角。今之茶肆,列花架,安顿奇松异桧等物于其上,装饰店面,敲打响盏歌卖,止用瓷盏漆托供卖,则无银盂物也。夜市于大街有车担设浮铺,点茶汤以便游观之人。大凡茶楼多有富室子弟、诸司下直等人会聚,习学乐器、上教曲赚之类,谓之"挂牌儿"。人情茶肆,本非以点茶汤为业,但将此为由,多觅茶金耳。又有茶肆专是五奴打聚处,亦有诸行借工卖伎人会聚行老,谓之"市头"。大街有三五家开茶肆,楼上专安着妓女,名曰"花茶坊",如市西南潘节干、俞七郎茶坊,保佑坊北朱骷髅茶坊,太平坊郭四郎茶坊,太平坊北首张七相干茶坊,盖此五处多有炒闹,非君子驻足之地也。更有张卖面店隔壁黄尖嘴蹴球茶坊,又中瓦内王妈妈家茶肆名一窟鬼茶坊,大街车儿茶肆、蒋检阅茶肆,皆士大夫期朋约友会聚之处。

对南宋时杭城内的茶肆作了真切翔实的描绘,而且举凡后世茶馆的种种特征,南宋茶馆都已赅备。明代茶馆更加普遍,明张岱《陶庵梦忆·露兄》描述了露兄茶馆的雅洁:"崇祯癸酉,有好事者开茶馆,泉实玉带,茶实兰雪,汤以旋煮,无老汤,器以时涤,无秽器,其火候、汤候,亦时有天合之者。余喜之,名其馆曰'露兄'"。而且,这也似乎是文献中首次出现"茶馆"一词。此后,茶馆即成为通称。

清代是茶馆最鼎盛的时期,各种类别、等级都有。乾隆皇帝甚至还在圆明园内建了一所皇家茶馆——同乐园茶馆。创作于乾隆时代的吴敬梓的《儒林外史》第二十四回,则实录了当时南京城茶社酒楼的数量比:"大街小巷,合共起来,大小酒楼有六、七百座,茶社有一千余处。"茶社比酒楼还多。丁立诚《上茶馆》诗:"卷饼大嚼提壶饮,并座横肱杂流品。清晨邀客且烹茶,人声鸟声众喧甚。内城白肉深沟羊,包办南席东麟堂。熊掌与鱼我所欲,烧鸭首推便宜坊,弱笔自惭录梦粱。"宛若一幅北京茶馆的世俗画卷。不少茶馆还兼有戏园的功能。清张际亮《金台残泪记》卷三:"戏园俱有茶点而无酒肴,故曰'茶楼',又称之为'茶园'云。"清仪征函璞集英书屋《邗江竹枝词》亦写扬州戏馆:"邗江戏馆叫茶园,茶票增加卖百钱。茶果大包随意吃,时新正本闹喧天。"老舍在《茶馆》的开篇,即以他那明快精炼的语言向我们介绍清末到民国期间茶馆的情形:

这种大茶馆现在已经不见了。在几十年前,每城都起码有一处。这里卖茶,也卖简单的点心与饭菜。玩鸟的人们,每天在遛够了画眉、黄鸟等之后,要到这里歇歇腿,喝喝茶,并使鸟儿表演歌唱。商议事情的,说媒拉纤的,也到这里来。那年月,时常有打群架的,但是总会有朋友出头给双方调解;三五十口子打手,经调人东说西说,便都喝碗茶,吃碗烂肉面(大茶馆特殊的食品,价钱便宜,作起来快当),就可以化干戈为玉帛了。总之,这是当日非常重要的地方,有事无事都可以来坐半天。在这里,可以听到最荒唐的新闻,如某处的大蜘蛛怎么成了精,受到雷击。奇怪的意见也在这里可以听到,像把海边上都修上大墙,就足以挡住洋兵上岸。这里还可以听到某京戏演员新近创造了什么腔儿,和煎熬鸦片烟的最好的方法。这里也可以看到某人新得到的奇珍——一个出土的玉扇坠儿,或三彩的鼻烟壶。这真是个重要的地方,简直可以算作文化交流的所在。我们现在就要看见这样的一座茶馆。一进门是柜台与炉灶——为省点事,我们的舞台上可以不要炉灶;后面有些锅勺的响声也就够了。屋子非常高大,摆着长桌与方桌,长凳与小凳,都是茶座儿。隔窗可见后院,高搭着凉棚,棚下也有茶座儿。屋里和凉棚下都有挂鸟笼的地方。各处都贴着"莫谈国事"的纸条。

京剧《沙家浜》描写了阿庆嫂以开茶馆为掩护,从事地下党联络的革命故事。阿庆嫂的一段唱词也道出了茶馆的生意经:"垒起七星灶,铜壶煮三江。摆开八仙桌,招待十六方。来的都是客,全凭嘴一张。相逢开口笑,过后不思量。人一走,茶就凉。"

"文革"中,茶馆被批判为"封、资、修的乐园",不少地方的茶馆移作他用。但也有一些并未中断营业,只不过改卖"大众茶",改名号为"工农茶室"之类罢了。新时期以来,以"茶艺馆"的名目,茶馆在上海、北京、杭州等地率先复苏,旋即遍布于各大中小城市的大街小巷。

二、当代茶馆风俗拾翠

(一)杭州茶馆

杭州坐拥山水之胜,真乃湖山处处皆宜茶。因了龙井茶与天堂的盛名,杭州茶馆有着难以抗拒的魅力:不坐坐杭州的茶馆,算得上杭州人吗?算得上来过杭州吗?但杭州茶馆的确也有着令人流连的硬道理。杭州经营茶楼的以女性居多,其经营风格自有一种温柔可人之处。茶馆布置一般都十分古雅,讲究文化内涵。如杭州的一家青藤茶馆,其风致在作家张抗抗笔下真是令人陶醉:

掩于婆娑翠竹丛中，依然有着女性的含蓄与秀气。沿木梯拾阶上得二层，眼里掠过青石小桥泉水游鱼，一步一景，脚步顿时就慢了下来；四处流连顾盼，眼神也不大够用。围廊隔断的分割与设置，一改先前繁复的传统风格，赋予了现代的空间概念，只觉得抬头低头通畅敞亮，叫人想起凉风微袭的山间茶园；数间小巧玲珑的江南小筑，均以西湖十景命名，影影绰绰地藏在曲径通幽处；古色古香的窗格门扇、造型简洁颜色古朴的茶桌茶椅，藤制木质，件件精心得不留痕迹；灯具也是极讲究的，柔和的光线若有若无，便有了月夜星空下品茗的感觉；壁上镶嵌的橱柜木格，收藏各色紫砂名壶和历代茶具，还有墙上精心装裱的名家字画，如此浓郁的文化气息，茶馆不再是茶馆，而是一所小型的茶艺博物馆了——边走边看，峰回路转，就有迷路的担忧了，果然又有阔厅堂在前，一面弧形的白墙落地，简约而朴素，内里透出现代的开放意识；宽阔的阳台设有露天茶座，西湖碧波就在眼前，似乎伸手可触。逢年过节，一边品茗一边观赏西湖上空的璀璨烟花，将是怎样的好心情。忽然觉得"青藤茶馆"更像是一座内涵丰富的文化广场，杯水之中，竟是天外有天的。（《张抗抗散文集——嫁衣之纫·守望西湖的青藤》）

　　而且杭城有名气的茶馆都有备办得很有特色的自助式茶点，让顾客在接受服务的过程中也不失主动，在那里，既有服务生细心的照顾，也能够随意端取喜爱的茶点，尤其是结伴而去的茶客，其中总有乐意为其同伴服务的，一方乐此不疲，一方不断谦让感谢，甚或大家一起动手，自是其乐融融。

　　而以杭州梅家坞为代表的农家茶园，更以浓郁的自然趣味，吸引各方茶客。这些农家茶园往往随意在户外放置一些坐椅，一杯清茶，几样茶点，远眺群山若黛，近听溪水潺湲，与友朋共话温情，真可陶然一醉。

（二）成都茶馆

　　"天府明珠"成都历来富庶安逸，俗谚"头上晴天少，眼前茶馆多"，就是对这个城市的经典概括。"四川茶馆甲天下，成都茶馆甲四川"，相比中国其他地方，成都人的茶馆情结可谓特别的深，即使在"文革"期间，成都的茶馆也不见得有多萧条。茶馆里往往置有假山、字画、花木盆景，幽雅宜人，真所谓"座畔茶香留客饮，壶中茶浪似松涛"，令人心醉。更多的茶楼则摆满竹椅，客来随意设座。竹靠椅、小方桌、三件头盖碗、老虎灶、紫铜壶，已经成为成都茶馆的特色符号。

　　尤其是茶博士的掺茶功夫令人叫绝。他一手提紫铜茶壶,另一手托一叠茶具,经常多达 20 余套。只要顾客招呼要水,只见他把一米长的大铜壶的壶嘴靠拢茶碗,然后猛地向上抽抬,一股直泻的水柱便冲到茶碗里,接着他小拇指一翻就把你面前的茶碗盖起了,表演的花样有"苏秦背月"、"蛟龙探海"、"飞天仙女"、"童子拜观音"等名目,令人眼花缭乱,技术高超的还可以扭转身子把开水注到距离壶嘴几尺远的茶碗里,只见一道水柱凌空而降,泻入茶碗,翻腾有声,犹如松涛;须臾间,水柱又戛然而止,茶汤水面与碗口恰到好处,碗外滴水不沾,真叫绝活!

　　成都人总爱三五成群去茶馆,人手一盅盖碗茶,海阔天空,谈笑风生,所谓"摆龙门阵"也。有时也偶有曲艺表演,以佐茶客之兴。熙熙攘攘,热热闹闹的茶楼,极具浓厚的地方色彩,成为中外游客的一个好去处,也是文学作品所经常描写的对象。

　　另外,成都露天茶馆也非常多,"一出太阳,露天茶园就很火爆。这时候,晒太阳成为出门的主要理由,喝茶仅仅是因为喝茶的地方好晒太阳。成都可以坐着晒太阳的露天茶园很多,几乎遍及成都的每个角落。"(何小竹《成都茶馆·寻访》)这是其他城市所不多见的。在成都有常年天天固定在茶馆"摆龙门阵"的人们,这也是除了乡间小镇之外,其他城市所不多见的。在成都最令人诧异的是麻将和茶馆水乳交融的关系,"你想扯起一个打麻将的场子,就得开一个茶馆"(何小竹《成都茶馆·不能不说麻将》),如此种种,造就了中国最悠闲大都市——成都的美名。的确,在当今这个到处都是竞争打拼的时代,这样能放得下的大都市真是不多,难怪疲惫过劳的人们讲起成都,都会有一种神往之情了。

(三)上海茶馆

　　上海是中国最国际化的都市,兼容实惠也是当今沪上茶馆的独到之处。这里有"上海老茶馆"为代表的老式怀旧茶馆,布置着二、三十年代上海的老画像,上海人曾经使用过的老式电话、洋油灯、洋风炉等等,坐临其中,时光俨然倒流回去,品味那海上旧梦,亦真亦幻,一种别样的情感油然而生,一位茶客的留言可证:"来上海,不到老上海茶馆将终生遗憾;到上海,来过老上海茶馆的人却遗憾终生。"

　　上海的白领们则会选择一些可以比较随意但布置绝不随意的茶馆,例如衡山路上的"唐韵茶坊",分别设置了沙发区、藤椅区等,既可选择老式,也可选择新式。并且采用了杭州茶馆的形式,客人点上一壶茶,然后自主地选择各式点心、水果。

在上海还流行着大众茶馆,形式简单,有的甚至推出畅饮消费,成为人们茶余饭后的牌局点。基本上在这些地方,都是一桌一桌的扑克友,鲜明地反映出上海普通人的生活习惯。

(四)岭南茶楼

在岭南的广州和香港,在那里饮茶几乎等于吃饭,一天之内有早茶、午茶和晚茶之分,尤其是他们的早茶更是饮誉世界。到茶馆吃早茶是广东人独特的习俗,清晨,在开始一天的工作之前,名茶早点,一盅两件,既是早餐,也是一种享受。茶有红茶、绿茶、乌龙茶、花茶、元宝茶等种类,点心最常见的是各种包子,诸如叉烧包、水晶包、水笼肉包、虾仁小笼包、蟹粉小笼包,还有其他各类烧卖、酥饼、鸡粥、牛肉粥、鱼生粥、猪肠粉、虾仁粉、云吞等等。茶客从早到夜总是不断,茶楼多是早上 5 点多钟开门迎客,直到午夜才收市,"三茶两饭直落"。

在茶楼里,当客人需要续水时,只要把壶盖打开,服务员便会意而来。关于这一礼仪的由来,相传是过去有一富商到茶楼饮茶,叫堂倌给他加水,堂倌刚把壶盖打开,他"呵嗬"大叫一声,赖称壶中有只价值千金的画眉给堂倌放飞了,定要茶楼赔偿。老板无奈之下,从此规定,茶客凡要加水者,自己打开壶盖,以防有诈。时至今日,这习惯动作已成为茶客要加水的示意信号,无须叫唤服务员了。

(五)北京茶馆

首善之地北京,为全国政治经济的中心,其茶馆也是集全国茶馆之大成。如"五福茶艺馆"位于地安门大街,是京城文化茶社的先行者,也是北京第一家引进潮州功夫茶和台湾功夫茶的茶艺馆。茶馆分两层。一层售茶,二层品茗。室内装修是古典中式,温馨幽雅。其"康宁、富贵、好德、长寿、善终"的"五福"观也颇具韵味。

北京的"老舍茶馆",漏窗茶格、玉雕石栏、华丽宫灯、名人字画以及清式桌椅,传统京味十足。上下午还售卖饭菜。入晚茶馆还有北京琴书、京韵大鼓、口技、快板、京剧昆曲票友彩排等文艺表演,为茶客添兴助乐。该馆至今仍在前门设摊售卖"大碗茶",以方便群众。

还有一种京式小茶馆颇有特色,北京和平门外的一条陋巷里就有这样一家小茶馆。按旧北京书茶馆的样式布置,陈设较为古朴。在窄小的屋内挤放着六张八仙桌,还在屋角一隅设置了演双簧的专用案子。供应三元、五元和十元一杯的茉莉花茶。顾客点茶后不受时间限制,随意品饮,还可欣赏曲艺表演以助兴。

第四节　茶与婚礼

在中国人民眼里,茶是"纯洁"、"坚贞"和"多子多福"的象征,明代许次纾《茶疏》说:"茶不移本,植必子生,古人结婚,必以茶为礼,取其不移植之意也,今人仍名其礼为下茶,亦曰吃茶。"因此,自古以来茶就在中国人的婚俗中担当着重要的角色。

一、"食茶"、"订茶"及"下茶"

在汉族风俗中,许多地方把"提亲"一事称为"食茶",意指男方媒人前去说媒,如女方有意向,就以泡茶、煮蛋等方式接待。现在浙江省的中部及其他一些地方还在沿用这一古老的传统习俗。

婚事有眉目后,举办订婚仪式,称"订茶",意指以茶为象征物,男方以重礼相许表诚意,女方无异议,则会收下,并热情招待男方来人。宋胡纳《见闻录》:"通常订婚,以茶为礼。故称乾宅致送坤宅之聘金曰茶金,亦称茶礼,又曰代茶。女家受聘曰受茶。"宋吴自牧《梦粱录》卷二十"嫁娶",记载宋时男女双方相亲中意,"则伐柯人通好,议定礼,往女家报定。若丰富之家,以珠翠、首饰、金器、销金裙褶及缎匹茶饼,加以双羊牵送"。清孔尚任的《桃花扇·媚座》中有"花花彩轿门前挤,不少欠分毫茶礼"的描述。《红楼梦》第二十五回有一段王熙凤对林黛玉的嘲戏:

　　林黛玉听了笑道:"你们听听,这是吃了他们家一点子茶叶,就来使唤人了。"凤姐笑道："倒求你，你倒说这些闲话，吃茶吃水的。你既吃了我们家的茶，怎么还不给我们家作媳妇？"众人听了一齐都笑起来。林黛玉红了脸，一声儿不言语，便回过头去了。李宫裁笑向宝钗道："真真我们二婶子的诙谐是好的。"林黛玉道："什么诙谐，不过是贫嘴贱舌讨人厌恶罢了。"说着便啐了一口。凤姐笑道："你别作梦！你给我们家作了媳妇，少什么？"指宝玉道："你瞧瞧，人物儿，门第配不上，根基配不上，家私配不上？那一点还玷辱了谁呢？"

清金圣叹《三吴》诗"十五女儿全不解，逢人轻易便留茶"，也是对小姑娘善意的调笑。今闽南、粤东、台湾等地，民间订婚仍以茶为礼，女方接受男方的聘礼仍称"受茶"。浙江嘉兴、江苏南通也有此俗。湖南邵阳、隆回、挂阳、郴州、临湖等地，订婚则称"下茶"。

旧时在湖北的黄陂、孝感一带，男方备办的礼品中，有"山茗海沙"，实为茶和盐。茗生于山，盐出于海，取"山盟海誓"之意。在浙江金华一带，还有喜婆送给新郎的"鸡蛋茶"或"子茶"，指定让新娘吃，寓意生子。

二、"闹茶"

在热闹的婚宴场面上也离不开茶。广西玉林市的婚宴场面上有"敬客茶"，用最上等的茶接待来宾，以示对客人的敬重。在云南南部，新郎新娘在新婚三日内，每天要在堂屋里向宾客敬茶，谓之"闹茶"。今陕南巴山地区还流行"腌菜茶"。新婚第二天清晨，新娘要摆出亲手腌制的咸菜，沏上巴山香茶，宴请宾客，双方亲属围坐品茗，吃菜，评论新娘的手艺。过去四川西部丘陵地区，结婚第二天，新娘也要拿出从娘家带来的甜食、糖果、瓜子、咸菜、茶叶招待男方亲友来宾，称"摆茶宴"。还有的地方新婚三日后，新娘下厨，并向尊长及伯叔等亲戚分娘家所备茶果，称"传茶"或"饷茶"。

少数民族婚礼中的茶俗更是充满了民族风情。云南白族的婚俗体现了这个民族特有的浪漫，在婚宴上，伴娘先敬新娘蜜蜂茶，再敬新郎，新娘用松子、葵花子拼成"蝴蝶茶"，祝愿爱情永存。浙江南部的畲族，有婚宴上"吃鸡蛋"的习俗。男方挑选一名父母健在的姑娘，端给新娘一碗甜的"鸡蛋茶"，新娘只能低头饮茶却不能吃蛋，否则就会被认为不稳重，将来要受到歧视。传统的畲族婚礼上还要跳带有仪式性的敬茶舞。由新郎等十名男子分别模拟男女老少的神情,面对面站成两竖排,在一名端茶者带领下跳起来。端茶者手捧茶盘,双臂向上晃一圆圈端至胸前,踏步屈膝向众人做施礼动作,众人肘部架起,双手手指交插于胸前,同时屈膝做回礼动作。端茶者循一定路线,按东西南北方向反复做施礼动作。端茶者腰肢灵活,双臂晃动,茶水却丝毫不外溢。敬茶舞过程中,端茶者和其他表演者以吉祥话互相祝贺,整个会场充满了幸福的欢声笑语。云南爱伲人的婚礼中有着"采茶树王的茶叶,托茶树王的福"的仪式程序,寓意新郎新娘的爱情与幸福像"茶树王"一样长久,生命像"茶树王"一样旺盛。新郎新娘共同从茶树王那儿采摘下鲜叶后,由新娘在一口土锅烘揉、制作好新采来的"茶树王"的鲜叶,并在另一口土锅里烧开水,然后由新郎抓一把刚制作好的茶叶放在水已烧开的土锅里,既表示新婚夫妇一心一意,也表达了新婚夫妇对于客人的欢迎与招待。

在云南宁蒗地区的普米族仍保留着与茶有关的抢婚习俗。姑娘出嫁那天,不是在家中等候着迎亲的队伍,却是到山上或田里劳动。迎亲的人来了,就派一名男子去找新娘,找到时大喊一声:"某家请你去吃茶!"随即把姑娘抓住并由本村里的姑娘簇拥着新娘回家举行嫁礼。

茶文化与婚礼如此广泛而多样的联系,在一定程度上反映了我国人民的物质文化、道德观念和价值取向。

第五节　茶与祭祀

茶祭有两种含义,一是以茶祭祀祖先神灵,一是祭祀茶神,前者应早于后者。

一、祭祀祖先

茶在历史上何时开始作为祭祀供品,不好确定。现存最早的以茶为祭的正式记载是《南齐书》所记齐武帝萧颐临终遗诏:"我灵上慎勿以牲为祭,惟设饼、茶饮、干饭、酒脯而已,天下贵贱,咸同此制。"唐陆羽《茶经》引晋王浮《神异记》说:"余姚人虞洪入山采茗,遇一道士,牵三青牛,引洪至瀑布山曰:'吾丹丘子也。闻子善具饮,常思见惠。山中有大茗可以相给。祈子他日有瓯牺之余,乞相遗也。'因立奠祀。后常令家人往山,获大茗焉。"南朝宋刘敬叔《异苑》也记载了一个神异故事:"剡县陈婺妻,少与二子寡居,好饮茶茗。宅中先有古冢,每日作茗,饮先辄祀之。二子患之曰:'古冢何知? 徒以劳祀。'欲掘去之。母苦禁而止。及夜,母梦一人曰:'吾止此冢三百余年,谬蒙惠泽,卿二子恒欲见毁,赖相保护,又飨吾嘉茗,虽泉壤朽骨,岂忘翳桑之报?'遂觉。明日晨兴,乃于庭内获钱十万,似久埋者,而贯皆新提。还告其儿,儿并有惭色,从是祷酹愈至。"这两则故事均表明了以茶为祭得好报的俗信。

用作供品的茶,皇家用的是进贡的上档茶,如蒙顶皇茶自唐代以来就是规定用品之一,它的采摘的时间、地点、制作均有严格规定,不得造次;寺庙用的往往是本寺庙的僧人或道士亲手制作的最好的茶;民间用的则是尽力备办的最好的茶,总之,无论丰俭,均体现着祭祀者的虔诚。

茶祭有三种形式:在茶盏中注以茶水;不注泡只放干茶;仅置茶壶、茶盅作为象征。1987年陕西法门寺出土的唐代宫廷供佛物品中,精美的茶具占了相当大的比例,就体现了茶在礼佛仪式中的重要性,也是第三种茶祭形式的一个表征。

二、祭祀茶神

(一)祭茶神

祭祀茶神一般为茶业生产经营者所为。唐代的陆羽精于茶事,大力提倡清饮,著有《茶经》,对于我国茶文化的发展作出了巨大贡献,身后被尊为茶圣,在民间更是被奉为茶仙、茶神。唐赵璘《因话录》卷三称陆羽"性嗜茶,始创煎茶法。至今鬻茶之家,陶为其像,置于炀器之间,云宜茶足利";唐李肇撰《国史补》卷中称陆羽"有文学,多意思,耻一物不尽其妙,茶术尤著。巩县陶者,多为瓷偶人,号陆鸿渐,买数十茶器,得一鸿渐。市人沽茗不利,辄灌注之",卷下又记:"江南有驿吏,以干事自任。典郡者初至,吏白曰:'驿中已理,请一阅之。'刺史乃往,初见一室,署云'酒库',诸酝毕熟,其外画一神。刺史问:'何也?'答曰:'杜康。'刺史曰:'公有余也。'又一室,署云'茶库',诸茗毕贮,复有一神。问曰:'何?'曰:'陆鸿渐也。'刺史益善之。"

武夷山大红袍茶,在古代曾受过皇封,当地民间对它的祭祀相沿成俗。《福建日报》2007 年 5 月 17 日的《茶祭》报道:2007 年 5 月 14 日,武夷山茶农在武夷山天心岩九龙窠峭壁下,按传统习俗祭祀了武夷山岩茶——大红袍母树。

(二)开茶

茶秉天地之灵气而生,每当腊尽春来,惊雷一声,则生机发动。长期种茶的茶农,逐渐掌握了茶树的这种物性。而唐宋以来的饮茶风气又是以春茶为贵,以早茶为上的,因此,为了催茶生长,为了庆祝新茶的开采,为了祈祷茶事的顺利,茶区每每于开采之前,都要举行传统而热闹的开茶仪式。

宋代最主要的产茶地建州(今福建建瓯)就风行这种仪式。欧阳修于宋嘉祐三年(1058)作《尝新茶呈圣俞》:"建安三千里,京师三月尝新茶。人情好先务取胜,百物贵早相矜夸。年穷腊尽春欲动,蛰雷未起驱龙蛇。夜闻击鼓满山谷,千人助叫声喊呀。万木寒痴睡不醒,惟有此树先萌芽。乃知此为最灵物,宜其独得天地之英华。"反映了嘉祐年间建州建安北苑御用茶园的开茶情形。欧阳修这里所呈的"圣俞"即其挚友梅尧臣,后者也有一首《宋著作寄凤茶》:"春雷未出地,南土物尚冻。呼噪助发生,萌颖强抽蕨。""凤茶"即凤团茶,为御茶形制之一,此诗所述与欧诗正相同。此开茶仪式又称作"喊山"。明徐𤊹《武夷茶考》:"喊山者,每当仲春惊蛰日,县官诣茶场致祭毕,隶卒鸣金,击鼓同声喊曰:茶发芽。"

杭州西湖龙井是著名的茶区。自古每逢春茶开摘时节,茶农们都要举办各种茶庆活动。2002 年在杭州市政府的统一组织下举办了首届杭州西湖龙井开茶节,至今已经成功举办 5 次,并被周边茶区效仿。2005 年的"中国(杭州)西湖国际茶文化博览会"就是以"西湖龙井开茶节"拉开了一系列活动的帷幕,而开茶节的第一个节目就是《擂鼓激春》,36 面大鼓在开阔处的绿茶丛中排开,12 位鼓手站在大鼓前,激越的鼓点由缓而急,渐渐加力,直至擂鼓震彻山谷,似要唤醒万亩茶山,场面十分红火热闹。2006 年 4 月 1 日举行的"相约龙井——2006 中国杭州西湖龙井开茶节",则进行了"茶乡踏歌"活动,主办方特地请来了河北沧州狮子队、河南嵩山少林武术队等前来助兴,与本地的采茶舞队、茶艺表演队一起载歌载舞,场面也是十分火爆热烈。

第六节 特色饮茶习俗撷英

茶是中国的国饮,当代中国大部分地区沿袭的是元明时代饮茶方式革新以来的饮茶传统,即以清饮为主,但地区间仍有差异。一般说,北方人爱花茶,江南人爱绿茶,岭南人则喜乌龙茶,少数民族也都各自有着自己的饮茶风俗,或具独特的地方特色,或秉浓郁的民族风情,令人赏心悦目,恰如多姿多彩的百花园,委实是观之不足。现从群芳之中撷取几朵以飨读者。

一、盖碗茶

盖碗茶杯是一种上有盖,下有托(又叫茶船),中有碗的茶具。又称"三才碗",盖为天,托为地,碗为人,三位一体,相得益彰,既实用又美观。尤其是碗盖,大有妙处,一为茶沏好后,盖上它,可以很快地泡出茶味;二是可以用它将茶汤表面的浮沫刮去,便于看叶底、闻香味;三是可以用来凉茶汤;四是宜于保温,因此各地都很流行。如四川成都人的盖碗茶就是汉族清饮的特色代表,我们在前面茶馆一节中,对之已作表述,这里单说一说回族的盖碗茶。

宁夏穆斯林同胞常言"回民家里三件宝:汤瓶、盖碗、白孝帽"。穆斯林上了年纪的人,把饮茶与做礼拜看得一样重要。回族群众尤其喜爱飞红点翠、精美绝伦的粉彩瓷和晶莹如玉、色调凝重大方的釉盖碗,尤其珍视金边珊瑚红盖碗,认为是享有福寿的象征。有些讲究的人家还用青铜、白银、景泰蓝来配制掌盘,甚至用昆仑白玉、祁连山绿玉来雕制成盖碗,作为传家之宝。

回族人爱喝陕西青茶和云南沱茶,沏茶时还在茶汤里加入干果、糖类。在喜庆日子里,或是遇到家中有嘉宾光临,往往在茶中配上桂圆、葡萄干、杏干、枸杞子等,泡出"八宝茶"相敬,一般客人则配以桂圆和冰糖,俗称"三泡台"。这些茶味道清香,果味醇厚,真可谓"木兰沾露香微似,瑶草临波色不如"。宁夏的回民对盖碗茶十分推崇,生活中少不了它,视敬盖碗茶为最高的礼遇。以至于有俗语说"金茶银茶甘露茶,顶不上回民盖碗茶"。

二、大碗茶

近年有一首流行歌曲名叫《前门情思大碗茶》,系著名词作家阎肃作词:

我爷爷小的时候,常在这里玩耍,高高的前门,仿佛挨着我的家。一蓬衰草,几声蛐蛐儿叫,伴随他度过了那灰色的年华。吃一串冰糖葫芦,就算过节,他一日那三餐,窝头咸菜么就着一口大碗茶。世上的饮料有千百种,也许它最廉价,可谁知道它醇厚的香味,饱含着泪花,它饱含着泪花。又见红墙碧瓦,高高的前门,几回梦里想着它。岁月风雨,无情任吹打,却见它更显得那英姿挺拔。叫一声杏仁儿豆腐,京味儿真美,带着思念么再来一口大碗茶。世上的饮料有千百种,也许它最廉价,可为什么如今我海外归来,我带着那童心,为什么它醇厚的香直传到天涯,它直传到天涯。

唱的就是北京的大碗茶。喝大碗茶的饮茶习俗在我国北方最为流行,北京的大碗茶更是名闻遐迩。大碗茶常以茶摊或茶亭的形式出现,收费十分便宜,多用大壶冲泡,或用大桶盛茶汤,一张桌子,几张条木凳,几只粗瓷大碗,喝茶者也以端起大碗一气儿喝净为上。热气腾腾,随意快活,提神解渴,虽然粗犷,却也别有风味。

大碗茶贴近社会百姓,即便是生活条件不断得到改善和提高的今天,仍然不失为一种重要的饮茶方式。

三、岭南凉茶

所谓凉茶,是指将药性寒凉、能消解内热的中草药与茶一起煎煮而成的饮料。既可以消解夏季人体内的暑气,也可以防治冬日干燥引起的喉咙疼痛等疾患。

在岭南地区,人们习惯于喝凉茶,大街小巷的凉茶铺就是岭南的一道风景。傍晚饭后,街坊邻居走出门外散步,路过凉茶摊,总会喝上一杯,算得上是劳作之余的一种享受。

　　岭南地区的人们饮用凉茶相当普遍,这与地理气候有很大的关系。在古代,岭南自然环境非常恶劣。唐韩愈贬潮州时曾上表曰:"州南近界,涨海连天,毒雾瘴气,日夕发作。"(《潮州刺史谢上表》)岭南人在长期的适应改造自然环境的过程中,逐渐摸索积累了丰富的经验,创制了各种保健治病的"凉茶"。随着商业的发展,在集市和路旁也出现了出售各类凉茶的店铺,由于服用方便,保健治病效果明显,深受民众喜爱;久而久之,人们饮用凉茶也如同一日三餐那样必不可少,相沿成俗,形成了颇具特色的凉茶文化,与粤剧、粤菜、粤语等一起构成鲜明独特的岭南文化。

　　岭南凉茶以广东凉茶最为有名。广东的凉茶历史悠久,凉茶品种甚多,有王老吉凉茶、三虎堂凉茶、黄振龙凉茶、大声公凉茶等。尤以王老吉凉茶最为人们推崇,有"药茶王"之誉。

　　清代嘉庆年间,广东鹤山乡下有个叫王泽邦的中医,乳名阿吉,非常勤奋好学。他常常到罗浮山和鼎湖山等地向道长、山民们学习中草药知识。为了研制一种可清热解毒的药方,他每天天还没亮就上山采药,下山后不断调制。渐渐地,他发现自己煎熬的茶先苦后甘,饮后喉咙感觉舒服,于是他招呼乡亲们前来喝,喝后不久,有病的人慢慢有所好转,坚持一段时日后,凡喝过他的药茶的病人都觉得症状越来越轻。就这样,一传十、十传百,连邻村的人都找阿吉取药茶。一年后,该地区闹疫灾,可人们发现常饮用阿吉药茶的人不容易被传染,于是更多的人来找阿吉讨药茶喝。1828年,王泽邦在广州市十三行路靖远街创办了一间王老吉凉茶铺,专营水碗凉茶。王老吉凉茶配方合理,价钱公道,远近闻名,供不应求,最终成为岭南凉茶的一个光辉代表。①

四、擂茶

　　擂茶历史悠久,宋代就已流行,耐得翁《都城纪胜·茶坊》云"冬天兼卖擂茶";宋吴自牧《梦粱录·茶肆》云"冬月添卖七宝擂茶";明朱权的《臞仙神隐书》中还有对其制法的记载。

　　擂茶,又名三生汤,盖因生茶、生姜和生米三种生原料加水烹煮而得名。

---

　　①　现在能在全国各地见到的、经过商业包装的"王老吉"已偏向于饮料,与传统的广东凉茶有些不同,功效逊色了,但口味更好了。

传说擂茶与东汉名将伏波将军马援(一说为三国时的诸葛亮、张飞)有关。当时马援带兵至现在的湖南武陵一带,因炎夏酷暑,军士精疲力竭,加上病疫蔓延和水土不服等,数百将士病倒,马援本人也未能幸免。危难之际,当地一位老者有感于马援部属的纪律严明秋毫无犯,乃献上祖传秘方——擂茶,并亲手研制,分予将士,药到病除,马援感激不尽,从此,擂茶就被流传开来了。

擂茶制作简单,饮用方便,有解渴、充饥、保健之功效。擂茶的工具主要是陶钵与木棒,先以陶制擂钵将茶叶、花生、芝麻等原料研磨成细粒状,冲入热水调匀,再加入米籽后食用。擂茶中所用的米,客家话叫"米籽",一般是以盐水浸泡蓬莱米或糯米后再进行炊蒸,蒸过之后脱水,然后在阳光下曝晒,最后以大锅翻炒增加米籽的香味,也可以加入盐巴等调味料,所以不同人家的擂茶会有不同的风味。擂茶的材料因各人喜好而异,食用方式也跟着有所不同。如果是以绿茶、花生、芝麻、谷类、麦类、豆类、中药材(莲子、薏苢、淮山、茨实等)等为原料者,大多就是混合研磨后加水,单纯当作饮品用。但用来取代正餐的擂茶,则会加入大量的米籽,并搭配一些热炒小菜或是腌咸菜一起食用。

现如今饮用擂茶,以湖南土家族居住区及闽粤一带的客家人居住区为最。那里的人们四季常饮,也惯用擂茶待客。

五、新疆的奶茶与香茶

新疆地处我国西北边陲,居住着维吾尔族、汉族、哈萨克族、蒙古族、柯尔克孜族等民族。茶是当地各族人民的生活必需品。维吾尔族人常言"无茶则病",又说"宁可一日无食,不可一日无茶"。因天山山脉横亘新疆中部,使得南北气候环境、生产、食物结构、生活方式各有不同。北疆以畜牧业为主,南疆以农业为主,北疆爱喝奶茶,南疆爱喝香茶,但都是用茯砖茶烹制。

北疆煮奶茶,一般是先将茯砖茶敲成小块,放入盛水八分满的茶壶内烹煮,沸腾4～5分钟后,加上一碗牛奶或几个奶疙瘩和适量盐巴,再煮沸腾5分钟左右,一壶奶茶就算制好了。如果一时喝不光,还可再加上若干水、茶叶、奶子和盐巴,让其慢慢烹煮,以便随时有奶茶可喝。牧民喝奶茶,早、中、晚三次是不可少的,中老年牧民还得上午和下午各增加一次。有的甚至一天要喝七八次。喝茶时,一家人盘坐在矮桌旁,一边吃着涂抹酥油或蜂蜜的馕(一种用麦粉烘烤而成的圆饼),一边吃着香喷喷的奶茶。这样的饮茶方式,非常适合当地人的生活。当地冬季寒冷,夏季干热,冬季饮奶茶可以迅速驱寒,夏季饮奶茶可以驱暑解渴；当地人肉食多蔬菜少，奶茶去腻助消化。

南疆煮香茶，是先将打碎的茯砖茶连同胡椒、桂皮等研成的细末一同放入长颈铜质壶或搪瓷茶壶内，再徐徐加入清水，放在火炉上烹煮，沸腾 4～5 分钟后，就算把香茶煮好了。倒茶时，为了防止茶渣、香料混入茶汤，还在茶壶口套上一个网状的过滤器。南疆喝香茶，通常一日三顿，与早中晚餐相连，也是一边喝，一边吃，与吃饭喝汤无异，也是一边吃馕，一边喝香茶。这种香茶具有很好的保健作用，其中的胡椒能开胃，桂皮可益气，与茶叶相互调补，相得益彰。

六、白族的"三道茶"

三道茶，顾名思义，就是上三次茶。但白族的三道茶，十分讲究，富有哲理，为待客之隆重礼节。三道茶烹饮的地点随意，可在树荫下，也可在茶馆里，但其蕴意是相同的。据说，"三道茶"本是过去大理国段家王朝宫廷待客所用而沿袭至今的。

客人到来后，主人便将一只专做烤茶用的小砂罐置于炭火上，放入适量的绿茶，不停晃动，等到茶呈微黄色，溢出阵阵清香时，注入少量的开水，只听得"轰"的一声，茶便泡好。稍待片刻，将茶汤倒出，准备敬茶。白族姑娘（侍茶者）给客人奉茶时，双手捧杯举至齐眉，道声"请"，递到客人手中。这头道茶是"苦"的，寓意人在青年时期要吃得起苦，要勇于艰苦创业。喝了苦茶，能止渴生津，消除疲劳。

第二道茶叫"甜茶"，主人或重新烤茶，或仍用第一道用过的茶叶，在砂罐中再加满水，放入糖和核桃仁等，寓意人到中年后就开始开花结果，有了收获，感到甜美。喝了甜茶，能提神补气，神清气爽。

第三道茶叫"回味茶"，将蜂蜜与花椒放入碗中，冲入沸腾的茶汤，这道茶甜、苦、麻、辣俱全，令人回味无穷。有的主人还要再在碗中放些碎乳片与红糖奉客饮用。这道茶寓意人步入老年后对人生的回味。白族人认为，喝了三道，才算尽了主人待客的盛情。其间每上一道，就讲一段人生，讲得虽然简单却挺认真，让你边品茶边感悟人生的哲理。

而且，白族三道茶中间，往往还插入三道茶歌舞，献茶者手中端着茶碗，在领歌者的带领下，边转边跳，把茶一一献给客人。

七、藏族的酥油茶

藏胞饮茶的品类较多,有清茶、奶茶、酥油茶等,最普遍的就是酥油茶。据说酥油茶是唐代文成公主创制的。文成公主入藏后,不仅提倡饮茶,而且亲制酥油茶,赏赐臣民,留下一段历史佳话。

酥油茶的制作十分方便,先将茶叶放入茶壶中煎煮,熬出茶汁,再把茶汁滤入打茶筒,放入各种佐料和酥油。佐料视各家所好,各有差异。一般用胡桃泥、芝麻粉、花生仁、瓜子仁、松子仁、鸡蛋和盐巴等,再用搅拌工具不断地搅拌,使茶、酥油与佐料充分混合后,茶便制成。将打好的茶放入壶内加热一分钟左右,便可倒出,酥油茶切忌煮沸,要趁热饮用。

酥油茶的饮用颇为讲究。茶具非常精美。茶壶多为金属制品,如银壶、铜壶、铝壶、瓷铁彩花壶等。茶壶的颈腹部多绘有民族特色的图案,壶嘴、壶把造型别致。茶碗用瓷质或木质制成,镶嵌银或铜的图案,整套茶具高贵又似艺术品。喝酥油茶也非常讲究礼节,大凡宾客入座就绪后,奉茶者会马上摆设好茶具,奉茶者很有礼貌地按辈分大小,先长后幼,口中频念"请喝茶",给各位宾客倒茶。客人一边喝茶一边用手指拈起糌粑丢入口中,酥油茶虽好喝,但宾客不能一饮而尽,应略留少许,以表达还想喝及赞赏的意思;如已经够了,则可将茶喝光,茶渣泼到地上,主人便不再勉强。

酥油茶略带咸味,油滋滋、香喷喷,十分好吃。能产生很大的热量,喝后可御寒,还能起到生津止渴的作用。许多第一次品尝酥油茶的人,会觉得异味难当,坚持喝过几次之后,便会体味到其满口留香、余味绵长的妙处。

八、纳西族的龙虎斗茶

终年积雪的玉龙雪山圣洁美丽,山下聚居着勤劳善良的纳西族人民。他们有着独特的"阿吉勒考",汉话叫做"龙虎斗茶"。饮龙虎斗茶是一个怎样的情形?

客人被安排坐在一株硕大的茶树下。主人来上茶,但白瓷杯里却斟有三分之一的醇香白酒。主人不会弄错吧,要不然岂不成了以"酒"代茶?疑惑间,主人端来一盆炭火置于桌旁。他抓了一把绿茶叶,洒入陶罐,在炭火上烘烤着,并不时翻抖几下,待茶发出一股焦香的气味时,便拎起铜壶冲开水于陶罐之中。陶罐支在炭火上烹煮了一会儿,茶水便沸沸滚开了。主人握住陶罐的把子,兴高采烈地喊道:"请看呐,听呐……"话犹未了,那茶水已冲入盛着白酒的杯中。霎时间,杯里爆发出一阵乐哈哈的笑声,又像是在热烈鼓掌欢迎客人。响声过后,茶香四溢,宾主仿佛置身于兰花丛中。纳西朋友说,响声宣告吉祥,声音越响,大家就越感到高兴。这就是"龙虎斗茶",据说还是治感冒的良方呢。

九、傣族的竹筒茶

竹筒茶,傣族话叫"纳朵"。喝竹筒茶,也是一种礼节。傣族竹楼中央设有火塘,焰火终年不断,主客围着火塘席地而坐。主人砍来一截新鲜的香竹,用长刀削去上节留下节。他抓了一把鲜嫩的茶叶放进竹筒内,在火上烘烤着。待茶叶萎缩,他就用一根木棒插入筒内把茶叶压紧。接着又添进新茶叶,又烘烤,又冲压……如此不断循环操作,直到竹筒塞满了茶叶。再整筒烘烤一会之后,便用砍刀破开竹皮,从筒中剥离出一筒成型的圆柱茶。这时,煨在火塘三脚架上的水已经煮开,主人的女儿在客人面前依次摆好茶碗,掰下一块新烤的茶放入碗内,主人提起铜壶往茶碗里冲入开水。客人们都注视着各自的碗,随着开水的浸泡,叶片在缓缓舒展,茶水在慢慢变绿,竹楼中腾起一缕缕竹子和茶叶混合的香气……客人忍不住了,双手捧起茶碗,一口一口地喝着,喝得越猛,越是表示对主人的尊敬。主人感到十分高兴,用葵叶扇半遮着脸,为客人唱起了《请茶歌》:"远方来的客啊,请把澜沧江边的竹楼当成家。喝下一碗傣家的竹筒茶,你就会不渴不乏走天涯……"

十、基诺族的凉拌茶

基诺族主要分布在我国云南西双版纳地区。他们有一种非常奇特的凉拌茶,基诺语称它为"拉拔批皮",即使在云南众多的民族中也是独树一帜的。

凉拌茶的做法是:从茶树上现采下的鲜嫩新梢,用洗净的双手稍用力搓揉,将嫩梢揉碎,放入清洁的碗内,再将黄果叶揉碎,辣椒切碎,连同食盐适量投入碗中,最后,加上少许泉水,用筷子搅匀,静置15分钟左右,即可食用。此凉拌茶,苦酸辣咸都有一点点,食后特别清心提神。

凉拌茶实即以茶为菜,是一种较为原始的食茶方法的遗留。基诺族的老人讲,基诺族祖祖辈辈相传,一直食用这种凉拌茶。对于生活在深山老林里的基诺人来说,凉拌茶确实是一种极好的保健食品:解渴生津、益肾补脾,还能防治感冒和肠胃病。

十一、德昂族与景颇族的腌茶

云南的德昂族与景颇族的腌茶,也是一种以茶为菜的食茶方式。当地气候炎热潮湿,食用腌茶,又香又凉,特别爽口。

德昂族腌茶一般在雨季,鲜叶采下后立即放入灰泥缸内,压满为止,然后用很重的盖子压紧,数月后将茶取出,再与其他香料相拌后食用。还有一种腌茶方法,稍微复杂一些,与汉族民间腌咸菜基本相同。先把采来的鲜嫩茶叶洗净,再加上辣椒、盐巴,拌和后,放入陶缸内,压紧盖严,存放几个月后,即成为"腌茶",取出即可当菜食用。

云南景颇族的腌茶叫"竹筒腌茶"。做法是先将茶鲜叶用锅煮或蒸,待茶叶变软后放在竹帘上搓揉,然后装入大竹筒里,并用木棒舂紧,筒口用竹叶堵塞,将竹筒倒置,滤出筒内茶叶水分,两天后用灰泥封住筒口,经两三个月后,筒内茶叶发黄,剖开竹筒,取出茶叶晾干后装入罐中,加香油浸腌,可以直接当菜食用,也可以加蒜或其他配料炒食。

第七节　　茶的传说与奇事

中华民族有关茶的传说故事,是以神农时代发端的,具有悠远的历史。有关茶的传说故事,虽不尽是事实,但也不全然为面壁虚构,而是有着历史的影子的,寄托了善良人的心愿,表达了人们对于自身存在的领悟及对于生命意义的追寻,折射出民族的智慧之光,其深刻性与意义,往往发人深思。另一方面,也许更为实在的是,如果我们把中国有关茶的故事传说汇总起来,一部活的茶的发展史就会立刻形象地展现在我们面前。

一、神农发现茶

相传天地初分的时候,瘟疫流行,人病的病、死的死。这时出了个神农,他冒着生命危险,尝百草、寻解药。神农能看见自己的五脏六腑,尝到有毒的草时,身体就会冒出乌黑的汗水来,他凭此知道草有无毒性。一日神农尝草中了70余种毒,通体遍黑、全无力气。当绝望之时,他摘到茶的嫩绿芽叶。不料,嫩叶片一到口中,只觉得一股清香直透到五脏六腑,他立刻感到神气清爽起来。于是他就接着吃这种嫩叶片,一下子他就觉得体力复原,精神复苏了,他知道这种绿生生的叶子有解毒的功效,就把它命名为茶。有关神农发现茶的传说,民间流传的还有很多。

二、王褒与僮约

王褒,字子渊,是西汉时著名的辞赋家。他因事住到了寡妇杨惠家,杨惠的丈夫生前与王褒是朋友,王褒在杨惠家当然就住得很自在了。有一天,王褒让一个叫做便了的家僮去为自己买些酒来,这个便了竟然就提了个大木杖跑到了杨惠丈夫的坟前投诉:"老爷您当初买便了,约好的是只作看家护院的事情,不是给其他的男人买酒啊!"这话传到了王褒耳朵里,王褒大怒,跟杨惠说:"你这个奴才卖不卖?"杨惠说:"这个便了象倔驴,没有人肯买他呀。"王褒说:"我买,我买!"便了是个仆人,自是没有办法,就耍小聪明,跟王褒说:"你要想使唤我作什么事情,都必须事先写在契约上,不写在契约上,我可是不做的啊。"哪知道才华横溢又诙谐幽默的王褒,一口气就写了一个差不多有六百字的契约——《僮约》,开列出了名目繁多的劳役项目,让便了承担一切当时可能有的劳动,并且还有生活上的种种限制,特别规定"舍中有客,提壶行酤",而且"不得嗜酒,欲饮美酒,唯得染唇渍口","奴不听教,当笞一百",可谓十分严厉而苛刻,把便了吓得大哭起来,叩头讨饶,哀叹说:"如果照契约这样做,还不如死掉进坟墓,让蚯蚓钻进脑袋里呢。早知今日,还不如当初就老老实实地为老爷您买酒!"故事的结局自然是坏脾气的家僮便了给吓服了。这篇《僮约》,是我国文学史上一篇很有名的俳谐文,近现代以来亦备受史家的重视。其中王褒给便了规定的"烹茶尽具"、"武阳卖茶"两项劳役,其背后的历史生活背景,更是被当代的茶史研究家看重。

三、卖茶粥老妈妈

晋元帝的时候,有一个老妈妈,每天早晨独自提着一罐茶粥,到集市上去卖,集市上的人竞相去买,可是从早到晚,罐里的茶粥一点不见减少,老妈妈还把所得的钱都散发给路旁孤苦无靠的乞丐。大家都觉得这个老妈妈很奇怪,这也引起了州府管司法的官吏的注意,于是就把老妈妈抓起来,关进了监狱,到了晚上,老妈妈拿着自己的茶粥罐,就从监狱窗户中飞出去了,谁也不知道老妈妈到哪里去了。

四、孔明树与茶祖会

云南的西双版纳美丽富饶,勐海县是西双版纳的重要茶区,这里品质最好的茶产于县境内的南糯山。相传三国年间,诸葛亮带兵南征七擒孟获时,曾经到过南糯山。士兵因水土不服,害眼病的不少,无法行军作战。孔明就拿起一根拐杖,插在南糯山石头寨的石头上。说来奇怪,那拐杖转眼间变成一棵茶树,长出青翠的茶叶,摘下茶叶煮水,喝下茶汁,眼病就好了。这样,南糯山出现了第一棵茶树,这就是孔明树。至今当地人还尊称孔明为"茶祖"。每当诸葛亮生日那天,即农历七月二十三日,当地百姓都要办茶祖会,饮茶赏月,往夜空中放"孔明灯",以纪念这位"茶祖"。

五、文成公主携茶入藏

唐朝文成公主和亲西藏,为历史上一段佳话。当时,饮茶习俗已经风靡中原大地。茶树是一种常绿长寿树,种后不移植,为男婚女嫁之礼。文成公主的嫁妆除金银首饰、绫罗绸缎、文房四宝、谷物、果品、蔬菜种子外,还有很多茶。入藏后,她不但自己喜欢喝茶,还以香茶赐群臣、礼亲朋,并且亲自示教饮茶方法。藏人以肉食为主,饮茶后去腻消脂、止渴生津,全身轻快。于是,公主建议藏王用牲畜、皮毛等物品到陕西、四川等地换取茶叶。这样既促进了和平的贸易往来,又使藏人养成了喝茶的民俗。

六、《萧翼赚兰亭图》与茶

《萧翼赚兰亭图》是唐代大画家阎立本的名作,现存世有二摹本,据专家考证,藏辽宁省博物馆者为北宋摹本,藏台北故宫博物院者为南宋摹本。此画之本事唐人何延之《兰亭记》记载甚详。该故事缘起于唐太宗对于《兰亭序》的痴迷。《兰亭序》为东晋大书法家王羲之所书。晋穆帝永和九年(353)三月三日,王羲之同当时名士孙统、谢安等41人会于会稽山阴(今浙江绍兴)之兰亭,修被褉之礼,当时王羲之用蚕茧纸、鼠须笔作兰亭序,遒媚劲健,绝代更无。其中"之"字最多,有二十多个,变转悉异,无有同者,后来王羲之再书数十百本,竟全不如被褉所书之神妙。王羲之亦自珍爱宝重,世称兰亭帖。王羲之死后,《兰亭序》由其子孙收藏,后传至其七世孙僧智永,智永圆寂后,又传与弟子辩才和尚,辩才得后在自己房梁上凿暗槛藏之,宝爱甚至超过自己的师父。到了唐贞观中,太宗酷爱王羲之书艺,临写羲之真、草书帖,购募备尽,唯未得《兰亭》。寻讨此书,知在辩才之所,乃降诏将辩才师召入内道场供养,待遇十分优渥。几天后,召问辩才《兰亭序》的下落,多方引诱暗示索要,使尽浑身解数。辩才则坚称自己当初侍奉先师,确实曾经看见过,但自从先师去世后,屡经丧乱,已经不知所在。太宗无奈,只好把辩才放归越中。后来再派人调查,证实《兰亭序》不在别处,仍在辩才手里。于是又将辩才召入内道场供养,重问《兰亭序》,如此反复搞了三次,辩才丝毫不改口,坚决说没有。太宗为此《兰亭序》日思夜想,伤透了脑筋,几致成疾。尚书右仆射房玄龄上奏说监察御史萧翼有取得《兰亭序》的能耐。太宗遂诏见萧翼,萧翼对太宗说:"如果是以官方的名义索要,肯定是得不到,请让我以私人的身份去,还需要您给我二王的杂帖几本。"太宗应允,萧翼就化装成书生模样到了越州。萧翼找机会接近辩才,萧翼儒雅聪慧,博通文艺,与辩才围棋、弹琴、投壶、饮茶,谈说文史,吟诗赏画,使得辩才有相见恨晚之感。这样过了十几天,他又和辩才谈论翰墨,并告诉辩才说:"我的先人都传习二王的楷书法,我自幼也爱好,现如今我还随身携带了几贴呢。"辩才十分高兴说:"你明日来,给我看看。"萧翼依期而往,出示书帖。辩才仔细看过道:"的确是真迹,但非佳善之品。贫道有一真迹,大不寻常。"萧翼问："是什么帖?"辩才说："兰亭。"萧翼假装笑着说："屡经乱离,真迹岂在？定然是赝品。"辩才没有想到这是激将法,争辩说："老禅师在的时候,保重爱惜,临终之时,亲手交给我的。代代相传,清清楚楚,哪有什么错？你明日可以来看。"第二天萧翼到来,辩才亲自从屋梁上槛内取出。萧翼看过,故意找出其中的瑕疵道："果然是赝品。"搞得辩才也拿不定了主意。自从让萧翼看过《兰亭序》之后,辩才也不再把它安放于梁槛上,而是把它与借来的萧翼的二王帖,一并置于几案之间,八十多岁的老人了,还每日于窗下临学数遍。自此以后萧翼经常来往,辩才的弟子也不再防范他了。后来有一天,辩才出外有事,萧翼便自己来到辩才的住房前,骗小童子说："我的手帕丢在了你师父的床椅上。"童子就为萧开门,萧顺手就从案上拿走了《兰亭序》和借给辩才的二王书帖。等到可怜的辩才知道上当,为时已晚,当场晕厥,一年后即下世。而太宗则大喜过望,大肆论功行赏。临崩,还嘱咐儿子高宗将《兰亭序》随葬。存世的《兰亭序》摹本,也是人间稀有的珍宝。这就是千古流传的萧翼赚兰亭的故事。

《萧翼赚兰亭图》人物神态刻画惟妙惟肖,成功地了展现了人物的内心世界。画面中间坐着一位老和尚即辩才,疑虑重重,其对面为萧翼,机智沉稳而不免狡猾,二人中间有一僧人谦卑侍立。画面左下有一老仆蹲在风炉旁,神情专注,炉上置一锅,锅中水已煮沸,老仆手持茶箸似欲搅动之,炉子另一侧,有一童子弯腰,小心翼翼,手捧茶托,茶托上有一茶盏。矮几上,放置一副与童子手中一样的茶托茶碗,还有一个似是茶罐的茶具。整幅画实录了唐代客来敬茶的风俗,再现了唐代烹茶、饮茶所用的茶器具以及烹茶方法和过程,实为难得。而画家撷取客来敬茶的日常生活场景来展开其精妙的创作艺术,尤其令人赞叹。萧翼赚兰亭这个故事固然有着对于艺术的痴迷,却充满了霸道与强权、阴谋与欺诈,辩才伤心致死更让人扼腕,但是,因了画家独具匠心的场景选取和构图安排,却又弥漫着一种温馨,一种纯情,一种诗意,但是陷阱毕竟正在背后暗暗开挖,强烈的反差,不能不使观者受到强烈的震撼。

七、胡钉铰

唐朝时,在郑地(今河南中牟县)有个年轻人姓胡,家里十分贫穷,以磨镜、钉铰(类似于今天补锅锔碗的行当)为业。上古著名的贤达列子的墓就在他的家乡,墓地周围禁止砍樵采摘。胡生虽然贫困,可是他也十分景仰这个乡贤,只要得到了名茶、甘果、美酒之类,他就拿去祭祀列子,来祈求聪慧,希望自己成为有学问之人。过了几年，他忽然梦见一个人，用刀划开了他的腹部，塞进一卷书，醒来后，他就变成了一个善于吟咏的诗人了。所吟之句，都是那么漂亮。官员名流都仰慕他，远近号为"胡钉铰"。如果有人赠送他茶与酒，他会欣然接受，如果赠送其他的物品，他就一概拒绝。

八、东坡提梁壶

著名的宜兴紫砂东坡提梁壶，壶身为球状，上有高耸的梁，传说是苏轼亲制设计的壶式。苏轼，字子瞻，号东坡居士，北宋眉山（今四川眉山）人，是我国文化史上的巨人。他的一生历尽坎坷，在几度外贬中曾四次到过今江苏宜兴。苏轼在宜兴的影响十分巨大。现在宜兴的蜀山，原名独山，苏轼住宜兴时，曾言此山似蜀山风景，后人遂改名蜀山。现在蜀山尚有东坡书院。

传说有一天清早，东坡茶瘾上来了，便赶紧烹茶，情急之中竟忘了放茶。但奇怪的是，竟然茶香扑鼻。从此苏轼相信宜兴紫砂壶是宝壶。但是当时的紫砂茶壶太小，喝了一壶又一壶，很费事。苏轼就想做一把大茶壶，弄来了紫砂天青泥，拍拍捏捏做了几个月也没做成一把像样的茶壶。一天夜里，小书僮打着灯笼来请苏轼去吃夜点心。苏轼看着灯笼计上心来，何不照灯笼的样子做把灯笼壶呢？就这样一把肚皮大大的灯笼壶做出来了，但又光又滑不好拿，于是搓条泥巴，这头搭那头，就像房屋上头的梁，烧制出来后，就取名"提梁壶"。为了纪念这位大文人，后人就把这种提梁式的壶称为"东坡提梁壶"。

九、大红袍

大红袍是武夷岩茶中品质最优异者，有"茶王"之誉，过去只有天子才可享用。

传说古时候，有一秀才进京赶考，路过武夷山，因饱受风寒，腹胀如鼓、生命垂危。天心寺有一老僧见状，给他喝了一碗茶。秀才不但很快恢复了健康，而且感到脑子特别清醒，还高中了状元。他回天心寺谢恩后，临走又带了一些茶回京。不久，皇后腹胀如鼓，太医束手无策。皇上许愿，谁治好皇后，即有重赏。新状元向皇帝上奏描述天心寺茶之神功，并进贡了自己带回的天心寺茶。皇后饮用后，沉疴立除。于是龙颜大悦，当即赏黄金、锦缎，并遣状元亲赴武夷山天心寺酬谢。原来天心寺茶出自武夷山九龙窠峭壁上长着的三株高大的茶树。状元赶到时，山中老少僧侣已齐集于茶树之下，摆香案无数，焚香迎候。状元拿出钦赐的大红锦袍，披于茶冠之上，以绝烟熏。此后，树上年年所生新叶，竟均呈暗红颜色。于是，僧人便命此树为"大红袍"。

十、碧螺春

碧螺春茶，是所有茶中最细嫩的。冲泡时，"白云"翻滚，"雪花"飞舞，清香袭人。早在唐末宋初便被列为贡品。

传说洞庭东山有个碧螺峰，石壁上生出几株野茶，附近百姓每年来采摘。有一年，茶长得特别茂盛，大家采得竹筐也装不下了，于是就把茶放入怀里，谁知道茶叶受热抖动后，香气迸发，惹得众人惊呼："吓煞人香！"此茶由此得名。

康熙皇帝南下巡视，来到太湖，欣赏了洞庭东山的秀丽风光之后，地方官员进献了"吓煞人香"茶。康熙品尝后，感觉鲜爽生津，滋味殊佳。但认为茶名欠雅，因此茶产于洞庭东山碧螺峰，遂御赐名为"碧螺春"。

十一、香茗碎铜

"桂林山水甲天下"，桂林奇岩怪石，景色迷人，自古以来就出产名茶，真可谓"奇茗盖春山，芬香布象州"。特别是流传的嚼"白牛茶"后，可以嚼碎铜钱的奇闻，实在令人难以置信。1986年10月24日下午，浙江农业大学的庄晚芳教授等人亲临其地，请人找来铜钱和白牛茶，请桂林茶叶科学研究所和桂林茶厂的两同志尝试。两人口中先入茶嚼之，并将铜钱入口内与茶同嚼，没一会儿工夫，就说"事已成"。吐出后，铜钱已成碎铜片了。他们还把此茶带回学校来，让他人表演给研究生们看。据说只有白牛茶有此作用。白牛茶产在金秀瑶族自治区的金秀乡，采制成绿茶，外表灰绿。白牛茶中究竟含有哪些成分可与铜化合起到破碎作用，有待进一步的研究。

十二、珐琅彩汉方壶的团圆

当代紫砂名家许四海，藏壶制壶均颇有造诣。有一年，他在宜兴买了一把"珐琅彩汉方壶"，可惜那壶盖却不是"原配夫妻"。此壶乃清初制壶名师华凤翔的力作，是紫砂壶中罕见的珍品。壶虽因名师而贵，但该壶的珍贵还在于分阶段烧制中非常容易破碎，从制作到烧制成功，成功率极低。许四海为此壶盖不是原装一直耿耿于怀。时隔数月，有朋友到他在上海的家中，送来另一把清代珐琅彩壶，壶身为蓝色，壶盖却是绿色，且绘有彩纹，许四海不禁眼睛一亮：这壶盖莫不是华凤翔的作品？拿来一试，壶盖壶身竟严丝合缝地"团圆"了。追溯这把壶的经历，实在令人感叹，壶在宜兴，盖在上海，也许各自都已经流浪了 200 多年，竟团圆于一人手中，真真富有传奇色彩。

中华茶文化历经数千年的发展，有关茶的传说和故事很多很多，恰如一个蕴藏丰富的宝藏，等待着我们去发掘去欣赏。

第八节　茶歌舞戏

由于茶在我国人民生活中举足轻重的作用，在艰辛的植茶、采茶、制茶、贩茶等劳动中，在虔诚的祭祀、热情的迎宾、热闹的节日婚庆等活动中，为了表达心中的情感愿望，茶歌舞戏应运而生。茶歌舞戏由文人或普通民众创作，包括茶歌、茶舞、茶歌舞、茶戏等文艺形式，且往往融为一体，表现本地、本民族的茶文化习俗，具有浓郁的民族、地方色彩。茶歌舞戏在我国各地尤其是产茶区蕴藏十分丰富，是我国传统文化的重要组成部分。

一、茶歌、茶歌舞

《诗经·邶国·谷风》云"谁谓茶苦,其甘如荠",其中的"茶",一般认为是一种苦菜,到底是不是茶,还没有定论。晋张载《登成都楼诗》:"芳茶冠六清,溢味播九区",是确知的现存对茶最早的赞美诗句。唐皮日休《茶中杂咏序》:"昔晋杜育有荈赋,季疵有茶歌",季疵即陆羽,据之可以认为至少在陆羽生活的中唐时代,就有了茶歌。唐代是歌诗昌盛的时代,著名的文人茶歌有皎然的《茶歌》、卢仝《走笔谢孟谏议寄新茶》和刘禹锡《西山兰若试茶歌》等,其中最负盛名的就是卢仝的《走笔谢孟谏议寄新茶》,虽然其题目没有"歌"字,但其体格为歌行体,就是茶歌,后人也有直接称为"七碗茶歌"或"卢仝谢孟谏议茶歌"的。词曰:

> 日高丈五睡正浓,军将打门惊周公。
> 口云谏议送书信,白绢斜封三道印。
> 开缄宛见谏议面,手阅月团三百片。
> 闻道新年入山里,蛰虫惊动春风起。
> 天子须尝阳羡茶,百草不敢先开花。
> 仁风暗结珠蓓蕾,先春抽出黄金芽。
> 摘鲜焙芳旋封裹,至精至好且不奢。
> 至尊之余合王公,何事便到山人家?
> 柴门反关无俗客,纱帽笼头自煎吃。
> 碧云引风吹不断,白花浮光凝碗面。
> 一碗喉吻润,二碗破孤闷。
> 三碗搜枯肠,惟有文字五千卷。
> 四碗发轻汗,平生不平事,尽向毛孔散。
> 五碗肌骨清,六碗通仙灵。
> 七碗吃不得也,唯觉两腋习习清风生。
> 蓬莱山,在何处? 玉川子乘此清风欲归去。
> 山上群仙司下土,地位清高隔风雨。
> 安得知百万亿苍生命,堕在巅崖受辛苦。
> 便为谏议问苍生,到头还得苏息否?

　　形象描写了品茶的绝妙之境,诚为咏茶之绝唱。宋熊蕃《宣和北苑贡茶录》之《御苑采茶歌序》云:"先朝漕司封修睦,自号退士,尝作《御苑采茶歌》十首,传在人口。"清查慎行《武夷采茶词》:"手挽都篮漫自夸,曾蒙八饼赐天家,酒狂去后诗名在,留与山人唱采茶。"也都道出文人茶歌传唱的情况。文人茶歌的创作一直持续到当今。

　　根据文学发生的一般规律,民间茶歌的出现应该早于或至少与文人茶歌同时,但早期之作已湮没不可考了。民间茶歌又称为"采茶调"。明衷仲孺撰《武夷山志》卷十八收有明人吴拭的一篇《武夷杂记》,其中有一段对于民间茶歌的描述:"山中采茶歌,凄哀清婉,韵态悠长,每一声从云际飘来,未尝不清然坠泪,吴歌未能如此也。"可以见出民间茶歌感人的艺术力量。

　　《中国歌谣集成·福建安溪卷》中收有安溪茶歌 50 余首,歌咏劳作甘苦,感人至深。类似的茶歌在湖南、湖北、四川、福建、广西、广东、江西、浙江、江苏等省的产茶区都有,这里且转录《中国歌谣集成·浙江湖州德清卷》记录的一首采茶歌:"日摘茶叶夜发愁,三日落雨眼泪流。弯腰曲背眼熬红,脚踏滚袋鲜血流。一季茶叶一场病,一年茶叶半条命。"真是茶农的血泪之歌。还有一些茶歌,则反映了劳动的艰辛与愉快。如摄制于 1960 年的电影《刘三姐》中的采茶歌,歌咏了采茶女的勤劳乐天,清新质朴,保留了民间茶歌的风貌:

> 三月鹧鸪满山游,四月江水到处流,
> 采茶姑娘茶山走,茶歌飞上白云头。
> 草中野兔窜过坡,树头画眉离了窝,
> 江心鲤鱼跳出水,要听姐妹采茶歌。
> 采茶姐妹上茶山,一层白云一层天,
> 满山茶树亲手种,辛苦换得茶满园。
> 春天采茶抽茶芽,快趁时光掐细茶。
> 风吹茶树香千里,盖过园中茉莉花,
> 采茶姑娘时时忙,早起采茶晚插秧,
> 早起采茶顶露水,晚插秧苗伴月亮。

　　民间的茶歌、茶舞往往是相结合的,载歌载舞,赏心悦目。清乾隆年间李调元《南越笔记》卷一:

　　粤俗,岁之正月,饰儿童为彩女,为队十二人,人持篮,篮中燃一宝灯,罩以绛纱,以縆为大圈缘之踏歌,歌十二月采茶。有曰:"二月采茶茶发芽,姐妹双双去采茶。大姐采多妹采少,不论多少早还家。"有曰:"三月采茶是清明,娘在房中绣手巾。两头绣出茶花朵,中央绣出采人。"有曰:"四月采茶茶叶黄,三角田中使牛忙。使得牛来茶已老,采得茶来秧又黄。"是三章,则几于雅矣。

　　如福建龙岩的采茶灯,旋律优美、节奏明快,成为当地生活中不可缺少的传统节目,有词曰:

　　　　百花开来好春光,采茶姑娘满山岗。手提篮儿来采茶,片片采来片片香。采呀,采呀,片片茶叶片片香。手提篮儿采茶瓣,片片茶叶片片香。采满一筐又一筐,山前山后歌声亮。今年茶山更兴旺,家家户户喜洋洋。

　　1958年,剧作家周大风到浙江茶区采风,创作了《采茶舞曲》,保持了江南民间采茶歌舞的风貌,至今广为流传,词曰:

　　　　溪水清清溪水长,溪水两岸好呀么好风光,哥哥呀你上畈下畈勤插秧。姐妹呀东山西山采茶忙。插秧插得喜洋洋,采茶采得心花放,插得秧(来)匀又快呀,采得茶(来)满山香。你追我赶不怕累呀,敢与老天争春光,哎争呀么争春光。溪水清清溪水长,溪水两岸好呀么好风光。姐姐呀你采茶好比凤点头,妹妹呀你采茶好比鱼跃网。一行一行又一行,摘下的青叶篓里装。千篓万篓千万篓,篓篓新茶放清香。多快好省来采茶呀,青青新茶送城乡,哎送呀么送城乡。左采茶(来)右采茶,采茶姑娘齐采茶。一手先(来)一手后,好比那两只公鸡争米上又下,两个茶篓两膀挂,两手采茶要分家。采了一回又一下,头不晕(来)眼不花。抖一抖(来)挎一挎,年年丰收有清茶啊。

　　我国的一些少数民族,也有一些茶歌舞。我们前面讲到的云南白族的三道茶中的三道茶歌舞就很有代表性。献茶者手中端着茶碗,在领歌者的带领下,边转边跳,把茶一一献给客人。畲族的敬茶舞是专用于婚礼带有仪式性的舞蹈,在前"茶与婚礼"一节中也已经述及。

维吾尔族也有敬茶舞。音乐声中，主人单掌上平放两只细瓷碗，盛半碗清茶，缓缓来到舞场上，上下左右，前前后后，平稳地扭转，两碗相碰不时发出清脆的"叮当"声。然后主人微笑着，来到尊贵的客人面前，恭敬地弯腰献上茶。接碗人躬身致谢，从每只碗里喝上一口，仍将两碗放在一只手掌上，从左到右，从右到左，自转两圈，便可将茶转献给下一个人。一对小碗众手相传，绕遍全场。如果谁的接碗动作不熟，或洒出了茶水，就要罚跳顶碗舞。在敬茶舞中，主客互动，节奏舒缓，气氛诚挚，饶有情趣，体现了维吾尔族人民好客爽朗的民族个性。

二、采茶戏

采茶戏是我国乃至世界上唯一由茶事发展而来的剧种，流行于江西、湖南、湖北、安徽、广东、福建、广西等地，统称采茶戏，直接脱胎于采茶歌舞，甚至在不少地方，名称就是共用的，如赣南九龙山、粤北韶关、福建龙岩的茶灯，既指采茶歌舞，也指采茶戏。采茶戏载歌载舞，幽默诙谐，堪称民族艺术的奇葩。

（一）赣南采茶戏

赣南采茶戏发源于江西安远县九龙山一带，是以采茶歌舞为基础，吸收赣南其他民间艺术逐步形成的，是江西采茶戏中最有代表性的一种，也是安徽、粤北、闽西、桂南等地采茶戏的始祖。清乾隆年间已经盛行于赣南，流传于广东东部、北部及福建西部。赣南采茶戏至今仍保留有宋元杂剧的某些特点。音乐主要采用唢呐加锣鼓伴奏的灯戏音乐和用"勾筒"（一种竹筒二胡）主奏的采茶音乐，演技以扇子和矮子步最具特色。赣南采茶戏传统剧目共82种，有文字记载的就有32种，分为灯戏和杂套戏两大类。灯戏，即茶灯戏，早期剧目有《姐妹摘茶》、《大堂花鼓》、《云田花鼓》、《营前花鼓》、《马灯》、《五子等姐姐》和《板凳龙》，乾隆年间出现了正本戏《九龙山摘茶》。杂套戏，有俗称"四大金刚"的《上广东》、《卖杂货》、《大劝夫》、《反情》；还有《挖笋》、《双砍柴》、《盘花生》、《拗蕨子》、《打柴》、《打猪草》、《捡田》、《南山耕田》、《卖茶叶》、《王三卖肉》、《满妹添喜》、《阿三打铁》、《当棉布》、《失绣鞋》、《唐二试妻》等优秀剧目。

《九龙山摘茶》是影响很大的一部赣南采茶戏。1962年，八一电影制片厂据之改编为电影《茶童哥》，1979年上海电影制片厂又据之拍摄为彩色戏曲片《茶童戏主》。剧情梗概是：茶童跟随茶商朝奉上九龙山收茶，朝奉杀价、逼债，还要霸占茶山二姐做他的小老婆。茶童愤愤不平，为茶山乡亲出谋献策，骗烧了朝奉的账簿,同时又暗地通知了朝奉的妻子,朝奉的妻子妒火中烧,马上前来把朝奉揪下了山。机智的茶童解救了茶山之困,也救了茶山二姐。

(二)蕲春采茶戏

蕲春位于湖北东陲,蕲春采茶戏唱腔来源于境内山区的采茶调与畈区的畈腔,也是湖北采茶戏腔调的主要来源。多演唱一些生活中的小故事,当地老百姓称之为"蕲春采伐"或"蕲春采子戏"。由于演唱中常用帮腔,帮腔中又多有"喔嗬"之声,又称"蕲春喔嗬腔"。蕲春采茶戏的传统剧目有"三十六大回,七十二小回"之说。前者是《牌环记》、《金钗记》、《罗帕记》等,后者是《送香茶》、《游春》、《观灯》、《打猪草》等。如《送香茶》说的是一个叫张保童的富家公子受后母虐待,偷跑出去寻找父亲,在路上又遇到坏人,被骗得身无分文,欲寻短见,恰遇陈月英母女搭救。陈月英对张保童一见倾心,但是羞于表达。陈母将保童收为义子,并送他到学馆读书。一日陈母让月英送香茶到学馆给张保童。陈月英借送茶试探张保童,原来保童也爱慕月英,二人遂私订终身。后来他们说服了母亲,有情人终成了眷属。

(三)祁门采茶戏

祁门采茶戏流传于安徽祁门一带,清代初年传自江西,原名叫"饶河调",经过老艺人的继承和发展,逐步具备祁门地方色彩。祁门采茶戏曲调高亢优美,有西皮、唢呐皮、拨子、秦腔、文词、南词、北词、花调等数十种。祁门采茶戏的剧目也很丰富,大小剧目有近百种,著名的剧目有《三击掌》、《寻兄走雪》、《海老三种茶》、《拾芦柴》、《采茶》、《天下的红茶数祁门》等。尤其是现代人胡浩川创作的《天下的红茶数祁门》,全剧以咏茶、表演茶事为主旨,宣传祁门红茶得天时地利、冠盖世界的优异品质,表演祁门红茶从生产到精制加工的过程,堪称名副其实的茶戏。其中一段《天下的红茶祁门好》的唱词,描写得尤其真切,在当地广为传唱:"天下的红茶祁门好,长得嫩,摘得早。初制法子真神妙:要她软,用萎凋,揉捻卷成条;要她红,用发酵,烘干又变黑,泡水还是大红袍。初制法子最神妙,天下的红茶祁门好。"

(四)粤北采茶戏

粤北采茶戏流行于广东韶关和梅县、湛江一带,统称为粤北采茶戏。是赣南、湖南采茶戏流入粤北后,同当地的民间艺术相结合而形成的,风格明快活泼,深受大众喜爱,至今已有200多年历史。有传统剧目200多个,音乐曲调

200多首,如《借亲配》、《补皮鞋》、《装画眉》、《王三打鸟》、《钓蛤》都是著名的剧目。如《借亲配》的情节就十分滑稽,说的是鳏夫李春林被岳丈催婚,无奈骗说自己已经续弦,岳丈欲见新媳妇,李春林情急之下向表兄王正魁借妻冒充。王正魁逼迫穷家女张桂英卖身作自己的小妾,却阴差阳错把张桂英借给李春林,还极力撮合二人。王正魁发觉不对后,告发李春林拐骗,不料王正魁妻却贿赂了县官,把张桂英判给了李春林。

(五)闽西采茶戏

闽西采茶戏亦源于赣南的九龙山,是流行于闽西龙岩、宁化、清流、长汀、连城一带的戏曲剧种。闽西采茶戏多反映民众生活,语言生动朴实。传统剧目有100多种,本戏有《赵玉林》、《青龙山》、《三家福》、《卖花记》、《九龙杯》等;小戏有《双福船》、《补缸》、《看相》、《卖杂货》等。每个角色都有一定的表演动作和基本功。旦角的基本步法是碎步;小生、小丑的步法有高步和矮步,基本功除了矮步、扇子、手帕外,还有耍花伞、耍板凳、耍棍子、耍花鼓等功夫。表演动作虚拟夸张,形象风趣,表演身段十分优美。

龙岩采茶戏是闽西采茶戏的代表,角色由茶公与茶婆2人、武小生与小丑各1人,茶姑8人组成。女角由男人扮演,以歌舞演唱小戏为主,因其在乡村演出时,摆出"天下太平"、"五谷丰登"字样队形,故被当地视为吉祥戏。

(六)台湾采茶戏

台湾采茶戏当地称为"三脚采茶戏",源自大陆。因所有故事场景都仅由二旦一丑呈现,故名"三脚"。曲调以客家民谣为主。内容多离不开"张三郎卖茶"的故事情节,以一个茶郎张三郎及其妻大嫂桃花、妹金花的故事为轴,形成各个小段戏出,主要有十出戏,为《上山采茶》、《送郎出门》、《送郎十里亭》、《桊酒》、《送茶郎回家》、《卖茶郎回家》、《赌盘》、《十送金钗》、《问卜》、《桃花过渡》。风格滑稽泼辣,展现了种茶、卖茶人的生活状态。如第一出《上山采茶》,说张三郎与其妻、妹以采茶贩茶为业。一天,一行人上山采茶,茶园中采茶的男男女女以山歌唱和,男子以山歌逗惹女子,女子也不甘示弱地回唱。戏中还有祭祀土地公的情节,以祈祷茶事的顺利。整出戏展现了茶农的质朴纯真与戏谑诙谐。

以上仅仅是对茶歌舞戏的概略介绍,吉光片羽,雪泥鸿爪,却已然展现了我们这个民族勤劳智慧乐天的精神与品格,也展示了我们这个民族高度的文艺秉赋,真正是民族传统文化的优秀代表,非常值得我们去保护发掘、发扬光大。

第四章

茶之美

茶的美，在于能与山水、器具、文艺，乃至精神相通融结合的和谐与奇妙。

茶文化之美，启真扬善。

第一节　茶与山水

孔子曰："仁者乐山，智者乐水。"山水予人怡情悦性，给人以启示；中国历来有山水诗、山水画、山水游记、山水盆景等。"山水含清晖"，南方生嘉木。高山出好茶，"精茗蕴香，藉水而发"；名山、名水与名茶相伴，相得益彰，山美、水美、茶更美。

一、名山秀水孕名茶

中国产茶区域辽阔，茶区一般都有着秀丽的风光和怡人的环境。如安徽的黄山、九华山、天柱山、太平湖，浙江的西湖、千岛湖、普陀山、天目山、天台山、雁荡山，江苏的太湖、天目湖，江西的庐山、井冈山，湖南的洞庭湖，福建的武夷山，四川的蒙山、峨眉山，云南的西双版纳，山东的崂山等，这些地方不仅是著名的旅游胜地，而且也是著名的茶区。

茶树具有观赏植物的功用，与梅、竹相比，少了份孤傲，多了一份清新和自然。郁郁葱葱的茶园构成了一道道美丽的风景，为湖光山色增添了诗意，成为人文和自然景观不可或缺的一部分。如黄山地区的茶园，大多分布在山岭平畈，高山低坡，河洲园地。有的葱葱簇簇，有的行行垄垄；有的围山而植，一梯梯直上云霄；有的成片成海，一望无垠，满目葱绿。步入茶园，让人感受到大自然的温馨，进入到"天人合一"的境界。

"天下名山，必产灵草，江南地暖，故独宜茶"①。"至若茶之为物，擅瓯闽之秀气，钟山川之灵禀"②。茶得山川之胜而显风流，山川得茶之怡养而显神韵，名山与名茶犹如一对孪生姐妹。许多名茶往往因山水而得名，藉山水而

---

① （明）许次纾：《茶疏·序》。
② （宋）赵佶：《大观茶论·序》。

扬名。

高山出好茶，名山产名茶，中国名茶较集中的产地有黄山山脉、大别山山脉、天目山山脉等。

黄山为中国东部最高山脉，中国名山之首，被誉为"天下第一奇山"、"人间仙境"，是世界自然和文化双遗产和世界地质公园。素以苍劲多姿之奇松、嶙峋惟妙之怪石、变幻莫测之云海、色清甘美之温泉"四绝"闻名于世，有"五岳归来不看山，黄山归来不看岳"之美誉。黄山毛峰、太平猴魁、祁门红茶、涌溪火青、敬亭绿雪等名茶产于黄山山脉地区。

黄山风景区境内的桃花峰、紫云峰、云谷寺、松谷庵、吊桥庵、慈光阁一带为特级黄山毛峰的主产地；太平猴魁产于黄山市太平湖畔的猴坑一带，属黄山北麓余脉。这里依山濒水，林茂景秀，湖光山色，交融辉映；祁红的主要产地安徽祁门县，被黄山支脉由东向西环绕；涌溪火青产于安徽泾县涌溪的丰坑、盘坑、石井坑、湾头山一带，属黄山余脉；敬亭绿雪产于安徽省宣州市敬亭山，属黄山余脉，风景幽雅秀丽。唐代诗人李白《独坐敬亭山》诗云："众鸟高飞尽，孤云独去闲，相看两不厌，只有敬亭山。"

大别山地处安徽、河南、湖北三省交接处，六安瓜片、信阳毛尖、霍山黄芽、舒城兰花、岳西翠兰、天柱剑毫、金寨翠眉、英山云雾、仰天雪绿、龟山岩绿等名茶便产于层峦叠嶂的大别山山脉地区。

六安瓜片产于安徽六安市裕安区、金安区、金寨县、霍山县毗邻山区。原产地齐头山属大别山余脉，位于大别山区的西北边缘；霍山黄芽产于大别山北麓的安徽霍山县，为大别山腹地；信阳毛尖产于河南南部大别山区的信阳市，茶园主要分布在车云山、集云山、天云山、连云山、云雾山等群山峡谷之间；仰天雪绿产于河南信阳市固始县，因其产地山高谷深，仰面朝天，春天山顶冰雪未融，山腰茶芽却已萌发而得名；舒城兰花产于安徽省舒城、庐江、桐城、岳西等县，以舒城晓天白桑园的产品最著名，晓天地处大别山支脉，山峰高耸云霄，桐城龙眠山所产称桐城小花，品质优异，独树一帜；天柱剑毫产于安徽潜山县城西北的天柱山区，属大别山余脉，"奇峰出奇云，秀木含秀气，清晏皖公山，巉绝称人意。"（唐李白《江上望皖公山》）天柱山雄奇灵幽，巍峨秀丽，是江淮第一名山，道教称之为"第十四洞天"；龟山岩绿产于湖北麻城县龟峰山，龟峰山位于大别山南端，主峰——龟头峰自然风光独秀；英山云雾产于湖北英山县，属大别山腹地。

天目山主峰有西天目和东天目，峰顶各有一池，池水清洌如镜，冬夏不涸，形如双目，又因高插云天，故称天目山。整个山脉，屹立在浙江西北部，山势由西向东北伸展,如凤飞龙舞,熊腾马奔,山峦起伏,蜿蜒数百里。天目青顶、径山茶、安吉白片、老竹大方、瑞草魁、前峰雪莲等名茶产于天目山山脉地区。

天目青顶产于浙江临安市境内的天目山;径山茶产于浙江余杭市径山,径山位于余杭、临安交界处,有东西两径,东径通余杭,西径连临安的天目山,故又有"双径"之称;安吉白片产于浙江安吉县的山河、章村、溪龙等乡,地处天目山北麓;莫干黄芽产于浙江德清县莫干山,是天目山余脉;老竹大方产于安徽歙县东北部皖浙交界的昱岭关附近,品质以老竹岭和福泉山所产的"顶谷大方"为最优,产区境内多高山,属天目山脉;瑞草魁产于安徽宣州市鸦山,鸦山为天目山余脉;前峰雪莲产于江苏溧阳市天目山余脉伍员山下的前峰山麓。

西湖龙井产于浙江杭州市西湖西南的秀山峻岭之间。西湖龙井茶集中产地狮峰山、梅家坞、翁家山、云栖、虎跑、灵隐等地,处处林木茂密、翠竹婆娑,一片片茶园就处在云雾缭绕、浓荫笼罩之中。"西湖之泉,以虎跑为最,两山之茶,以龙井为佳"[①],"龙井茶,虎跑水",这是杭州西湖的双绝。

洞庭碧螺春产于江苏吴县太湖洞庭山。洞庭分东、西两山,洞庭东山是宛如一个巨舟伸进太湖的半岛,洞庭西山是一个屹立在湖中的岛屿。茶树和桃、李、杏、梅、柿、桔、白果、石榴等果木交错种植,一行行青翠欲滴的茶蓬,像一道道绿色的屏风,一片片浓荫如伞的果树,蔽覆霜雪,掩映高阳。茶树、果树枝桠相连,根脉相通,陶冶着碧螺春花香果味的天然品质。

君山银针产于湖南岳阳城西洞庭湖中的君山岛,"淡扫明湖开玉镜,丹青画出是君山"(李白),"遥望洞庭山水翠,白银盘里一青螺"(刘禹锡《望洞庭》),"玉镜嵌君山,银盘托青螺",确是壮景奇观。

武夷岩茶、正山小种红茶产于福建武夷山。武夷山被联合国教科文组织列为自然和文化双遗产。武夷山区有三十六峰,九十九奇岩。峰岩交错、溪流纵横、九曲溪蜿蜒其间,风光独特。峰岩上修筑梯园,种植茶树,岩岩有茶。茶树生长在山岩之中,所产岩茶品质优异。其香气、滋味独特,称为"岩韵"。

庐山云雾茶产于江西九江市庐山。这里北临长江,南映鄱阳湖,滨江襟湖,风景优美。有诗云:"庐山秀出南斗傍,屏风九叠云锦张"(李白《庐山遥寄卢侍御虚舟》),"庐山东南五老峰,青天削出金芙蓉"(李白《望庐山五老峰》),再联想到李白的《望庐山瀑布》,庐山的确是"匡庐奇秀甲天下"。

蒙顶黄芽、蒙顶甘露产于四川名山县蒙山。"琴里知闻唯《渌水》,茶中故旧是蒙山"(白居易《琴茶》),"扬子江中水,蒙山顶上茶"。蒙山位于成都平原

---

① (明)高濂:《四时幽赏录》。

的西部,山势巍峨,峰峦挺秀,重云积雾。蒙山有上清、菱角、毗罗、井泉、甘露五顶,亦称五峰,状如莲花。

九华佛茶产于中国四大佛教圣地之一的莲花佛国九华山。九华山位于安徽青阳县城南,北临长江,南连黄山。山间多奇峰、怪石、山泉、瀑布,层峦迭嶂,林木茂密,竹海连绵。"天河挂绿水,秀出九芙蓉","妙有分二气,灵山开九华",这是李白游九华山时吟诵的千古绝句;松萝茶产于安徽休宁县的松萝山。松萝山山势险峻,崖悬壁峭,松萝交映,风景秀丽。

普陀佛茶产于中国四大佛教圣地之一的浙江普陀县的佛顶山;华顶云雾茶产于浙江天台县华顶山区;千岛玉叶与清溪玉芽产于浙江淳安县千岛湖畔山区;鸠坑毛尖产于浙江淳安县鸠坑乡四季坪、万岁岭等地;雁荡毛峰产于浙江乐清市境内的雁荡山;天尊贡芽产于浙江桐庐县歌舞乡天尊岭,桐庐县自古产茶,北宋范仲淹《鸠坑茶》诗曰:"潇洒桐庐郡,春山半是茶。轻雷何事,惊起雨前芽";开化龙顶产于浙江开化县齐溪乡的大龙山、苏庄乡的石耳山、溪口乡的白云山;大佛龙井产于浙江新昌县海拔400米以上的山地之中;惠明茶产于浙江景宁畲族自治县赤木山;羊岩勾青产于浙江临海市羊岩山;长兴紫笋产自浙江长兴县顾渚山;武阳春雨产于浙江武义县境最高峰牛头山麓。

无锡毫茶产于美丽富饶的太湖之滨的无锡市郊,这里群山环抱,四周丘陵起伏,山上树木郁郁葱葱,山下太湖烟波浩渺,碧水荡漾。无锡北面惠山的惠山泉素有"天下第二泉"之称。名湖、名泉、名茶三者汇为一体,相得益彰。

井冈翠绿产于江西省井冈山,位于罗霄山脉中段。五百里井冈山气势磅礴,峰峦叠翠,峡谷溪流,云海瀑布,十里杜鹃等自然风光绮丽多姿;攒林茶产于江西永修县云居山;婺源茗眉产于江西婺源县,境内群峰起伏;狗牯脑茶产于江西遂川县汤湖乡狗牯脑山,狗牯脑山矗立于罗霄山脉南麓;麻姑茶产于江西南城县西南隅的麻姑山,该山为武夷山系军山余脉,山势磅礴,峰峦重叠,瀑布飞溅,云雾缭绕,风景优美。

铁观音茶产于福建安溪县西部的"内安溪",这里群山环抱,峰峦起伏;天山绿茶产于福建天山山脉。

青城雪芽产于四川灌县的青城山,青城山"纵横八百里,有峰三十六",古称"天下第五名山",峰峦重叠,古木参天,曲径通幽,故有"青城天下幽"之称;峨蕊、竹叶青产于国家级旅游风景区峨眉山;叙府龙芽产于四川宜宾市五指山;广安松针产于四川广安市华蓥山。

仙人掌茶产于湖北当阳县玉泉山麓的玉泉寺。玉泉山远在战国时期就被誉为"三楚名山",山势巍峨,翠岗起伏;恩施玉露产于湖北恩施市东郊五峰山。

秦巴雾毫产于陕西镇巴县山区。"秦巴"是秦岭和巴山两山的简称,境内千峰壁立,万壑纵横;紫阳毛尖产于陕西紫阳县汉江两岸层峦叠嶂、云雾缭绕的近山峡谷地区;汉水银梭产于陕西南郑县秦岭以南,巴山脚下,汉水上游;午子仙毫产于陕西省西乡县的午子山一带。

沩山白毛尖产于湖南宁乡县西部的大沩山。境内溪河密布,常年云烟缥缈,故有"千山万山朝沩山,人到沩山不见山"之说;安化松针产于湖南安化县。境内山脉连绵、峰峦叠嶂,海拔千米以上的山峰157座;古丈毛尖产于湖南西部武陵山脉酉水支流古阳河畔,武陵山区。

普洱茶主要产于云南思茅、西双版纳的六大茶山;南糯白毫产于云南西双版纳州勐海县的南糯山,南糯山原始森林遮天蔽日,凤尾竹婀娜多姿,茶树沿山坡铺排到云际;苍山雪绿、感通茶产于云南大理市郊的苍山山麓,洱海之滨。

西山茶产于广西桂平县的西山一带,这里集名山、名泉、名寺、名茶于一地,风景迷人;覃塘毛尖产于广西贵港市覃塘的平天山;桂林银针产于广西桂林市尧山国家森林公园。

都匀毛尖产于黔南布依族、苗族自治州州府都匀县山区,凤凰单枞产于广东省潮安县凤凰山,崂山雪芽产于山东省青岛市崂山,冻顶乌龙产于台湾南投县鹿谷冻顶山,台湾高山乌龙主要产于台湾中南部嘉义县、南投县的高山茶区,文山包种茶产于台湾北部邻近乌来风景区的山区。

高山出好茶,是因为有优越的生态环境,符合茶树喜温、爱湿、耐阴的特性,较好地满足了茶树生长发育的要求。高山茶园四周群山环抱,岗峦起伏,溪流纵横,林木茂密。加之高山之上,终年云雾缭绕,空气清新,绝少污染,相对湿度大;气候温和,昼夜温差大;土质疏松,腐殖质多,土壤肥力大,组成了一个独特的生态环境。茶树常年在荫蔽湿润的环境里,饱受雾露滋润,从而使茶树的芽叶肥壮,叶质嫩软,持嫩性强。名茶与名山、名水相依相伴,实非偶然,乃自然之造化。

产名茶之名山,往往也会孕育出好的山泉,甚至是名泉。名山、名茶、名水往往出自一派,"水"脉相连,山与水是紧密相连的。名山、名茶、名水的关系,可谓是依山而成,依水相连,山水育出茶之"精英"。名茶与名山、佳水相伴,已构成中华茶文化的一部分,再加上有名家的锦上添花,其内容的精彩想不被人们传为佳话也难。

二、精茗蕴香藉水发

　　饮茶,宜好水、佳水,水对茶性的彰显和催发作用,已是众所周知的。真水、精茶是品茶者追求的境界。中国茶文化,如果少了品泉鉴水的内容,则大大逊色。

(一)水德绵绵

　　关于水,东西方的先哲们早有精辟的论述。古希腊哲学家泰勒斯认为"水为万物之源"。中国的先贤还把水与道、德相联系,孔子认为水有德、义、道、勇、法、正、察、志、善化九德①。老子曰"上善若水。水善利万物而不争……故几于道"。水有"不争"、"处下"、"不自矜"的品格,这是一种无私与忘我的精神。水是生命之源,修养之本,道德之本。水造就生命的历程,水的永续、流转、渗透、交融,推动生命走向极致。

　　水向下滋养生灵万物,不失灵性与永恒。水滋润出花团锦簇,泼墨下生命华彩。水,给大自然滋润出花团锦簇,也让茶彰显其美丽,给人间增添了生命色彩的绚丽。

(二)水为茶之母

　　论水之说,历史上出现很早。敦煌文献中有篇《茶酒论》,内容是茶、酒互争高低,不分高下。最终由水出来做裁定,也说明了水的重要。茶的香醇,全赖水的清洌。"烹茶,水之功居大"②。

　　明代张源在《茶录》中说:"茶者水之神,水者茶之体,非真水莫能显其神,非精茶曷窥其体。"许次纾《茶疏》中则有"精茗蕴香,借水而发。无水不可与论茶也"的记述。"茶性必发于水,八分之茶,遇十分之水,茶亦十分矣;八分之

---

　　① 《孔子家语·三恕》中有:"孔子观于东流之水,子贡问曰:'君子所见大水必观焉,何也?'孔子对曰:'其不息,且遍与诸生而不为也,夫水似乎德……必循其理,此似义;浩浩乎无屈尽之期,此似道;流行赴百仞之嵠而不惧,此似勇;至量必平之,此似法;盛而不求概,此似正;绰约微达,此似察;发源必东,此似志;以出以入,万物就以化洁,此似善化也。水之德有若此,是故君子见,必观焉。'"
　　② (明)熊明遇:《罗岕茶记》。

水,试十分之茶,茶只八分耳。"①水是茶之"体",水质直接影响茶汤的品质,茶的色、香、味、形必须靠水才能显现,所以中国人历来非常讲究泡茶用水。俗称"龙井茶,虎跑水"、"扬子江心水,蒙山顶上茶",是茶与水的最佳组合。

最早论及煎茶用水的是陆羽,认为"其水,用山水上,江水中,井水下"。以山水最佳,因山间的溪泉含有丰富的有益于人体的矿物质,为水中上品。现代科学认为:泉水涌出地面前为地下水,经层层过滤涌出地面时,其水质清澈透明,沿溪涧流淌时又吸收了空气,增加了溶氧量,并在二氧化碳的作用下,溶解岩石和土壤中的一些矿物元素,而具有矿泉水的营养成分。茶有淡而悠远的清香,泉有缓而汩汩的清流,茶泉两者都远离尘嚣而孕育于青山秀谷,亲融于大自然的怀抱。生于山野之间的茶用流自深壑岩罅之中的泉水冲泡,自当珠联璧合。

陆羽又进一步指出,以在石上缓流的泉水为佳。那湍急奔腾的溪流瀑布水,对人体则有害。如要用江水,则要到远离人居住生活的地方去取,以免人为污染;如不得已用井水,则要到经常有人汲水的井中去提取,以保持水的洁净鲜活。他的有关论述可谓是我国最早关于饮水卫生的专论,即使用现代人的眼光来看,也是颇符合科学道理的。

古人还认为,除山水、江水、井水外,天然的雨雪水也可用来煮茶。雨雪水被美称为"天泉"、"灵水"。所谓"雨者,阴阳之和,天地之施,水从云下,辅时生养者也"。古人认为四季之中秋水为上,梅雨次之。秋水白而冽,梅水白而甘。甘则茶味稍受影响,冽则茶味得以保全,故秋水为佳。用现代科学观点分析,秋季天高气爽,空气中的微生物和灰尘少,水因而洁净。另外,春冬之水也可饮,但以春雨较好,而夏季时的暴雨不宜饮用。

(三)较水之说

中国古代的文人雅士,尤其是其中的爱茶人,概出于对茶品的追求或技艺的展现,而不厌其烦地探讨水质高下。历史上关于品水较水的故事,丰富了茶文化的内容,更增添了茶文化的意趣。

若对历史上爱好品水之人的观点加以分析,较水之说主要可分为"等次说"和"美恶说"两派。

1. 等次说

"等次说"即对烹茶用水评以等次,以陆羽、刘伯刍、张又新、朱权、乾隆皇

---

① (明)张大复:《梅花草堂笔记》。

帝等为代表。陆羽在《茶经》中提出"山水上"、"江水中"、"井水下"之说。张又新在《煎茶水记》中记载了两份评水单。一份是品水专家、曾任刑部侍郎的刘伯刍所评定,认为宜茶之水的排序为:

　　　　扬子江南澪水第一;无锡惠山寺石水第二;苏州虎丘寺石水第三;丹阳县观音寺水第四;扬州大明寺水第五;吴松江水第六;淮水第七。

对此,张又新说,这七种水他都曾"亲挹而比之,诚如其说也"。

另一份是茶圣陆羽将天下名水分为二十等次的名录:

　　　　庐山康王谷水帘水第一;无锡县惠山寺石泉水第二;蕲州兰溪石下水第三;峡州扇子山下有石突然,泄水独清冷,状如龟形,俗云虾蟆口水,第四;苏州虎丘寺石泉水第五;庐山招贤寺下方桥潭水第六;扬子江南澪水第七;洪州西山瀑布水第八;唐州柏岩县淮水源第九,淮水亦佳;庐州龙池山岭水第十;丹阳县观音寺水第十一;扬州大明寺水第十二;汉江金州上游中零水第十三,水苦;归州玉虚洞下香溪水第十四;商州武关西洛水第十五,未尝泥;吴松江水第十六;天台山西南峰千丈瀑布水第十七;郴州圆泉水第十八;桐庐严陵滩水第十九;雪水第二十,用雪不可太冷。

除了对无锡惠山寺石泉水作为天下第二泉,刘伯刍和陆羽一致外,其他的相差悬殊。刘伯刍评为天下第一的扬子江南澪水,陆羽仅评其为第七。张又新自己则十分推崇被陆羽评为第十九的桐庐严子陵滩水,并认为该水远远超过扬子江南澪水,"以陈黑坏茶泼之,皆至芳香。又以煎佳茶,不可名其鲜馥也,又愈于扬子南澪殊远"。而在二十等级之外的永嘉仙岩瀑布水,"亦不下南澪"。

宋代叶清臣著《述煮茶泉品》,列"泉品二十",惜不传。明代宁献王朱权认为天下之水以"青城山老人村杞泉水第一,钟山八功德水第二,洪崖丹潭水第三,竹根泉水第四"①,其结论颇为稀奇,标新立异。清代乾隆皇帝也热衷于品评名水,他曾特制一银斗,秤评天下名泉。结果京城西郊的玉泉水以"斗重一

---

① 　(明)朱权:《茶谱》。

两",被钦定为"天下第一泉"。他们都可称为是"等次派"的后裔。

各家的看法相去甚远,后人实在无法"协调",尤其是对于"天下第一泉"的认定和归属。不过,不同学术观点的争论,加深了人们对水的认识,拓宽了人们对水的认识视野。后来的茶人,对水的品鉴提出新的见解和补充。

2. 美恶说

"美恶说"是相对于"等次说"而言的,等次的评定当然也离不开美恶。"美恶说"认为天下之水不必定等级、排座次,只要分辨出水质的美、恶就可以了。持这一观点的代表人物要数欧阳修、宋徽宗、田艺蘅、徐献忠、龙膺等人。

宋代文学家欧阳修在《大明水记》一文中说,水味仅有美恶而已,欲掌天下之水一一而次第者,妄说也。他还对张又新在《煎茶水记》中的记载表示怀疑,认为其中颇多自相矛盾之处,有关陆羽评水之说,乃张又新假托。

宋徽宗的品水观点是,"水以清轻甘洁为美,轻甘乃水之自然,独为难得……但当取山泉之清洁者,其次,则井水之常汲者为可用;若江河之水,则鱼鳖之腥,泥泞之汙,虽轻甘无取"[1]。在他看来,水以清轻甘洁为美。

明代田艺蘅则可谓是宋徽宗的知音,认为烹茶之水不必过于拘泥。其专著《煮泉小品》分十部分,即"源泉"、"石流"、"清寒"、"甘香"、"宜茶"、"灵水"、"异泉"、"江水"、"井水"、"绪谈",分门别类地具体阐述了各类水的特性,但却没有排列所谓第一、第二的等次。

与田艺蘅同时的徐献忠著《水品》,稍后的龙膺著《蒙史》,都是评水专著,也都不太强调评水排次。

其实天下之水,只要清澈、纯净、甘洌,都可用于烹茶,都能助茶味、发茶香,无所谓第一、第二。古人品水,运用的是感性经验,依靠的是视觉、味觉等感觉器官及简单的工具。各人游历所至不同、品评范围不同、一时的感觉心得也不尽相同,所评泉、水当然很难客观。况且,沧海桑田,由于地质变迁及污染等因素的影响,即使是昔日名水、佳泉,其水质、水味也有可能发生变化。

(四)评水要义

综合分析古人的评水观点,无论是"美恶说"还是"等次说",所依据的标准不外两条:一是水质,即要求水清、轻、活;二是水味,要求无味、冷洌。归纳起来,水之"清、轻、活、洌",可谓是评水四字标准。

---

[1] (宋)赵佶:《大观茶论》。

1. 清

清是对饮用水最基本的要求。清,即要求水质无色透明,洁净,无悬浮杂物。田艺蘅《煮泉小品》说"清,朗也,静也,澄水之貌",他把"清明不淆"的水称为"灵水"。烹茶水尤其要清洁,否则难以显出茶性来。水质清洁而无杂质的透明无色,才能显出茶色。所以,无论是晋代杜育《荈赋》中的"水则岷方之注,挹彼清流",还是苏轼的"自临钓石取深清"(附Ⅱ1),煎茶之水必取"清流"。陆羽所举列的众多茶具有一漉水囊,就是用来过滤水中杂质的。

为鉴别水是否清洁,古人还发明"试水法"。明末屠本畯在《茗笈》中引泰西熊三拔"试水法—试清"条说,水置白瓷器中,白日下令日光正射水,视日光下水中若有尘埃氤氲如游气者,此水质恶也。水之良者,其澄澈底。

2. 轻

水以轻为好。古人所说的水之轻、重,和现代科学中所说的软水、硬水有相似之处。现代科学认为,每升水含有八毫克以上钙镁离子的称为硬水,反之为软水。实践证明,用软水泡茶,茶汤的色、香、味三者俱佳,用硬水泡茶,则茶汤变色,香、味也大减。水的轻、重,还应包括水中所含其他矿物质成分的多少,如铁盐溶液、碱性溶液,都能增加水的重量。用含铁、碱过多的水泡茶,茶汤上会浮起一层发亮的"锈油",滋味也会变涩。自然界中的水只有雨水、雪水为纯软水,用雨水、雪水泡茶其汤色清明,香气高雅,滋味鲜爽。所以古人喜欢用这种"天泉"煎茶,是合乎科学道理的。而水质较好的泉水、江水等,虽然不是纯软水,但它们所含杂质除碳酸氢钙和碳酸氢镁以外,没有或很少有其他矿物质,同时,上述碳酸氢钙、碳酸氢镁在煮茶时,经高温又可分解沉淀,形成"水垢"沉入壶底,这样也变成了软水。由此看来,古人论水质的优劣以水的轻重作为一重要标准,是很有道理的。

清代乾隆皇帝讲究以水的轻、重来辨别水质的优劣,并以此鉴别出各地水的品第。如北京的玉泉水,就是因为其水质轻,乾隆在秤其重量后冠以"天下第一泉"的美称。时至今天,由于地下水位的下降,玉泉水已经枯竭,唯有池边石上的"天下第一泉"尚依稀可辨。"轻于玉泉者惟雪水、荷露",水质轻的泉水、雪水、雨水、露水是煎茶的理想用水。

如果"清"是以肉眼来辨水中是否有杂质,那么"轻"则是用器具来辨别水中看不见的杂质。

3. 活

水贵鲜活,朱熹有诗句"问渠哪得清如许?为有源头活水来"。宋代唐庚的《斗茶记》中有"水不问江井,要之贵活"之说。"流水不腐",活就要求水有源有流，不是静止的死水。"泉不流者，食之有害。"①苏轼就强调煎茶用水要活，"活水还须活火煎"（附Ⅱ1）。但与新、清相联系的活水，也不是无条件的，陆羽曾说，"瀑涌湍激，勿食之，久食令人有颈疾"。田艺衡也说："泉悬出为沃，暴溜曰瀑，皆不可食。"古人认为激流瀑布之水，因为"气盛而脉涌"，缺乏中和淳厚之气或者说已是失去生命的常态，与茶之中和之旨不符。可见，茶的平和之性与水的"中和淳厚"之意是相合的。

4. 冽

冽，意为寒、冷。"寒，冽也，冻也，覆冰之貌"，"泉不难于清，而难于寒"。寒冷的水尤其以雪水为佳，历史上用雪水煮茶颇多。白居易有"融雪煎香茗"，陆龟蒙有"闲来松间坐，看煮松上雪"，苏轼在《记梦回文二首并叙》诗前"叙"中记"梦回文以雪水煮小团茶"，辛弃疾的"细写茶经煮香雪"，都说的是用雪水煎茶。《红楼梦》中写到妙玉用从梅花瓣上收集的雪水来烹茶，更为品茶平添了一段幽香雅韵。

> 雪者，天地之积寒也。《氾胜书》："雪为五谷之精。"《拾遗记》："穆王东至大拭之谷，西王母来进嬴州甜雪。"是灵雪也。陶谷取雪水烹团茶。而丁谓煎茶诗"痛惜藏书箧，坚留待雪天。"李虚己《建茶呈学士》诗："试将梁苑雪，煎动建溪春。"是雪尤宜茶饮也。以雪水煎茶是取其清冷。

但也不是凡清寒冷冽的水就一定都好，"其濑峻流驶而清，岩奥阴积而寒者，亦非佳品"。

清、轻、活、冽，这四条标准，是古人凭借感官直觉总结出来的，虽然不是十分科学，但也有一定道理。总之，品水四字法是古人得诸口、会诸心的品水经验，有时虽然看似妙不可解，但其中往往蕴含着古人只可意会而不可言传的深刻体验。

现代都市生活中，汲泉烹茶已是十分难得，泡茶更多的是自来水、纯净水、矿泉水。② 纯净水因含杂质少而受欢迎，而天然水或合乎饮用标准的自来水，

---

① （明）田艺衡：《煮泉小品·石流》。以下属同一出处引用的，不再注出。

② 用矿泉水泡乌龙茶无疑很理想，而有人称绿茶则有质感过"重"之嫌，此说甚合乾隆评水之意。品绿茶要求有轻、清之韵，矿物质含量不多的山泉水更为理想。

也是不错的选择。

矿泉水：是指未受污染、从地下深处自然涌出或人工开采所得的天然地下水，并经过滤、灭菌、罐装而成。矿泉水富含人体所需的矿物质和微量元素，水里的矿化物（镁、钙等）多呈离子状态，因此容易被人体所吸收，对人体健康有益。

纯净水：纯净水一般取之于江河湖泊或地下水、自来水，以过滤、蒸馏、离子交换、电渗透、反渗透法等技术处理而得。其间虽除去了有害微生物和有机污染物，但也除去有益身体的矿物微量元素物。人们不宜多饮，尤其是儿童。

自来水：是以江河湖泊或地下水为来源，经沉淀、过滤、消毒处理而得的活性水。它既符合饮用水的卫生标准，又含有益于人体健康的矿物质和微量元素，实用而随手可得。

在此基础上，根据不同的工艺和附加功能，还有矿化水、磁化水、电解离子水、自然回归水等。

（五）取火候汤

唐末苏廙在《十六汤品》中说："汤者，茶之司命。若名茶而滥汤，则与凡末同调矣。"不仅要有好水，而且要煮水得法，这样才能引发茶之色香味。苏廙把汤分为十六品，其中"煎以老、嫩者凡三品，注以缓、急者凡三品，以器标者共五品，以薪论者共五品"。其中以煮水器的质地、烧火用薪对于汤候有较大的影响。

唐代名士李约嗜好饮茶，精于烹泉煮水，其"茶须缓火炙，活火煎"之说，成为历代煮水的座右铭。"缓火炙"，即用文火"炙茶"。"活火煎"，是说要用有火焰、有火苗的"活火"煎水。苏轼的"活水还须活火煎"，"贵从活火发新泉"，说的就是这个道理。

选好煮水的燃料，是烹好茶的必备条件。陆羽认为，煮水燃料最好用木炭，其次用火力强的劲薪（桑或槐等），而含脂多的柴薪，或在厨房沾染过油腻的材料都不能用。

但煮水煮到什么程度为宜？古人将煮水称作"候汤"，对汤候的要求，其实质就是对水温的要求。水温不同，相同时间里茶汤中浸出的茶叶物质的多少就会不同，茶汤的色、香、味也会有很大差别。

陆羽说到煮水的三沸时称："其沸，如鱼目，微有声，为一沸；缘边如涌泉连珠，为二沸；腾波鼓浪为三沸；已上，水老，不可食也。"即是说，当水煮到有鱼目一样大小的气泡出现并有细微的响声时，称"第一沸"；边缘的气泡如串珠般接连不断涌出时，称"第二沸"；水从中心向四周翻滚，称"第三沸"。如果继续煮，则水已老,不宜用来煎茶了(这一点,从习俗而言,功夫茶饮用时的"多沸"当是个例外)。

水既要煮沸,又不宜过老。水如过沸,失之过老,会减少水中含有的对人体的有益的矿物质成分和氧气。用此等"老汤"泡茶,会使茶汤颜色不鲜明,味道不醇厚,而有滞钝之感。而用水温过低的水泡茶,失之过嫩,又会使茶叶中各种有效成分浸出不快、不完全,用此种"嫩汤"所泡的茶,味淡薄,汤色差。不少高级绿茶则更忌水温过高,过高的水温会将细嫩的茶芽烫熟而影响茶汤质量。

于现代而言,烧水沏茶宜遵循二沸为度的原则;期间掌握适度的"猛火急烧"、忌"文火久沸"的煮汤做法。

第二节　美器雅具

茶具的出现,是茶叶应用的结果,茶具的制作水平和茶叶的应用程度也是同步发展的。茶叶始于食用、药用,以后才逐渐成为生活中的日常饮料。当茶叶只是作为食物、药物使用的时候,尚无"茶具"。只有当茶叶作为日用饮料之后,相应的器具才逐渐产生。佳茗更需配美具,才能达到理想的效果。"工欲善其事,必先利其器",要获得良好的茶汤质量和视觉效果,乃至艺术享受,茶具是不可忽视的。

中国茶叶品类繁多,在品饮中特别讲究茶的色、香、味、形,因而需要有能充分发挥各类茶叶特质的器具,这就使得中国的茶具异彩纷呈。中国茶具有其自身的发展历程,构成了中国茶文化不可分割的重要组成部分。

一、茶具的演变与发展

(一)茶具的概念

茶具是各种习茶、饮茶器具的总称,古代多称之茶器或茗器。陆羽严格区分"具"与"器",《茶经》有"二之具"、"四之器","具"指茶叶制造工具,"器"指与煎茶、饮茶相关的器物。后人则将两者混同,不再细分。

唐代以前未见"茶具"之名,到了唐代,"茶具"一词在诗文里随处可见。"楚人陆鸿渐为茶论,言茶之功效并煎茶炙茶之法,造茶具二十四事"(附Ⅱ2)。中唐诗人白居易《睡后茶兴忆杨同州》诗"此处置绳床,旁边洗茶器"。中唐赵璘《因话录》记李约"客至不限瓯数,竟日执持茶器不倦"。晚唐诗人皮日休《褚家林亭诗》有"萧疏桂影移茶具"之句。宋、元、明代,"茶具"一词在各种书籍中都可以见到,如《宋史·礼志》载"皇帝御紫宸殿,……是日赐茶器名果",宋代皇帝将"茶器"作为赐品。北宋画家文同有"惟携茶具赏幽绝"的诗句。南宋诗人翁卷有"一轴黄庭看不厌,诗囊茶器每随身"的诗句。南宋审安老人作《茶具图赞》。元代画家王冕《吹箫出峡图诗》有"酒壶茶具船上头"。明初号称"吴中四杰"的画家徐祯卿一天夜晚邀友人品茗对饮时,趁兴写道"茶器晚犹设,歌壶醒不敲"。不难看出,无论是唐宋诗人,还是元明画家,他们笔下经常写到"茶具"诗句,茶具早已成为茶文化不可分割的重要部分。

现代人所说的"茶具",主要指泡茶、饮茶的茶壶、茶杯以及相关的辅助器具,常见的也就十多种。

(二)茶具的演变与发展

西汉辞赋家王褒的《僮约》有"烹茶尽具"之约,这是中国最早提到烹茶用具的材料。杜育《荈赋》有"器择陶简,出自东隅。酌之以匏,取式公刘"的记述,其"出自东隅"[①]的青瓷"器"和酌茶用的"匏",就是饮茶用具了。两晋南北朝是中国人饮茶习俗形成时期,这时的饮茶多为煮饮,并加葱、姜、橘子、盐等调味,饮茶有了初步的器具。但是在唐代以前,还未发展出专门的茶具,酒器、食器和茶具的区分并不十分严格,有很长一段时间是混用的。

到了唐代,随着饮茶习俗的普及,茶具得到很大的发展,并从食器、酒器中独立出来。陆羽第一次较系统地记述了唐代煎茶用的各种茶器,计有风炉(含灰承)等 24 式。不难发现,唐代民间以铸铁、陶瓷、竹木茶具为主。但在贵族之家出现金、银、铜、锡等金属茶具,茶具象征他们的富贵,因而大多流光溢彩。1987 年法门寺地宫出土的金银茶具,说明当时宫廷茶事所用器具规格之高。

在唐朝,茶碗崇尚越窑瓷器,因其似玉又似水,釉色青,造型也好,"口唇不卷,底卷而浅",使用便利。当时认为除越窑外的瓷器,"悉不宜茶"。确实,青

---

① 这里的"东隅",大致为现今浙江省的上虞、余姚一带。

色瓷器可使茶汤呈现绿色。陆羽在《茶经》中推崇用青色的越窑瓷碗盛茶汤，可能更多的是从艺术欣赏的角度出发而得出的结论。

唐代饮茶用碗或瓯，宋代则改成盏，托与盏底之合亦更为精巧。宋代茶具的演变、发展，还表现为茶具材料的多样化。金属茶具较多，以铜、铁、银为主，尤以铜质为多。

宋代流行点茶、斗茶、分茶，茶具主要有风炉、汤瓶、砧椎、茶钤、茶碾、茶磨、茶罗、茶匙、茶筅、茶盏等。茶具主要变化是用汤瓶煎水，在茶盏中点茶。盏是一种敞口小底、厚壁的小碗，且用茶筅"击拂"。将茶粉放入茶盏，注汤击拂搅动后，茶汤上面粲然而泛出鲜白色的光泽。宋人喜用黑釉盏，因为其他色泽的茶盏，很难反映出茶的特色。当然，这纯粹是宋人斗茶所要求的美学特征。

元代，江西景德镇青花瓷异军突起，闻名于世。青花瓷不仅国内珍爱，远销国外，还受他国羡慕。

明代中叶以后，泡茶兴起。主要茶具有茶炉、汤壶（茶铫）、茶壶、茶盏（杯）等。对茶盏的色泽要求，又出现一个较大转变，崇尚白色茶盏。因明代炒青散茶（芽茶、叶茶）大兴，汤色青翠，用纯白的茶盏饮用更相映成趣。因为散茶壶泡的流行，又兴起了使用紫砂壶的风尚。

清代，广州织金彩瓷、福州脱胎漆器等茶具相继出现。至此，中国的茶具进入丰富多彩的时代。

茶具演变的格局，与茶具加工工艺的改进分不开，也是不同时代饮茶方式、品饮艺术和审美情趣的反映。陆羽认为："若邢瓷类银，越瓷类玉，邢不如越一也；若邢瓷类雪，则越瓷类冰，邢不如越二也；邢瓷白而茶色丹，越瓷青而茶色绿，邢不如越三也。"唐代饼茶经烹煎，汤色本来不绿，陆羽从茶的汤色与茶碗釉色互相衬托出发提出这一鉴赏茶具的观点。宋代盛行斗茶，以茶面鲜白、着盏无水痕且耐久者为好，所以崇尚黑釉茶盏。明代散茶兴起，茶色尚绿翠，陆羽不崇尚的白瓷盏因而大为流行，"盏以雪白者为上，蓝白者不损茶色，次之"（张源《茶录》）。陆羽爱青瓷、蔡襄贵黑盏和张源亲白盏，实则有其缘由。

明代紫砂壶的出现并受到推崇，更与散茶的发展有很大关系。紫砂壶体小壁厚，保温性能好，有助于瀹发茶味与保持茶香，尤其受欢迎。总体上，从明清开始茶具呈现一种返朴归真的趋向，紫砂壶正是在这种情况下兴起和发展的。

中国历史上茶具的发展，显示了古朴、富丽、淡雅等不同时代的审美趣味。不同质地的茶具，体现出不同的风格，蕴含了不同的文化内容。古今茶具有陶器（含紫砂器）、瓷器、金属、竹木、玻璃等种类，各有其特殊的历史背景和文化内涵。

二、瓷质茶具

瓷器历史悠久,据考,东汉时期就已有出现,三国、两晋、南北朝时得到迅速发展,到了唐朝,越窑青瓷与邢窑白瓷分别代表了南北瓷业的最高成就。"九秋风露越窑开,夺得千峰翠色来"(陆龟蒙),言其莹润碧翠,匀净柔和。有"千峰翠色"之誉的越窑青瓷,其釉色有一种碧绿的质感,似乎与大自然的千峰翠色融为一体。当人们欣赏青碧葱翠的越窑茶具,莹白的茶碗里泛着的一层绿色,那"巧剜明月染春水,轻旋薄冰盛绿云"(五代徐夤)的清柔、赏心悦目而又"青润如玉"的美丽!"金棱含宝碗之光,秘色抱青玉之响"(五代王衍),赞叹的是工匠们高超的制瓷工艺。邢窑所产白瓷,质地细腻,釉色洁白,曾被纳为御用瓷器,一时与越窑青瓷齐名,世称"南青北白"。

宋时的瓷器,主要分为两大支系,一为青白瓷系,另一为黑釉瓷系。青白瓷系有五大名窑:汝窑瓷釉色以天青为主,用石灰碱釉烧制技术,釉面多开片,胎呈灰黑色,胎骨较薄;钧窑以烧制铜红釉为主,还大量生产天蓝、月白等乳浊釉瓷器;定窑白瓷釉层略显绿色,流釉如泪痕。

宋代除青白瓷外,还有黑釉、酱釉和绿釉等品种。"建盏"是黑釉瓷中的佼佼者,产于福建建州,因其色黑紫而名,建盏的流行因斗茶而起。建盏在烧制过程中,经窑变在盏体上形成美丽的花纹,珍贵的有细密如兔毛的"兔毫斑"。兔毫纹为釉面条状结晶,有黄、白两色,称金、银兔毫。有的釉面结晶呈油滴状,称鹧鸪斑。宋僧惠洪描写斗茶的情景曰:"金鼎浪翻螃蟹眼,玉瓯纹刷鹧鸪斑。"也有少数窑变花釉,在油滴结晶周围出现蓝色光泽。这种茶盏传到日本,以"天目碗"称之,如"曜变天目"、"油滴天目"等,成为日本的国宝,非常珍贵。建窑黑瓷,釉不及底,胎较厚,含铁量高达 10% 左右,故呈黑色,有"铁胎"之称。建盏的异形花纹,是土质中所含铁质胶合成的细小结晶体,呈紫、蓝、黄、暗绿等色,放射出点点光辉。茶汤入注后,五彩缤纷,异常美丽。建盏黑釉,衬托雪白的汤色,黑白分明,便于观察水痕,区分斗茶输赢。

元代的瓷器加工工艺已较为成熟,能生产出青如天、明如镜、薄如纸、声如磬的各式瓷器茶具,其釉彩纹色千变万化、千姿百态,让人爱不释手。元代中后期,青花瓷茶具成批生产,特别是景德镇,成了中国青花瓷茶具的主要产地。除景德镇产青花茶具外,云南的玉溪、建水,浙江的江山等地也有少量青花瓷茶具生产,但无论是釉色、胎质,还是纹饰、画技,都不能与景德镇所产相提并论。

明代，景德镇生产的青花瓷茶具，花色品种越来越多，质量愈来愈精，无论是器形、造型、纹饰等都冠绝全国，成为其他窑场模仿的对象。清代，特别是康熙、雍正、乾隆时期，青花瓷茶具在陶瓷发展史上，又进入了一个新的历史高峰期。康熙年间烧制的青花瓷器具，更是史称"清代之最"。

综观明、清时期，由于制瓷技术提高，社会经济发展，对外出口扩大，以及饮茶方法改变，都促使青花茶具获得了迅猛的发展，当时除景德镇生产青花茶具外，较有影响的还有江西的吉安、乐平，广东的潮州、揭阳、博罗，云南的玉溪，四川的会理，福建的德化、安溪等地。此外，全国还有许多地方生产"土青花"茶具，在一定区域内，供民间饮茶使用。

今天的瓷茶具以江西景德镇、湖南醴陵、河北唐山、山东淄博等地为代表，有各式粗瓷、精瓷的单个、成套、成组茶具。瓷茶具泡茶后能较好地反映茶叶的色、香、味、形，而且造型美观，有很高的艺术价值。小小的瓷茶具往往透着一种典雅和端庄，且清洁方便。瓷茶具因具有诸多优点而受人们欢迎，并将伴随人们走向未来。

瓷器的色泽与胎或釉中所含矿物质成分密切有关，相同矿物质成分因其含量的高低，也可变化出不同的色泽。陶器通常用含氧化铁的黏土烧制，只因烧成温度和氧化程度不同，色有黄、红棕、棕、灰等色。在黏土中添加其他矿物质成分，也可以烧制成其他色泽，但较少见。瓷器历来花色品种丰富，变化多端，其中主要的有：青瓷茶具、白瓷茶具、黑瓷茶具和彩瓷茶具。这些茶具在中国茶文化发展史上，都曾有过辉煌的一页。

1. 青瓷茶具

早在东汉年间，已开始生产色泽纯正的青瓷。晋代浙江的越窑、婺窑、瓯窑已具相当规模。宋代，作为当时五大名窑之一的浙江龙泉哥窑、弟窑生产的青瓷茶具，已达到鼎盛时期。哥窑茶具胎薄质坚，色泽静穆，雅丽大方，如清水芙蓉；弟窑茶具胎骨厚实，釉色青翠，光润纯洁，似美玉，如翡翠。明代，青瓷茶具更以其质地细腻，造型端庄，釉色青莹，纹样雅丽而蜚声中外。青瓷茶具因色泽青翠，用来冲泡绿茶，更能益汤色之美。

青瓷釉料中主要的呈色物质是氧化铁，含量在2%左右。釉因氧化铁含量的多少、釉层的厚薄和氧化铁还原程度的高低不同，会呈现出深浅不一、色调不同的颜色。若釉中的氧化铁较多地还原成氧化亚铁，那么釉色就偏青，反之则偏黄，这与烧成气氛有关。

青瓷常以"开片"来装饰器物，所谓开片就是瓷的釉层因胎、釉膨胀系数不同而出现的裂纹。哥窑传世之作表面为大小开片相结合，小片纹呈黄色，大片纹呈黑色,故有"金丝铁线"之称。南宋官窑最善应用开片,且胎薄(呈灰、黑色)、釉层丰厚(呈粉青、米黄、青灰等色)的特点,器物口沿因釉下垂而微露胎色,器物底足由于垫饼烧而露胎,称为"紫口铁足",以此为贵。越窑以产青瓷而驰名世界,其作品呈现一种特别的"雨过天青"色,质地如冰似玉,后流传至国外,成为中国瓷器的代表作。

2. 白瓷茶具

白瓷具有坯质致密,成瓷火温高,音清而韵长等特点。因色泽洁白,能真实反映出茶汤色泽,且传热、保温性能适中,加之色彩缤纷,造型各异,堪称饮茶器中之珍品。早在唐代,河北邢窑生产的白瓷器具已"天下无贵贱通用之",所烧制的白瓷如银似雪,一时间与南方生产青瓷的越窑齐名,世称"南青北白"。元代,江西景德镇白瓷茶具已远销国外。景德镇白瓷胎色洁白、细密坚致、釉色光莹如玉,造型多姿、图案优美,素有"白如玉、薄如纸、明如镜、声如磬"之誉。

白瓷茶具适合冲泡各类茶叶,加之白瓷茶具造型精巧,装饰典雅,其外壁多绘有山川河流,四季花草,飞禽走兽,人物故事,或缀以名人书法,又颇具艺术欣赏价值,所以使用最为普遍。

3. 黑瓷茶具

商周时已出现原始黑瓷,东汉时上虞窑烧制的黑瓷施釉厚薄均匀,釉色有黑、黑褐等数种,至宋代黑釉品种大量出现。这是因为自宋代开始,饮茶方法已由唐时煎茶法改为点茶法,而宋代流行的斗茶、分茶,又为黑瓷茶具的崛起创造了条件。宋人评定斗茶的结果,一看盏面汤花色泽和均匀度,以"鲜白"为上;二看汤花与茶盏相接处水痕的有无和出现的迟早,以"著盏无水痕"为上。蔡襄在《茶录》就有类似的记载:"视其面色鲜白,着盏无水痕为绝佳;建安斗试,以水痕先者为负,耐久者为胜",并进而说:"茶色白,宜黑盏,建安所造者绀黑,纹如兔毫,其坯微厚,久热难冷,最为要用。出他处者,或薄,或色紫,皆不及也"。类似的记载还有,如"茶色白,入黑盏,其痕易验"[①]。所以,宋代的黑瓷茶盏,成了瓷器茶具中的最大品种。福建建窑、江西吉州窑、山西榆次窑等,都大量生产黑瓷茶具,而以建窑生产的"建盏"最为人称道。

建窑烧制的兔毫纹、鹧鸪斑、油滴斑、曜变等茶碗,就是因釉中含铁量较高,烧制时保温时间较长,又在还原焰中烧成,釉中析出大量氧化铁结晶,成品显示出流光溢彩的特殊花纹,每一件细细看去皆别具一格,是不可多得的珍贵

---

① 　(宋)祝穆:《方舆胜览》。

茶具。一旦茶汤入盏,能放射出五彩纷呈的点点光辉,增加了斗茶的情趣。明代中期以后,泡茶兴起,由于"烹点"之法与宋代不同,黑瓷建盏"似不宜用",仅作为"以备一种"而已。

4. 彩瓷茶具

彩瓷是釉下彩和釉上彩瓷器的总称。釉下彩瓷器是先在坯上用色料进行装饰,再施青色、黄色或无色透明釉,入高温烧制而成,主要有青花、釉里红。釉下彩茶具犹如穿上一层玻璃纱,洁白如玉、晶莹润泽、层次分明、立体感强,极富艺术欣赏价值。后来的珐琅彩瓷茶具胎色洁白,通体透亮,薄如蛋壳,已达到纯乎风釉、不见胎骨的完美程度。这种瓷器对着光可以从背面看到胎面上的彩绘花纹图,有如透薄云望明月,隔淡雾看青山。

釉上彩瓷器是在烧成的瓷器上用各种色料绘制图案,再经低温烘烤而成,它又可进一步分为斗彩、五彩、粉彩和珐琅彩。

三、紫砂茶具

(一)紫砂茶具史话

紫砂器属于陶器中的佼佼者。紫砂茶具始于明,盛于清,流传至今。在明代中叶以后,逐渐形成了集造型、诗词、书法、绘画、篆刻、雕塑于一体的紫砂艺术。明清两代,宜兴紫砂艺术突飞猛进地发展起来。名手所作紫砂壶造型精美,色泽古朴,光彩夺目,成为艺术珍品。

紫砂茶具兴起于明代正德年间,紫砂壶首创者,是宜兴金沙寺一个不知名的僧人。

明代嘉靖、万历年间,出现了一位卓越的紫砂工艺大师——龚春(供春)。龚春幼年曾为进士吴颐山的书僮,天资聪慧,随主人陪读于宜兴金沙寺,闲时常帮寺里老和尚抟坯制壶。传说寺院里有株银杏参天,盘根错节,树瘤多姿。他朝夕观赏,乃摹拟树瘤,捏制树瘤壶,造型独特,生动异常。老和尚见了拍案叫绝,便把平生制壶技艺倾囊相授,使他最终成为制壶大师。供春在当时名声显赫,人称"供春之壶,胜如金玉"。"宜兴罐以龚春为上,一砂罐,直跻商彝周鼎之列而毫无愧色"①,名贵可想而知。这位民间紫砂艺人最早地把紫砂器提

---

① (明)张岱:《陶庵梦忆》。

高到一个新境界,供春壶也成为紫砂壶的一个象征。

从万历到明末是紫砂器发展的一个高峰,前后出现"四名家"、"壶家三大"。"四名家"为董翰、赵梁、元畅、时朋。董翰以文巧著称,其余三人则以古拙见长。"壶家三大"指的是时大彬和他的两位高足李(大)仲芳、徐(大)友泉。时大彬为时朋之子,最初仿供春,喜欢做大壶。后来与名士陈继儒交往并受其影响,根据文人雅致的品味把砂壶缩小,更加符合品茗的趣味。他制作的大壶古朴雄浑,小壶令人叫绝。当时就有"千奇万状信手出"、"宫中艳说大彬壶"的赞誉,被誉为"千载良陶让一时",他为紫砂器的发展作出了巨大的贡献。李仲芳制壶风格趋于文巧,而徐友泉善制汉方、提梁卣等。

紫砂艺人李养心擅长制作小壶,世称"名玩"。李养心的最大贡献是开创了"壶乃另作瓦罐闭入陶穴"的匣钵装烧法。另外,还有欧正春、邵氏兄弟、蒋时英、陈仲美、惠孟臣等人,他们借用历代陶器、青铜器和玉器的造型、纹饰制作了不少超越古人的作品。

到了清代,紫砂艺术进入了鼎盛时期。砂艺高手辈出,紫砂器也不断推陈出新。清初康熙年间,紫砂大家有陈鸣远、邵大享等,陈鸣远是继时大彬之后最为著名的陶艺大家。陈鸣远制作的茶壶,线条清晰,轮廓明显,被视为珍品。据《阳羡名陶录》记载,有"鸣远一技之能,世间特出"的赞语。另外,被誉为"桃圣"的项圣思也很著名,他制作的大小桃杯,制工精细入微。此时期的名家还有潘虔荣、邵元祥、邵旭茂、陈觐候等。

乾隆晚期到嘉、道年间,紫砂艺术又步入了一个新的阶段。在紫砂壶上雕刻花鸟、山水和各体书法,始自晚明而盛于清嘉庆以后,并逐渐成为紫砂工艺中所独具的艺术装饰。此时期最著名的是陈鸿寿,号曼生,其工诗文、书画、篆刻,时任江苏溧阳知县。他特意到宜兴和杨彭年合作制壶,创造了著名的曼生十八式。由陈鸿寿设计,杨彭年制作,其作品世称"曼生壶",一直为鉴赏家们所珍藏。所制壶形多为几何体,质朴简练、大方,开创了紫砂壶一代新风。曼生壶铭极具意趣,"诗书画"与紫砂融为一体,使宜兴紫砂文化内涵达到了一个新的高度。

到了咸丰、光绪末期,紫砂艺术没有什么新发展,此时的名匠有黄玉麟、邵大亨。黄玉麟的作品有明代纯朴清雅之风格,擅制掇球。而邵大亨则以浑朴取胜,他创造了鱼化龙壶,而此壶的特点是龙头在倾壶倒茶时自动伸缩,堪称鬼斧神工。

在 20 世纪,又诞生了一批制壶名家,其中以程寿珍、冯桂林、俞国良、吴云根、裴石民、顾景舟、王寅春、朱可心、蒋蓉、周桂珍、吕尧臣、任淦庭、徐汉棠、徐秀棠、汪寅仙、谭泉海、李昌鸿、鲍志强、顾绍培等人最为著名。

近年来,紫砂茶具有了更大发展,新品种不断涌现,这与一大批制壶能手或名人的努力分不开。紫砂艺人们采用传统的篆刻手法,把绘画和真、草、隶、行、篆各体书法施用在紫砂器上,使之成为观赏和实用巧妙结合的产品。

(二)紫砂壶泡茶的优点

周高起在《阳羡茗壶系》中说:"壶供真茶,正在新泉活火,旋瀹旋啜,以尽色香味之蕴。故壶宜小不宜大,宜浅不宜深,壶盖宜盎不宜砥,汤力香茗,俾得团结氤氲。"[①]冯可宾的《岕茶笺》称道:"茶壶以小为贵,每一客,壶一把,任其自斟自饮,方为得趣。何也? 壶小则香不涣散,味不耽搁。况茶中香味,不先不后,太早则未足……一泻而尽。"[②]宜兴紫砂壶自明代中叶勃兴之后,经过不断的改进,最终成为雅俗共赏,品茗的最佳茶具。

紫砂壶之所以受到茶人喜爱,一方面是由于紫砂壶造型美观,风格多样,独树一帜,另一方面也由于它在泡茶时有许多优点:

1. 紫砂是一种双重气孔结构的多孔性材质,气孔微细,密度高。用紫砂壶沏茶,不失原味,且香不涣散,得茶之真香真味。李渔《闲情偶记》曰:"茗注莫妙于砂,壶之精者,又莫过于阳羡。"周高起也说,"近百年中,壶黜银锡及闽豫瓷,而尚宜兴陶。""陶曷取诸? 取诸其制,以本山上砂,能发真茶之色香味。"文震亨《长物志》记,"茶壶以砂者为上,盖既不夺香,又无熟汤气"。

2. 紫砂壶透气性能好,使用其泡茶不易变味,暑天越宿不馊。久置不用,也不会有宿杂气,只要用时先满贮沸水,立刻倾出,再浸入冷水中冲洗,元气即可恢复,泡茶仍得原味。

3. 紫砂壶能吸收茶汁,经久使用,壶壁积聚"茶锈",以致空壶注入沸水,也会出现茶香氤氲的现象,这与紫砂壶胎质具有一定的气孔率有关,是紫砂壶独具的品质。

4. 紫砂壶冷热急变性能好,寒冬腊月,壶内注入沸水,绝对不会因温度突变而胀裂。同时砂质传热缓慢,泡茶后握持不会炙手。而且还可以置于文火上烹烧加温,不会因受火而裂。

5. 紫砂壶使用越久,壶身色泽越发光亮照人,气韵温雅。长久使用,壶身会因抚摸擦拭,变得越发光润可爱,正如周高起所赞的"壶经久用,涤拭口加,

① (明)周高起:《阳羡茗壶系》。

② (明)冯可宾:《岕茶笺》。

自发暗然之光,入可见鉴";而闻龙的"摩挲宝爱,不啻掌珠。用之既久,外类紫玉,内如碧云"①,似乎把紫砂的内涵深掘到底了。紫砂壶的色泽变化还与经常冲泡的茶叶有关,泡红茶时砂壶会由红棕色变成红褐色,泡绿茶时砂壶会由红棕色变成棕褐色,壶色变化耐人寻味。

(三)紫砂壶的特性

宜兴紫砂壶的名贵可从两方面来看。一方面,它是艺术品,形制优美,颜色古雅,可以"直跻商彝周鼎而毫无愧色";另一方面,它又是实用品,用以沏茶,"盖既不夺香,又无熟汤气"。这种既有艺术价值又有实用价值的特点,使紫砂壶的身价"贵重如珩璜",甚至于超过珠玉之上,历史上曾有"一壶重不数两,价重每一二十金,能使土与黄金争价"之说。清人汪文柏赠给紫砂名家陈鸣远的《陶器行》诗里,有"人间珠玉安足取,岂如阳羡溪头一丸土"的赞句。

紫砂壶"方非一式、圆不一相",以方和圆这样简单的几何体创造出无穷的变化。造型千姿百态,丰富多样:圆肥胖墩、柔和丰满、健壮刚强、纤娇秀丽、英俊洒脱、拙讷含蓄、倜傥风流、清癯闲静、古朴典雅、妙趣天成,各有各的风采,各有各的韵味。"温润如君子,豪迈如丈夫,风流如词客,丽娴如佳人,葆光如隐士,潇洒如少年,短小如侏儒,朴讷如仁人,飘逸如仙子,廉洁如高士,脱尘如衲子"②,对紫砂壶的形态作了绝妙的人格化描述。

紫砂壶总体上可分为光货和花货两类。光货为几何形体,花货为自然形体造型,但不论哪一种都要严谨、实用,富有个性。

1.独特的材质

紫砂壶是以紫泥、红泥、绿泥等天然泥料雕塑成型后,经过 1200℃ 高温烧成的一种陶器。紫砂土是一种颗粒较粗的陶土,含铁、硅较高。它的原料呈沙性,其沙性特征主要表现在两个方面:第一,虽然硬度高,但不会瓷化。第二,从胎子的微观方面观察它有两层孔隙,即内部呈团形颗粒,外层是鳞片状颗粒,两层颗粒可以形成不同的气孔。紫砂从颜色上分主要有三种:一种是紫红色和浅紫色,称作"紫泥",用肉眼可以看到闪亮的云母微粒,烧成后成为紫黑色或紫棕色;一种为灰白色或灰绿色称为"绿泥",烧成后呈浅灰色或浅黄色;还有一种是棕红色称为"红泥",烧成后呈灰黑色。三者之中紫泥最多,而绿泥、红泥较少。

---

① （明）闻龙:《茶笺》。
② ［日］奥玄宝:《茗壶图录》。

2. 独特的成型工艺

宜兴紫砂壶的造型千变万化,其造型采用手工拍打镶接技法制作,这种成型工艺与其他陶器成型方法都不相同,是宜兴历代艺人根据紫砂泥料特殊分子结构和造型要求所创造的。不论圆、腰圆、四方、六面、侧角、高矮、曲直都可以随意制作,同时还为造型的变化提供条件,形成了紫砂壶结构严谨、口盖紧密、线条清晰等工艺特点。壶盖的制作最能显示其工艺技术水平,圆形壶盖能通转而不滞,密合无间,斟茶也没有落盖之忧。所有这些独特的高难度的成型技法,是其他陶瓷产品无法比拟的。

3. 独特的紫砂文化

紫砂文化主要表现在造型、泥色、铭款、书法、绘画、雕塑和篆刻等诸多方面,以壶为主体,融合诸艺术于一体,在形式内容方面谐和、神形兼备。紫砂艺术方面最大的特点是素质、素形、素色、素饰,不上彩、不施釉,质朴无华。

另外,宜兴紫砂还有一个独特的现象,就是有文人与名家参与设计,其中著名的有陈继儒、董其昌、郑板桥、陈曼生、任伯年、吴昌硕、黄宾虹、唐云、冯其庸,等等。在壶上书写、题诗、绘画、篆刻,与陶艺师共同完成作品。这对宜兴紫砂文化内涵的扩展和深化起到了重要的推动作用。制壶艺人的手艺与文人雅士的审美情趣相结合,使紫砂壶越来越具有文化韵味。

紫砂壶质地古朴纯厚,不媚不俗,与文人气质十分相近。

紫砂壶有较高的艺术价值,一把古朴典雅、款式优美的紫砂壶会弥散出一种独特的文化情韵。当茶人们一边喝着从紫砂壶中斟出的茶汤,一边细细赏玩紫砂壶品,很自然便会陶醉在一种古朴而清雅的情调中,这是纯粹的中国文化的情调(不了解中华文化的人很难吃透它)。

(四)紫砂壶的鉴赏和选用

朱光潜先生曾说:"茶壶有用,因能盛茶,是壶就可以盛茶,不管它是泥的瓦的扁的圆的,自然需要止于此。但是人不以此为满足,制壶不但需要能盛茶,还要能赏心悦目,于是在质料、式样、颜色上费尽心机巧以求美观。"朱光潜先生虽然以制壶的性质来喻文学创作,其意虽不在壶,却实在是抓住茶壶功能和艺术的特点。

茶壶的鉴赏,给人们以艺术的享受和熏陶。壶有高低之分、雅俗之别,这是鉴赏的基础。但要鉴别、欣赏,不但要有历史知识、文化素养,还得独具慧眼。

紫砂壶的鉴赏,是从审美的角度来欣赏茶壶,可以概括为形、神、气、态四个要素。形,即形式的美,是指作品的外轮廓;神,即神韵,能令人意会、体验出精神美的韵味；气，即气质，陶艺所内含的和谐协调色泽本质的美；态，即形态，作品的高低、肥瘦、刚柔、方圆的各种姿态。这几个方面贯通一气，才是一件真正完美的好作品。陈传席在《紫砂壶品鉴》一书中提出了"品壶六要"，即神韵、形态、色泽、意趣、文心和适用六个基本要点，是对其发展和补充。

　　紫砂壶的鉴赏，还要区分"理"和"趣"两个方面。"壶本玩具也，玩具之可爱，在趣不在理，……知理而不知趣，是为下乘，知理而知趣，是为上乘。"（《茗壶图录》）壶艺爱好者偏于"理"，就会斤斤计较于壶容积的大小，壶嘴的曲直，壶盖的盈平，壶身段的高矮，侧重从沏茶、茗饮的方便出发，那是只知其理而不知其趣。紫砂壶的欣赏应该在理亦在趣，一件作品不管它是大是小，壶嘴是曲是直，都在乎有趣，有趣才能产生情感，怡养性灵，百玩不厌。所以观赏一种新的造型，应该在领悟到美的本质以后才能加以评点，从审美角度来欣赏紫砂壶。紫砂壶因其文化韵味而成为美的艺术品，可与书画相提并论。如果要作为艺术珍品收藏的壶，还要看壶铭、刻款、印章等等，从中得趣。艺术品的高深，往往就在不可名状之处。一把小小的紫砂壶，把制壶人、藏壶人、用壶人紧紧相连，古朴雅致的紫砂壶透着他们对艺术、对中国茶文化、对生活的感悟。

　　选用紫砂壶，首先是重实用功能。一是功能要好，倒茶不发生困难。把壶倒扣在台板上，要求"口"与"嘴"要保持水平状，否则壶未满水，嘴已溢出；二是出水要流畅，要求水流如注，快速倒完不打水花；三是壶身正放、倒扣、按动四角都纹丝不动，说明它完整平稳；四是壶盖与壶口紧密为上，一把好的壶，最能看出优劣的就是壶盖与壶口的关系，上乘的壶讲究"隙不容发"[①]，就是在制作时，精密到烧成之后，壶盖和壶身全没有空隙；五是壶盖上的气孔开得合理。按住孔，水无法流出（禁水），便是好壶；六是壶的造型要别致又实用，握在掌中自然，提在指中不费力，支点、力点均合理。如这六个方面都能兼顾到，应该说是比较理想的壶了。

四、金属茶具及其他

（一）金属茶具

金属茶具是指由金、银、铜、铁、锡等金属材料制作而成的各种茶具，是我

---

① 　相传清代邵大亨的茶壶灌满水后，盖头稍稍转动，就可连壶提起来。

国最古老的日用器具之一。早在先秦,青铜器就得到了广泛的应用,用青铜制作盘盛水,制作爵、尊盛酒,这些青铜器皿自然也可用来盛茶。

大约到南北朝时,出现了包括饮茶器皿在内的金属茶具。到唐时,金属茶具的制作达到高峰。20世纪80年代在陕西扶风法门寺出土的一套由唐僖宗供奉的鎏金银茶具,可谓是金属茶具中罕见的稀世珍宝。但从宋代开始,就对金属茶具褒贬不一。元代以后,特别是从明代开始,随着茶类的创新,饮茶方法的改变,以及陶瓷茶具的兴起,才使金属茶具逐渐淡化。但用金属制成贮茶器具,如锡瓶、锡罐等,却屡见不鲜。这是因为金属贮茶器具的密闭性要比纸、竹、木、瓷、陶等好,具有较好的防潮、避光性能,这样更有利于散茶的保藏。因此,用锡制作的贮茶器具,至今仍流行于世。

没有瓷壶的文婉柔和,没有紫砂的通灵人性,没有玻璃的玲珑剔透,金属材质的壶却自有一番凝重醇厚。以茶壶的造型为例,可有雕龙刻凤等精美图案,壶嘴的曲线,得体的壶把有若壶上的虹桥,美不胜收。

(二)木漆茶具

唐时的饮茶器具,除陶瓷器外,民间多用竹木制作而成。陆羽在《茶经·四之器》中开列的28种茶具,多数是用竹木制作的。这些茶具,来源广,制作方便,因此,自古至今,一直受到茶人的欢迎。但缺点是易于损坏,无法长久保存。

漆器茶具始见于宋代,盛兴于清代,主要产于福建福州一带。福州生产的漆器茶具多姿多彩,有"宝砂闪光"、"金丝玛瑙"、"釉变金丝"、"仿古瓷"、"雕填"、"高雕"和"嵌白银"等品种,特别是创造了红如宝石的"赤金砂"和"暗花"等新工艺以后,更加鲜丽夺目,逗人喜爱。

清代,在四川出现了一种竹编茶具,它既是一种工艺品,又富有实用价值。竹编茶具由内胎和外套组成,内胎多为陶瓷类饮茶器具,外套用精选慈竹,经劈、启、揉、匀等多道工序,制成粗细如发的柔软竹丝,经烤色、染色,再按茶具内胎形状、大小编织嵌合,使之成为整体如一的茶具。这种茶具,不但色调和谐,美观大方,而且能保护内胎,减少损坏;同时,泡茶后不易烫手,并富含艺术欣赏价值。

(三)玻璃茶具

在现代社会,玻璃杯则更受喜欢快捷生活方式的人们所欢迎。玻璃茶具的造型很多,形态各异,有的玻璃茶具还可雕剔出透明的图案,这是他类茶具所无法做到的。但是,由于玻璃茶具的历史偏短,文化内涵则相对浅显。

用玻璃杯泡茶,茶汤的鲜明色泽,茶叶的细嫩柔软,茶叶在冲泡过程中的上下浮动,叶片的逐渐舒展等,可以一览无余,可说是一种动态的艺术欣赏。特别是冲泡细嫩名茶,茶具晶莹剔透,杯中轻雾缥缈,澄清碧绿,芽叶朵朵,亭亭玉立,观之赏心悦目,别有意趣。而且玻璃杯价廉物美,所以深受欢迎。但玻璃器具的缺点是容易破碎,比陶瓷烫手。

瓷具端庄雍容华贵,玻璃茶杯则热情大方,让你明明白白看个够。清清楚楚的杯中世界,象征着一种心境的明亮。人们喜欢玻璃杯并非偶然,在纷繁复杂的现代社会里,在工作之外独处时,渴望绿色、渴望自然、渴望宁静。从玻璃杯里透露的名茶之色、形,好比是喧闹社会中的一片绿地,秀色可餐,让人可望又可及。

从古至今,中国茶具种类繁多。除了上述之外,还有瓦壶、石壶、琉璃盏、水晶杯、玉杯等,现代人所用茶具还有塑料杯、纸杯和特种塑料壶等。其中有的茶具的确有其独到之处,如石壶,纹理、外形、色泽、质地千差万别,造型突破了紫砂壶的传统方式,有一定的审美价值;纸杯对现代很多人来说,可谓是一种闲适和放松,但它们却因先天不足而无法成为茶具的主流,而且纸杯使用价值低,一次性杯子迎合了一时的需求,但存在资源浪费的痼疾。

五、器择陶简

器具是品茶和茶艺的必备条件,茶人历来看重器具之美和实用。茶具种类繁多,所以往往都要精心选择茶艺器具,进行组合,而茶具的选择和组合是依据所泡茶叶来确定的。

(一)茶具型式的选择

细嫩的名优绿茶,可用无色透明玻璃杯冲泡,边冲泡边欣赏茶叶在水中缓慢吸水而舒展、徐徐浮沉游动的姿态,领略"茶之舞"的情趣。选用玻璃茶具也并非是随心所欲的,茶具的造型、图案也不宜太花哨,太花哨会影响对茶的鉴赏。至于其他名优绿茶,除选用玻璃杯冲泡外,也可选用白色瓷杯冲泡饮用。

高档花茶可用玻璃杯或白瓷杯泡饮,以表现其品质特色。也可用盖碗或带盖的杯冲泡,以防止香气散失;普通低档花茶,则用瓷壶冲泡,可得到较理想的茶汤,保持香味。

中高档红绿茶,如工夫红茶、眉茶、烘青和珠茶等,因以闻香品味为首要,而观形略次,可用瓷杯直接冲饮。以瓷壶沏泡,能充分浸出茶之内含物,可得较理想之茶汤,并保持香味,有利于保温。

工夫红茶可用瓷壶或紫砂壶来冲泡,然后将茶汤倒入白瓷杯中饮用。

青茶宜用紫砂壶冲泡,也可用盖杯冲泡;袋泡茶可用白瓷杯或瓷壶冲泡。此外,冲泡红茶、绿茶、黄茶、白茶,使用盖杯也是可取的。

(二)茶具质地的选择

茶具质地主要是指密度而言。根据不同茶叶的特点,选择不同质地的器具,才能相得益彰。密度高的器具,因气孔率低、吸水率小,可用于冲泡清淡风格的茶。如冲泡各种名优茶、绿茶、花茶、红茶及清香乌龙等,可用高密度瓷器,泡茶时茶香不易被吸收,显得特别清冽。透明玻璃杯可用于冲泡名优绿茶,香气清扬又便于观形、色。而那些香气低沉的茶叶,如铁观音、水仙、普洱等,则常用低密度的陶器冲泡,主要是紫砂壶,因其气孔率高、吸水量大,故茶泡好后,持壶盖即可闻其香气,尤显醇厚。在冲泡功夫茶时,同时使用闻香杯和啜茗杯后,闻香杯中留存有茶香,可以用手揢之并行以习惯性的闻香动作。

器具质地还与施釉与否有关。原本质地较为疏松的陶器,若在内壁施了白釉,就等于穿了一件保护衣,使气孔封闭,成为类似密度高的瓷器茶具,同样可用于冲泡清香的茶类。这种施釉陶器的吸水率也变小了,气孔内不会残留茶汤和香气,清洗后可用来冲泡多种茶类,性状与瓷质、银质的相同。未施釉的陶器,气孔内吸附了茶汤与香气,日久冲泡同一种茶还会形成茶垢,不能用于冲泡其他茶类,以免串味,而应专用,这样才会使香气越来越浓郁。

(三)茶具色泽的选择

茶具的色泽是指制作材料的颜色和装饰图案花纹的颜色,凡用多色装饰的茶具可以主色划分归类。茶器色泽的选择是指外观颜色的选择搭配,其原则是要与茶叶相配,茶具内壁以白色为好,能真实反映茶汤色泽与明亮度,并应注意主茶具中壶、盅、杯的色彩搭配,再辅以船、托、盖置,力求浑然一体,和谐协调。最后以主茶具的色泽为基准,配以辅助用品。

第三节　茶艺及品茶

茶艺是将茶的内涵与神韵通过品饮体会得以表现,并辅以理论阐述。中国古代的一些茶书,如唐代陆羽的《茶经》,宋代蔡襄的《茶录》、赵佶的《大观茶论》,明代张源的《茶录》、许次纾的《茶疏》等,对中华茶艺的程式和技艺作过一定的阐述。中华茶艺古已有之。北宋陈师道在为陆羽《茶经》刊印时所作的序中说:"夫茶之为艺下矣,……夫艺者,君子有之,德成而后及,所以同于民也;不务本而趋末,故业成而下也。"陈师道认为"茶之艺"乃下,为末。以德为本,崇本抑末。尽管陈师道批评陆羽"不务本而趋末,故业成而下",但也不否认"茶之为艺"的客观存在。从"茶之为艺"到"茶艺"的过渡,可谓只待时机的成熟。

当今的"茶艺"一词是由台湾茶人首先力推而成。20世纪70年代,台湾经济得到快速发展,并引发有识之士从文化意义进行寻根,茶文化在宝岛台湾藉此得以弘扬,但在如何进一步倡导与茶文化有关内容的名正言顺上引起了争议。虽然人们也想到过"茶道"两字,但考虑到它的严肃,且已有日本茶道专美于前,加上茶文化发展要有相应的推广技艺,于是"以中国民俗学会理事长娄子匡教授为主的一批茶的爱好者,倡议弘扬茶文化,为了恢复弘扬品饮茗茶的民俗……提出'茶艺'这个词,经过一番讨论,大家同意才定案。'茶艺'就这么产生了"①。台湾茶人当初提出"茶艺"是脱胎于茶道,也是弘扬当代茶文化还需要突出技艺发展而来。

一、茶艺与品茶及茶道

在具体阐述茶艺之前,有必要了解与它相关的茶文化精神性技艺与本质

---

① 　范增平:《中华茶艺学》,台海出版社2000年版,第2页。

内核。

(一)茶艺与品茶

茶艺与品茶既有区别也有联系。茶艺也非无根之本,它是建立在民族艺术之上,与历史上的文人品茶(所兼具的技艺)有着相似性。品,是隐技艺于鉴别中的雅赏与鉴别;品茶,即调动感觉器官、以小口的缀饮而入精神,是通过感受茶的色、香、味、形而获得身心的愉悦,是一种领略茶的真性而入心境的过程或综合表现。品茶相对于茶艺的现代流行,显得较为古典,其重点在于对茶的品赏,以及由此而生发的传统文化底蕴之间的感应或相关联想。茶艺则是在泡好一杯茶的基础上,讲究与茶相关的情和景,以及茶艺者主体与相关参与者之间的互动。现在的茶艺,虽然也讲究茶中的机理,但更多的是借茶来营造氛围。因此,茶艺与品茶既相似,又有区别。

品茶与茶艺表现不同,还因为社会环境的变化。人们在市场经济条件下,除了生存和努力发展外,要休息放松,为的是更好地工作。因此,当今的茶艺以参与为主,茶艺活动对参与者的茶知识要求不高,可谓重在参与。茶艺中参与的人数也不同于品茶时要求人手一杯的限制,许多内容已是规定好,当然也要求有针对性与适应性。至于茶艺是否满足人们对茶文化的需要或向往,那也会因受众不同而异。通过身心的技艺与领悟而阐发出来、或需要借助的技艺,可以是品茶的技艺。

(二)茶艺与茶道

茶道是以养生修心为宗旨的饮茶艺术,包含茶艺、礼法、环境、修行四大要素。而茶艺是茶道的表现技艺与方式,它是茶中有道的形式美的艺术性展示,也可以说是创造性发挥。茶道可以茶艺为载体,通过依存于茶艺而传扬。茶艺的重点在"艺",重在习茶艺术,以获得品茗意趣和美感享受,进而陶冶情操;茶道则兼赅了"真善美"而让人从各方面去认识与感受,如茶艺那美的感受与体验,即有助于启真扬善。由此,茶艺与茶道在实践中可以有类同的方式使用,但从理论上讲茶艺与茶道不宜等同于一体,茶艺重形式与表现,茶道则表现为思想与心得。

茶道是茶文化的核心。茶道的内涵,与传统文化儒、道、佛有着深厚的渊源关系,并影响着中华茶文化的走向。茶道也决非简单的表演,除了对茶的深刻理解,还必须有文化底蕴、道德修养或悟性。不同于茶文化的发展,茶道是精深的境界,是"真善美"的高度概括。

　　茶艺力求雅俗共赏，但是，茶艺如果脱离茶道精神，也很难呈现出顽强的生命力。茶艺的诞生，有其历史发展和现实的必然性和合理性。茶艺如能展示或创造性地体现"真善美"，那么茶艺与茶道就一脉相承，这也是茶道文化发展的需要；现实中，喜欢茶艺的人比比皆是，而深刻认识茶道又是另一回事。茶艺是弘扬茶道文化的理想载体。但若说茶艺是茶道的表现性或技艺性层次，没有进入高深的境界，那也是偏见。茶艺与茶道可以互为表里，也同样可互相渗透，甚至于在不少场合茶艺可作为茶道的代言。金庸先生认为文学艺术可以打通雅俗，俗到恰当处不失为雅。文学艺术既是如此，茶也是这般，茶艺岂能例外？

　　现代茶艺从台湾到大陆的发展初期，先是以交流与礼仪性方式出现，其场所也相对固定。随着传播媒体的发展，茶艺也得以在主流媒体中展现，如以才艺表演性的、技巧挑战性的、赏心悦目型的形式，出现在中央电视台的多个栏目节目中。这是社会进步、茶艺媒介或载体的发展所致，这一点正如小品由过去的课堂教育的简短方式，走向文艺的大舞台一样。茶艺虽不具这般经典，但它作为生活化艺术的表达内容或方式不容忽视，而且还会与时俱进。

　　由此可见，茶艺发展的关键在于继承茶道精神时，又恰到好处地表现茶文化内涵或创造性地发展茶文化，这是茶艺发展的根本所在。

　　茶艺以浓郁的民族气息作为生动的特色，在兼备饮茶技艺的同时，重视饮茶环境、人际关系，并努力营造适宜的茶事心态——茶艺以中国传统哲学为本，其发展与时代同步。

二、茶艺之美

　　茶艺，可称之为饮茶艺术，它看似是饮茶生活艺术化，实则是以中国传统文化的哲学思维为精神核心的饮茶生活方式。中国是世界茶文化的发源地，中华茶艺是指中华民族发明创造的具有民族特色的饮茶艺术，主要包括备器、择水、取火、候汤、习茶的一系列程式和技艺。

　　"茶兹于水，水籍乎器，汤成于火"[①]。茶、水、器、火是构成茶艺的四项基本要素，如果加上茶艺的主体——人和茶艺活动的场所——境，则构成茶艺的六要素。茶艺的六要素又是通过"艺"来贯穿。所以要达到茶艺之美，就必须

---

　　①　（明）许次纾：《茶疏》。

人、茶、水、火、器、境、艺俱美,七美荟萃,相得益彰,才能使茶艺达到尽善尽美的境界。

茶艺是一门集语言、绘画、书法、音乐、陶艺、瓷艺、服装、插花等综合性艺术,所以,茶艺程式、技艺、动作的设计,茶具、茶席、茶花、茶挂及表演者的仪容、仪貌等都要按照美的要求,使之具有艺术性,给人以美的享受,"美"是茶艺的核心。欣赏茶艺,包括人美、境美、水美、火美、器美、茶美、艺美,水美、火美、器美、茶美前面已分别论及,下面侧重谈人美、境美、艺美。

(一)人之美

人是万物之灵,所以人本主义者认为人的美是自然美的最高形态。费尔巴哈这样说:"世界上没有什么比人更美丽,更伟大。"车尔尼雪夫斯基也说:"人是地球上最美的物类。"境要人创,水要人鉴,茶具要人组合,茶席要人设计,茶艺程序要人编排,人是茶艺最根本的要素,同时也是最美的要素。

人之美首先体现在茶艺表演者的仪容仪态——形态美上。形态是沏泡者的外表,包括容貌、姿态、风度、服饰等;每个人的容貌非自己可以选择,天生丽质是靠父母的遗传之福。而有的人虽相貌平平,但因为有较高的文化修养、得体的行为举止,靠自己的勤奋,以神、情、技动人,显得非常自信,灵气逼人。茶艺更看重的是气质,所以表演者应适当修饰仪表。一般可以化淡妆,表示对客人的尊重,以恬静素雅为基调,切忌浓妆艳抹,有失分寸。内心世界的完美才是最高境界的。

从中国传统的审美角度来看,人们推崇姿态的美高于容貌之美。古典诗词文献中形容一位绝代佳人,用"一顾倾人城,再顾倾人国"的句子,顾即顾盼。或者说某一女子有林下之风,就是指她的风姿迷人,不带一丝烟火气。茶艺表演中的姿态也比容貌重要,需要从坐、立、跪、行等几种基本姿势练起。

一般而言,茶艺师及其茶侣服饰以简洁、明快为主。因此在设计服饰时,诸如头发的样式、头饰的选择,服装的颜色、式样,衣领、衣扣及袖口、裤脚的纹饰等,都要和整体茶艺表演氛围相协调,最忌讳庸俗和脂粉气。至于化妆,小型场合的表演以不化妆或化淡妆为主,如果是较大场合,不妨着妆稍浓。但是不主张用气味浓烈的香水及化妆品,诸如指甲油、紫色眼影、浓艳口红之类,因为这和茶艺表演的整体气氛不协调。色彩及气味很柔和很淡然的香水和化妆品可以适量用一些,但切不可过。茶艺者宜"淡抹",不宜"浓妆",宜"清雅",不宜"艳丽",以体现茶艺的素朴、淡雅之美。

风度泛指美好的举止姿态。一个人的风度是在长期的社会实践中和一定的文化氛围中逐渐形成的,是个人性格、气质、情趣、素养、精神世界和生活习惯的综合外在表现。在茶艺活动中,各种动作均要求有美好的举止,评判一位茶艺表演者的风度良莠,主要看其动作的协调性。心、眼、手、身相随,意气相合,茶艺表演才能进入"修身养性"的境地。茶艺中的每一个动作都要圆活、柔和、连贯,而动作之间又要有起伏、虚实、节奏,使观者深深体会其中的韵味;有人称茶艺中的动作招势都似在空中划出太极的图形,说的就是它看似轻盈而不失力度。

心灵是指沏泡者的内心、精神、思想等,可以通过沏泡者的设计、动作和眼神表达出来。心灵美是人的其他美的真正依托,是人的思想、情操、意志、道德和行为美的综合体现。心灵美所包含的内心、精神、思想等均可从恭敬的言语和动作中体现出来。在整个泡茶的过程中,沏泡者始终要有条不紊地进行各种操作,双手配合,忙闲均匀,动作优雅自如,使主客都全神贯注于茶的沏泡及品饮之中,忘却俗务缠身的烦恼,以茶修身养性,陶冶情操。

(二)境之美

茶艺是在一定的环境下所进行的茶事活动,茶艺对环境的选择、营造尤其讲究,旨在通过环境来陶冶、净化人的心灵,因而需要一个与茶艺活动要求相一致的环境。茶艺活动的环境不是任意、随便的,而是经过精心的选择或营造。茶艺环境有三类,一是自然环境,选择清幽、清洁、清雅的所在,或松间石上,泉侧溪畔。清风丽日、竹茂林幽。茶禀山川之灵性,集天地之精华,性本自然。在大自然的气息中、在绿水青山中品茶,更能品出茶之真味,更能体悟超凡脱俗的意境,更能净化人的心灵、高扬人的精神品格。二是人工环境,如僧寮道院、亭台楼阁、画舫水榭、书房客厅。"或会于泉石之间,或处于松竹之下,或对皓月清风,或坐明窗静牖。"①、"凉台静室,曲几明窗,僧寮道院,松风竹月。"②"品茶宜精舍、宜云林、宜寒宵兀坐、宜松风下、宜花鸟间、宜清流白云、宜绿鲜苍苔、宜素手汲泉、宜红装扫雪、宜船头吹火、宜竹里飘烟"③。许次纾《茶疏·饮时》记有"明窗净几、风日晴和、轻阴微雨、小桥画舫、茂林修竹、课花责鸟、荷亭避暑、小院焚香、清幽寺院、名泉怪石"等二十四宜。三是特设环境,即专门用来从事茶艺活动的茶室。许次纾《茶疏·茶所》记:"小斋之外,别置

---

① (明)朱权:《茶谱·序》。

② (明)陆树声:《茶寮记》。

③ (明)徐渭:《徐文长秘集》。

茶寮。高燥明爽,勿令闭寒。"屠隆《茶说·茶寮》记:"构一斗室,相傍书斋,内设茶具,教一童子专主茶设,以供长日清谈,寒宵兀坐。"高濂《遵生八笺》和文震亨《长物志》也都有关茶寮的记载。

茶室包括室外环境和室内环境,茶室的室外环境是指茶室的庭院,茶室的庭院往往栽有青松翠竹等常绿植物及花木。如果是在庭院表演时,四周的亭台水榭及山石林木最堪入茶,如果有一池春水或一曲回廊,则更能增加茶艺表演的神韵,所以江南园林最适宜于传统茶艺表演。这里不需要任何人为的布景,四时景物变化就是最好的布景,风声水声鸟鸣声就是最好的音乐和解说。

室内环境则往往有挂画、插花、盆景、古玩、文房清供等。尤其是挂画、插花,必不可少。茶艺表演最初给观众以视觉冲击的就是环境布置。相对于戏曲表演而言,茶艺表演占用的空间很有限,这就需要我们在茶席设计、背景布置及灯光上下工夫。在茶席设计中,茶几、铺垫、茶器、插花(盆花、盆景)、挂轴、相关工艺品等的摆放位置也很重要,诸如墙上字画和壁挂的取择、博古架上器物的陈设、花架上花盆及花品的选择等,都是要认真考虑的因素。在背景布置上可以借鉴中国传统绘画中"高、远、深"的透视法,以传统山水画或古典诗词为主题,以强化茶艺表演的古典美。代表东方文化的茶艺环境,要有浓郁的东方色彩。

总之,茶艺活动的环境要清雅幽静,使人进入到此环境中,忘却俗世,洗尽尘心,熏陶德化。

(三)艺之美

现代的茶艺,已演变为一种表演艺术。茶艺师就是艺术创作者,茶艺师通过对环境的设置和茶具、茶品、水品的选择,并借助形体动作,创造出一种艺术境界,给人以审美愉悦。茶艺自然、朴素、雅静、和谐的内涵,贯穿于一整套规范化的程序之中。茶艺师只有用心灵才能真正表现茶的内涵,才能将具体的茶艺过程中的动作从"有形"化"无形",显示出韵律美、节奏美,并将其气度、涵养透过含蓄、典雅、端庄的气质感染观赏者,使观赏者与表演者之间产生一种心灵的默契,共同走进那诗意般的意境中。

从理论上讲,追求茶艺,要力求如同写诗(或相关的艺术创造)一样,方块字的排列不能算诗,随意游戏式的泡茶也不算茶艺。茶艺通过环境布置,使茶的氛围别具一格。空间不在大,能雅就行。茶艺不宜停留在"演"的层面上,不宜舞台化,而要贴近生活,轻松、随意。

茶艺不能偏离茶文化"真善美"的内涵,特别是茶艺之美不仅是外观的美,而是内在的含蓄之美。茶文化与传统的儒、道、佛渊源深厚,这些在茶道中充分体现的优良传统,茶艺的创造发展应尽可能地借鉴吸收,如茶艺场所的设置要和谐,音乐要体现东方文化的柔和委婉,也要有所体现淡泊归真,在继承中进一步挖掘时代的内涵。同样,礼仪应发自内心,以示对茶、参与者和相关器物的敬意。

一套好的茶艺不但应该包括一定的程序,还应该体现丰富的历史文化内涵,从茶席、茶品、服饰设计乃至解说、音乐配置等,都应该有历史文化的影子,这样才显得厚重,才更具特色。茶艺程序要经得起推敲和考验,才能登上文化艺术殿堂。

茶道精神是茶艺的灵魂,是评判一套茶艺程序好坏的重要因素。一套好的茶艺程序应该包含茶道精神在里面,否则其文化内涵就无从谈起,也就没有"神韵"。茶艺不能仅停留在技艺的层面上,还要提升到精神层次上。

综合说来,艺之美主要包括形式美和内涵美两方面,而形式又可分为结构美和动作美,内涵美又可分为科学美和神韵美。

1. 茶艺的形式美

茶艺的表演形式是很独特的,一方茶席、一套茶器、一位茶艺师就可以进行表演了,如果需要或为了加强效果,还可以配解说,还可以配音乐,还可以配一至数名助理。这种形式的优点是简洁,主题鲜明。不足之处是表演形式较为单一,缺少变化,旁观者的参与性不强而影响可能的互动性效果。

茶艺的形式美首先表现为整体的程序结构美,体现一种韵律,一套茶艺要有"起、承、转、合"。由于茶艺表演过程持续时间较短,一般在 15 分钟左右,这就要求茶艺表演应该一气呵成,不能松散拖沓。结构紧凑并不意味着中间没有停顿,和一首音乐一样,其中有强弱,有起伏,有停顿,有变化,这些都是茶艺可以借鉴的。茶艺表演的强弱起伏可以由动作完成,而停顿和变化则要由程序结构来调整。譬如煮水候汤时都有一个等待时间,如何巧妙利用这一时机给观众以"此时无声胜有声"的感觉至关重要。如同书法和绘画,满纸是墨会使人感觉喘不过气来,合理留白则能起到意想不到的艺术效果。可以借用绘画中的"密不透风,疏能走马"的技法来指导茶艺表演。

其次,茶艺的形式美还表现为茶艺的动作美。茶艺动作包括手的动作、眼的动作、身体动作和面部表情等。相对于戏曲表演而言,茶艺表演动作很简单,如何通过简单的道具和动作语言把茶艺丰富的文化内涵和人文精神充分展示出来,这对茶艺表演者提出了很高的要求。仅就茶艺动作语言而言,有不同见解,但也有一些共同遵守的规定:茶艺师上场及谢场时,要行鞠躬礼,行礼时双手可自然交叉身前或垂于身体两侧；茶艺表演时，右手的动作要逆时针划圆，左手则顺时针，这是对客人的尊重；手臂运动要自然柔和，以曲线为主，柔中有刚；脸部要面带微笑，口唇自然微启，视线要随着双手动作流动等。平时要加强形体训练，否则茶艺的动作美就无从谈起。

2. 茶艺的内涵美

科学泡茶是茶艺的基本要求，茶艺的程式、技艺、动作都是围绕着如何泡好一壶茶、一杯茶而设计的，茶艺程式、技艺、动作设计的合理与否，检验的标准是看最终所泡出茶汤的质量。衡量茶艺表演成功与否，除了程序编排、文化内涵等诸多因素外，与冲泡出来的茶汤质量有着直接关系，切不可为茶艺而茶艺。因此，泡好茶汤是茶艺的基本也是根本要求。茶艺程序虽然繁复，但不外乎备器、择水、取火、候汤、赏茶、洁具、置茶、泡茶、奉茶、品茶、续水这些基本程序。

科学的茶艺程式、技艺、动作是针对某一类茶甚至是某一种茶而设计的，以能最大限度地发挥该类茶或该种茶的品质为目标。而且始终都紧紧围绕这一主题，通过茶艺演示，把茶品质特点发挥得淋漓尽致。凡是有违科学泡茶的程式、技艺、动作，有违茶理茶性，不能体现茶品特点的茶艺程序都是不合理的，纵然表演者使出浑身解数，也只能适得其反。

"神韵"指茶艺的精神内涵，是茶艺的生命，是贯穿于整个沏泡过程中的连结线。从沏泡者的脸部所显露的神气、光彩、思维活动和心理状态等，可以表现出不同的境界，对他人的感染力也就不同，这反映了沏泡者对茶道的领悟程度。平时多看文史哲类图书，欣赏艺术表演等，从各个方面努力提高自身的文化修养及领悟能力，才能在不断实践中体会到不可言传，只可意会的茶艺"神"之所在。

茶艺可以区分为下品、上品和神品。举凡那些没有个性，没有特点，东拼西凑的"混合型茶艺"都属于下品；而那些编排合理，有一定茶文化内涵的茶艺表演则可归为上品；神品的要求很高，不但要有个性、有特点、有一定的茶文化内涵，更要有一定的茶道精神在里面，要有一种神韵在其中，能达到出神入化的境地，此为茶艺表演之极致。

如何使茶艺表演达到出神入化的境地呢？除了上面谈到的几个因素外，茶艺师的个人修养和气质以及对茶的感悟尤其重要。茶艺表演到了一定境界时，所表演的形式甚至内容已经淡化了，重要的是表演者的个性表现——准确点说是个人修养的表现。如何把美好人性通过茶艺表演凸现出来，是评判茶艺表演有没有神韵的标准。

　　中国的茶艺来源于对美好生活的追求,与各民族的饮茶习俗相关。中国56 个民族的风土人情和文化背景,绚丽多彩,非常有利于孕育风格各异的茶艺,形成茶艺"百花争艳"的壮观。这是茶艺发展的基础和条件,是茶文化民族性的体现,也正是中华茶艺的魅力和生命力所在。

　　现代茶艺除了应保留其自然、朴素的本性外,还应走向科学性和艺术性统一、生活性和文化性统一、规范性与自由性相统一、创新性和继承性相统一,应该是凝集着美学、文学、哲学的精致文化,以提高和丰富人们的精神生活,和谐社会关系,这也是当代茶艺追求的精神所在。

三、品茶(及茶艺)

　　品茶,是对茶的形、色、香、味等品质特点的赏识,品茶还表现为通过茶的欣赏,体验茶中的品味,从中入趣、得神,促进人们丰富的联想,或入高远的精神境界。品茶,不同于浅尝辄止,在于细细的啜茗与反复,通过欣赏、联想而入情趣以及相关的创造。

　　品茶离不开对茶的色、香、味、形等品质特征的领略,它与鉴、赏和雅玩等联系而进入雅致的文化范畴。品茶,不同于建立在科学步骤与相关标准的具体审评。鉴、赏结合的品茶,超脱具体的饮茶实际,而上升到精神文化层次;它介于具体和抽象之间,在闲情逸趣中显现"虚实结合"的功夫(如有渊博的文化知识)——品者通过对特色茶事的领悟、品味韵致的把握,让生发的情趣与其他相关的事宜,如雅玩和艺术创作等联系起来。为此,品茶者往往把品茶与自身的个性与爱好相联系,置定时景与物性。

　　在历史上,品茶是以一种文化艺能的形式呈现。明代冯可宾《岕茶笺》提出宜于"品茶"的"无事、佳客、幽坐、精舍、会心、赏鉴"等十三个条件,明代许次纾《茶疏》也提出了宜茶之"明窗净几"等二十四事。"饮不以时为废兴,亦不以候为可否,无往而不得其应。若明窗净几,……瓷瓶窑盏,饮之清高者也。"[①]

　　品茶是心的歇息,心的澡雪。以闲适、空灵、简易为本的品茶,是品者身心的放达。品茶与琴、棋、书、画在神韵上的相通,为古代文人雅士必然的追求,而焚香、点茶、挂画、插花就成为文人生活的四艺。品茶与传统艺术之间存在深刻的渊源,也为传统文化艺术的美丽增色不少。明代张源《茶录》曰:"饮茶

---

① 　(明)黄龙德:《茶说·九之饮》。

以客少为贵,客众则喧,喧则雅趣乏矣。独啜曰神,二客曰胜,三四曰趣,五六曰泛,七八曰施。"茶须静品,独自品茶无干扰,心容易虚静,精神容易集中,性情容易随着茶香而升华。独自品茶,是心至茶之路,也是茶至心之路。心游无穷,思通万载,天人合一。品茶不仅可以沟通人与自然,而且也可以是人与人、心与心间的沟通。邀一知己或两三好友共饮,或推心置腹倾诉衷肠,或无需多言心有灵犀,或松下品茗对弈赏景,或闲庭品茗抚琴听曲,或幽窗品茗论诗观画,或寒夜以茶当酒,这般乐事,也有无限情趣。唐人钱起那从"竹下忘言对紫茶"到"一树蝉声片影斜"的诗句,呈现的是心境的空明、甚而是陶醉之态。品茶可谓是古代文人雅士们的专长,其表现方式富有雅致、情趣,而不失浪漫。

　　文化的价值趋向离不开特定的社会背景,品茶也不例外。如果说社会发展促成茶文化孕育出细致的品茶技艺,那么,时代的更替自然给品茶的主客体产生影响。《红楼梦》中的品茶,茶、水、具样样精巧而难求,高雅非凡,可认为是宋明的沿袭,并有极端之嫌,其精致繁深的雅趣即使精彩无比,但免不了曲高和寡。文化如果仅作为消遣自然会显出无聊(而小说的结局似乎也因此而显出悲哀)。相比之下,清朝后期刘鹗所著的《老残游记》中"叙景状物,时有可观"的茶风俗,颇能体现时代的变化:"呷了一口,觉得清爽异常,咽下喉去,觉得一直清到胃脘里,那舌根左右,津液汩汩价翻上来,又香又甜。喝过两口,似乎那香气又从口中反窜到鼻子上去,说不出来的好受。问道:'这是什么茶,为何这么好吃?'女子道:'茶叶也是无甚出奇,不过本山出的野茶,所以味是厚的。却亏了这水,是汲的东山顶上的泉,泉水的味,愈高愈美。又是用松花作柴,沙瓶煎的,所以好吃。'"这样的茶话,艺术性不高超,但因生活情趣浓郁而有生命力。品茶给平实的生活与工作带来情趣,增添美丽。

　　由于社会的发展,崇尚雅玩而精致的品茗环境已发生了变化,品茶的内容也相应发生了变化,人们也可品尝茶的具体内涵,以获得生活中的审美感悟,而品茗之时有相应的环境相衬(如民乐等),自然有助于把挤轧于心灵的堆垒之物排解,定神静心,而求得"陶陶然"的品茶情境。即使在讲究自然科学性的今天,爱茶的人依然可通过领略茶之名、茶之形、茶之色中的文化,感受体验茶之香、味之美,而求得品茶的神韵。

(一)茶之名

　　由情至美是围绕生命的永恒性主题。爱茶人对茶品的要求是多方面的,品质希望独树一帜,还要求美其名字的美妙得体。事实上也确是如此,有的茶名如诗如画,有的茶名如佳人芬芳美丽,有的则是大俗大雅。一个好的茶名,优美如春天的诗、歌、画,动听如春天里的故事,令人回味无穷。

"龙井"茶名,耳熟能详。井,有泉水之地也,万物之性,有水才能体现。龙,中华民族的象征物,象征着力量、智慧、勇猛与俊美。龙井,集泉名、地名、茶树名和茶名于一身,其名堪称大俗大雅之经典。乌龙茶,色、质兼美,外形不拘细致而大气;乌龙茶中的"铁观音",茶色褐绿似铁,"美如观音重如铁"——观音,慈祥而美丽,铁,是坚硬"守骨"的。"铁观音"一名,融优美、壮美于一体,达到出神入化之意境。庐山云雾茶,此茶产自"蠡湖水气蒸作云,云上匡庐复为水"的庐山。它使人联想到那云缠雾绕,绝壑飞泉的庐山妙境,给人飘飘欲仙之感。品此茶,会使人置身"匡庐奇秀"胜境。洞庭碧螺春产于烟波浩渺的太湖,碧者言其色,螺者言其形卷曲成螺,春者言其采制于春天。品此茶,使人联想到"洞庭无处不飞翠,碧螺春香万里醉"的景致。即使有些陌生的"珍眉"茶,其形象化的茶名,令人联想起仕女那弯弯的蛾眉。

中国生产名优茶的条件堪称地大物博,茶的种类也是风格迥异而不胜枚举。茶名之美,形式多样,这里作简要介绍。

以茶树品种与地名命名,这以乌龙茶居多。其中有武夷山五大名茶"大红袍"、"铁罗汉"、"水金龟"、"白鸡冠"、"半天腰",乌龙、肉桂、奇兰、梅占、佛手、铁观音、黄金桂、本山、毛蟹、黄观音、金萱、翠玉等。如武夷肉桂、凤凰水仙、安溪铁观音、永春佛手、冻顶乌龙、诏安八仙茶等,就是产地名与茶树品种名的经典组合。

以茶叶的形状特征或加地名命名,中国茶名以形容形状的为多。如六安瓜片、平水珠茶、君山银针、都匀毛尖、黄山毛峰、黄山绿牡丹、安化松针、顾渚紫笋、浮山翠珠、汉水银梭、金坛雀舌、老竹大方、太湖翠竹、天柱剑毫、金寨翠眉、羊岩勾青、诸暨绿剑、竹叶青、碧螺春等。其中前者是地名,后者是茶叶的外形特征。

以品质特征或加地名命名。如白毫银针、霍山黄芽、敬亭绿雪、安吉白茶、苍山雪绿、龟山岩绿、海青翡翠、松阳银猴、水西翠柏等是指其色泽,舒城兰花、岳西翠兰、三杯香是指其香气,江华苦茶是指其滋味。

此外,茶名中还有以采摘时期不同而命名的,如云南的春尖,安溪的秋香、冬片等;以制茶技术不同而命名的,如炒青、烘青、蒸青、晒青、工夫等。

(二)茶之形

古人对茶之形的"品赏",相对较少,这可能与古代干茶形状的变化不多,及对茶的重"质"而轻"形"有关。唐宋茶以团饼为主,"手阅月团三百片"(卢仝),"独携天上小团月"、"明月来投玉川子"(苏轼),"圭璧相压叠"(李群玉),

"凤舞团团饼"（黄庭坚），"方圭圆璧"（秦观），都是对团饼茶形状的喻称。

明清散茶兴起，为其形状的丰富多彩创造了条件。由于茶叶做工的精细，名茶的外形和叶底也能给人以足够的美感。尤其是绿茶，有长、圆、曲、扁、条、片、末、珠、尖、针、眉、剑、花等形，也有如雀舌之类的精巧与美态，可谓琳琅满目，美不胜收。还有不少名茶的形状，可与产地的风景名胜联系而意喻，如湘波绿、大佛龙井、九华佛茶、秦巴雾毫、千岛玉叶、松柏长青、雨花茶、洞庭春、浮瑶仙芝、瑞草魁、赛山玉莲、乌金吐翠、西涧春雪、渝州雪莲、瀑布仙茗、珠峰圣茶，等等。

（三）茶之色

绿、黄、红，作为单调的色彩，本身并不具备审美价值，茶的颜色要经过品茶者的联想而给人以美感。古人对茶色的感受也很深，如"盛来有佳色"（白居易《睡后茶兴忆杨同州》）、"白云满碗花徘徊"（刘禹锡）、"白花浮光凝碗面"（卢仝）、"铫煎黄蕊色，碗转曲尘花"（元稹）、"烹色带残阳"（齐己《谢灉湖茶》）、"轻旋薄冰盛绿云"（徐夤《贡余秘色茶盏》）、"碧玉瓯中翠涛起"（范仲淹）、"浮花泛绿乱于霞"（梅尧臣《七宝茶》），等等，尽是由茶的喜爱而发出的赞美。①

面对现代的人工化造作，茶色的本然，给人以天真与一种别样的风味——茶色的丰满、斑斓、充满层次，或青或润、或褐或红、或嫩或碧；通过对茶色的体会，能解读出动人心弦的心情中国文化的底色，感悟茶的自然与包容。人们也因此而有丰富的联想。

绿茶之色，可谓是最初且最纯的洗练。经过杀青、揉捻、干燥后得来的绿茶之色②，以那"清"字来描绘极妙；水之青，茶之青，却在一个"青"字中辗转沉浮。乌龙茶之色，显示的是经历了一番沉浮与酝酿，褪去表观的青涩后透出的"黄褐"，泰然地折射着那种曾经沧海方能显示出的成熟与豁达，与茶那重而浓郁的味道相应。红茶之于茶，似乎已经偏离了最初的本相，经过发酵的芽叶已经有如囚禁的精魂，不失厚积薄发后激射出来的夺目，却柔和依旧；红色是中国人爱好的，不仅因为喜气，更是因为它的璀璨光华有如生命般鲜活蓬勃。普洱茶汤色的"橙黄带红"是与时间的久远相关的，似老胶片一样在脑海中回放

---

① 　这里刘禹锡、卢仝、范仲淹、元稹的茶诗及相关诗句，可参见本书附录Ⅱ1。

② 　茶的鲜叶在水与火的历练中冲破了"水火不容"的束缚，将火之灼灼其华与水之淡然飘逸，犹如天作之合般杂糅其中。相仿，在生活中有所指代的"茶色"，那是一种似乎与自己肤色相应的偏爱之色。

心底里的故事，它似乎是让生活那最本质的颜色通过茶汤而折射出来！茶的温婉，无论是绿茶的清新，还是红茶的柔和，都少有色觉的刺激，已成为我们喜好中不可分割的组成部分。

　　茶之色，与其自然之性一起，顺理成章地成为人们的审美载体。

（四）茶之香

　　茶须静品，茶香能引导品茶者进入玄悟、冥想之幽境。茶的产地不一样，所禀之香气也如同自然风光那般，因雄壮与清秀而迥然不同。即使同产地之茶，由于气候、工艺、品种、贮存等有差异，其所呈的香气也会不同。茶之香以精细而绵延代表中国茶的特色。

　　茶香不一定以浓淡而区别其优劣，而是以茶的风格相紧密联系，它是与品质一道，以特定的自然条件为前提。茶香之愉悦，胜过春风拂面，幽致与易逝，是其特质，无缘之人，会忽视它；茶香会让人产生不经意的感动与莫名的享受。至于茶香的具体感受，因茶与人而异，即便能反复；还因复杂而难于类比，唯有通过亲身经历方能体会与感受。

　　关于茶之香的描写，有皎然的"素瓷雪色缥沫香"，齐己的"角开香满室"。类似的诗文还有如"兰气入瓯轻"（李德裕《忆茗芽》），"萍沫香粘齿"（皮日休《茶瓯》），"咽罢余芳气"（白居易《睡后茶兴忆杨同州》），"香浓夺兰露"（苏轼《寄周安孺茶》），等等。清朝陆次云赞龙井茶香曰"太和之气"，其意境，极富自然之韵，比诗意还美。

　　茶香之中，就浓烈而言，要数功夫茶。"铁观音的香气，清高隽永，灵妙鲜爽，达到超凡入圣的境界。"[①]而年近茶寿的一代宗师张天福说："世界上所有的花香，都比不上安溪铁观音的茶香啊！"

（五）茶之味

　　品茶，要品出茶之本味。味与香不同，味在口中是可停滞的。品茶之人，往往以尽可能地想象去细品与表达，于是会有妙语连珠，文随味婉转。如"疏香皓齿有余味"（温庭筠《西陵道士茶歌》），"味击诗魔乱"（齐己《尝茶》），"斗茶味兮轻醍醐"（范仲淹），"口甘神爽味偏长"（梅尧臣《尝茶和公仪》），"啜过始知真味永"（苏轼）等。

---

　　①　　陈彬藩：《茶经新篇》，香港镜报文化企业有限公司 1980 年版。

"夫茶以味为上,香甘重滑,为味之全。"①茶味中的"活"和"滑",也较难体会。"活"与"爽"相近,又与"鲜"相连,"活"和"滑"都是相近的奥妙感觉。"滑"是咽茶时的流滑感,没有"活"是难以有"滑"的。要"滑"还得有重,"重"是指茶口感的醇而有"力"。因此,品茶少不了心境与联想。清人陆次云在品龙井茶后,品出的是"太和之气","无味之味,乃至味",可谓极富自然之韵,比诗意更美。

品茶是一种享受,有时是一种难以言状的感觉和感受。如闲暇之时的独自品茗:置一撮茶入玻璃杯,沏以清泉活水。茶叶在纯碧透亮的境界中演绎着一幕幕复苏的春梦,有的叶细如兰,朵朵含苞欲放;有的苗壮如笋,色翠诱人;有的嫩芽尖尖如雀舌。轻摇杯身,腾腾的热气夹着清香袭人,朵朵茶芽载沉载浮。水汽氤氲缭绕,茶香四壁弥漫,茶色澄清明净,把杯展玩,令人不忍啜饮。绿色的生命在杯中展示,大自然也被融进了杯中,此时无需言语或感叹,可尽情去享受茶之舞、人之情的真谛。

现代人的品茶,已不能与过去同日而语,并有归并于茶艺之中的发展趋势,但其重茶而不失技艺,依然是人们随意而得茶之安闲的理想方式,正如现代人苏烈的《茶香》一文对品茶中"色、香、味"的专美,可供人们欣赏。

> 龙井、水仙之属,"淡扫蛾眉","国色天香",得一种自然之香的天赋美意,妙得很。……好茶的形状也美。"龙井"纤细俊秀,泡出来一芽一叶,便是"一枪一旗"。"碧螺春"柔曼娇弱,沸水一冲,显现白茸茸的嫩毫。"乌龙"苍老虬劲,舒腰展身之后,暗绿的边缘上便泛出一圈红晕。品茶须分色、香、味。"色"比较好分辨,上等绿茶,汤如翡翠而略带嫩黄,清澈明净。"乌龙"汤若金橙而稍显棕黄,晶明琛透。红茶汤似琥珀而微泛金黄,鲜艳红亮。……"味"也是比较好说,绿茶清而甘;"乌龙"苦而甘;红茶涩而甘。好茶一入口,便先感到有些清、苦、涩的味道,然后就觉得有一种浓厚的甘甜回味,香透齿舌……惟有这"香"难办。好茶,泡出来确实好闻,香,奇香,异香,妙不可言的香。但到底是什么香? 却难以比喻。

品,由三个"口"字叠加而成;但与之相连的精神内涵,不同于"口"的口腹之娱。品茶是品自身的修持与学养,品积累在茶中那源远流长、博大精深的华

---

① （宋）赵佶:《大观茶论》。

夏传统文化。品茶因感观之娱而深及文化蕴藉,充当了文化传承之人的爱好与文化艺术性专利而传扬发展。尽管"品"的内涵会发展而延伸,但品茶着实体现了传统文化的委婉与细致。现代行为科学研究表明:我们在遇事上通常会把注意力放到事情与自己的"联系"上(不同于西方把重点放在对象的特点和内在规律上作客观的评价),其反应还与他对事情理解的深刻性或文化积淀有关;即除了关注事情本身以外,更关注事情与自己的联系,以及由此生发的联想与意象性创造。[1] 这大概是中国人品茶情结的特殊而又客观之所在。

品茶,是由认识茶而延伸到精神追求所呈现的一种特殊而综合的文化形态,反映了中国人追求精细而联想丰富的禀赋;它综合提升茶的内在品质与美,并让人身心愉快。

随着时代的发展与时间的洗礼,品茶有归之于茶艺的趋势。

第四节　茶文化与文艺

文艺以其内容与表现形式而显现。茶与文艺以由表及里的方式联系与互动,茶的功效为文艺创作增添自然动力,茶还因广泛渗透于人们的物质生活与精神活动、蕴藏着人的精神文化现象,而成为文艺创作的载体。茶为文艺工作者提供了创作、构思的动力与载体;文艺工作者以他们的细腻情感与技巧,创作出渲染有力、意蕴深刻而有生命力的(茶文化)作品。

茶与文艺的联姻在于人性。文艺,因人性而演绎深刻与美妙;茶是人的应用对象或创造物,是人性(情感)的寄托物与相关创造的承载体。人性的多情与深刻,造就文艺的精美与宽广,它同样也成就了茶文化的博大精深。

---

[1]　王登峰、崔红:《人格结构的行为归类假设与中国人人格的文化意义》,《浙江大学学报》2006 年第 1 期,第 29 页。

一、茶与文学

　　文学是心灵超脱于现实的自由向往,是创造性的人生所不可或缺的;"文学是人学"。茶文化是以茶为载体而表达人性以及其光明面的希冀与追求。文学中所展示的茶文化,是由茶中所融入的人性化内涵展开的审美过程与相关创作而展现的深刻与美丽。它也是文人对茶情有独钟而又善于展示"自我"著事活动中"心灵的姿态",出入道、趣之间,执著又不拘一格中,不经意间"道"心"文"趣兼备①地创作出优美的文学作品来。茶的文学是由茶这情感的对象物引发,以文字语言为载体而创作出来的作品。② 茶与文学的关系缘于人性而质朴生动,因心灵的细微与深广而演绎丰富多彩。

(一)茶与文学的互相渗透

　　在中国,茶与文学的关系可从以下几点考虑。

1. 茶凝聚文人的精神寄托与追求

　　文人是从事文学艺术活动的人,他们对文化物较一般人敏感。作为日常生活的需要,自然会成为他们的选择,而茶的富情趣效应,成为不少文人生活与创作的组成部分;加上其品性的高洁,茶自然而然地溶入了文人的精神活动而成为创作对象。他们爱茶、咏茶,似视茶为人格化象征,历史上大量的茶诗、茶文就是很好的见证。当然,茶也给予他们关怀。历史上的文人大多受传统的"为天地立命"等思想,怀有理想主义与爱国忧民之心,这容易与世俗社会不和而遭受曲折。茶的蕴藉给他们心灵上的迷惘以关怀,还引导人调整心绪,以相融、调和的态度面对现实,让有志者在逆境中拥有"淡泊以明志,宁静而致远"的清醒与追求。唐代的卢仝是文人,他的"七碗茶歌"千古流芳,其中少不了那饱含有对劳苦大众的深情;苏轼是大文豪,他的诗文传颂千古,但不少诗文包括精美的茶诗,就是在落魄之时所创作;著作《茶经》的陆羽也有"陆文学"之誉,他不仕,却以专注地探究茶的世界而实现对民生的关注。文人以其对情趣的特殊感受能力,将茶文化与审美创造与精神追求结合在一起,结晶而成的

---

　　① 刘学君:《文人与茶·序言》,东方出版社1997年版。
　　② 就茶与文学成就而言,发展得再为成熟的要数诗作,由于篇幅的原因不能详载,本书以茶诗撷英的方式抄录小部分列于附录Ⅱ中,可为兴趣者作参考。

茶文化终成文学领域中的一道靓丽风景。

2. 茶是文学创作与取材的理想媒介

文学（创作）来源于自觉自愿，创作素材来自于实践；茶在社会与文化方面的广泛渗透，而可以成为文学创作的一个重要支点。沟通雅俗的茶，是通往人们生活与文化世界的理想媒介，人们可由此充分观察到现实社会中人们的追求与希望。茶与文学同样可以是思维与精神创作的表达与表现方式，茶及其相关事象还可以作为文学创作的载体与媒介。以与茶相关的茶馆为例，其中流传或发生过的故事、见闻及其所折射出的社会变迁，即是文学创作的好素材。文人通过茶这社会窗口与文化凝聚点而观察透析身边的事，有助于使创作所呈现的"故事中的事"生动传情而不离奇。有人称茶中能"喝出哲学、喝出宗教、喝出艺术、喝出修养、喝出人情"，而文学创作者，他们还能从中喝出灵感、喝出故事与创作构思，并有助于其艺术意境的提升。茶使语言文字生辉，连同它的自然功效，能让文学创作显得相对自在或轻松。

3. 茶的直觉式感性应合中国式文学艺术

文学是以语言文字为媒介的创造性艺术，它的创造与相应的思维方式有关。受民族传统的影响，由口舌感觉引申出来的"趣味"，直接关系到文学创作相关的审美与领悟。茶的口舌感觉之趣味，可能与中国式文学艺术的审美创作与领略相联系。基于传统道德自觉（儒家）与虚静明觉（道家），以感性与直觉为主的思维形式及表达风格（有别于理性与逻辑的、而展现"心的文化"）体现相关的心灵与思想感受而生发的中国文学，人们能通过细致的情感体验从中发现理性之外的深刻、直觉对"美"的顿悟与感应，等等。这与我们在（静心）喝茶或品茶中所觉察与体会到的一些联想与感应有着莫名的相似，如茶外形的动感雅致、香逸的缥缈、口舌之味的丰富而深刻等。其中的感应式触动与顿悟，也该是我们记忆中的"文化存贮"与现实的感性或直觉所生发的一种际会。文学是以一种思维的表达方式而存在，茶也似如此；茶的雅俗共赏，与语言文字中的生动与质朴之间也存在一定程度的心灵感应。

茶与文学的这般灵动关系，历史上可追溯到文学创作方面的"性灵"派。新文化运动后，其继承者还把茶与创作手法直接连在一起，认为文学蕴意的解构、判别与表达与喝茶存在相似甚至一致性①。现代的文学论者称那种人文

---

① 林语堂在《吾土吾民》中说："中国作家只给一段或两段论辩，便下结论……不过你可以感到一种刹那的幻觉，觉得它已达到结论了。"散文"主要的材料包括品茗的艺术"。周作人也说过"觉得读文学书好像喝茶，讲文学的原理则是茶的研究"。

学习和心性修行的(甚而是技艺的、知性的、阅历的功力与修饰水平上的)"工夫"①,与鲁迅随意所言那喝好茶所需的"工夫论"(即要有空闲与练就出来的、对茶的特别感觉)有异曲同工之妙。文学创作中的主观审美与普遍性认同的联系,人们通过文学熏陶而形成的鉴赏力,从作品中体会诗意与美、崇高与幽默等诸如此类,同样可相比于识茶、习茶与品鉴中体现的主客观性,以及入境后的联想与心悟。文人对茶的气息、口舌之味,以及由此而生发的品茶感受,可通过文学的练达传递感染,在读者心中产生亲切、自然的感觉。这是文人情到深处后在笔下的自然流露,其引人入胜让人感到文学与茶在某种意义上的相近与感悟上的相通性。茶还可充当文人创作的精神食粮,如宋吴藻就有"幽绿一壶寒,添入诗人料"的诗句,而闻一多则直称"我的粮食是一壶苦茶";对于后者,忆明珠在散文《茶之梦》中还臆断称那苦茶必是绿茶,认为"是绿茶沏出的一壶苦;同时又是苦茶沏出的一壶绿"。这样的臆想应归结于传统中国式的感性与直觉思维,亦即那非逻辑的诗意感应与茶的滋润与灵性的迎合——茶的自然功效有助于创造和想象,其相关的蕴意可为文学创作的心灵机器运行的有序而敏捷增添活力。茶流淌在中国的文脉里,幽雅灵动,亦幻亦真。

4. 茶与文学的存在有相似性

茶与文学的关系还表现为存在的属性方面。茶是自然造化经人工智慧的凝聚,茶的(冲)饮也如自然情怀的释放与感化;文学是对自身关注的基础上的语言与思想的创造,赋予受众而产生影响。茶的凝练(品质成就的历程)、自然释放与受人感应的过程,与文学取材、素材加工后,诉诸读者的感应与传播影响相似;而茶文化的繁衍不止与历史沉积,也与文学发展成就所历经的流动性、生生不息与集腋成裘相似。它们都是情趣性创造以满足人们的追求而实现使命。把感受与思考注入语言、诉诸文字而成就的文学,能穿越地域、历史、习俗,乃至人际关系,实在是人性所向;这与茶之浸润人性而成普爱存在相似性。文学可通过对现实的观察、思索和希冀、憧憬,乃至梦想,而创造美好,以弥补生活以及自然与艺术方面的不足;茶可充当思想的载体,滋养生活,给人间增添美丽。

茶与文学创作的相关性是多方面的。从文学创作中的灵感与妙悟,到想象的运用和情境的驾驭,茶有助于其表达与情节的传承启接上起滋润作用。"心有多大,想象的舞台就有多大",是文学家的感言,也为爱茶而又好文学的

---

① 徐复观认为,所谓文学上的"工夫"更指自期远大、学养深醇的一种人文学习和心性修行,甚而,凡技艺的、知性的、阅历的功力,都归根结底要回到内在心灵的作用上。

人所传扬——茶有助于想象,给人以宽广的时空感。①

　　当然,茶文学的精彩,不一定像小说中的故事情节那样跌宕起伏,或不同于酒的激扬;不过,若是读者细心寻觅,就能觉察到茶的灵性、香韵,常常渗透于内容之中、溢于字里行间,以添韵味、长兴致的方式流芳于世那般,体现隐于华彩之后的细腻与雅致,给文字作品以生命力。当代美学家朱光潜赞美苏轼诗句时称"文学之所以为文学",举的例子就是有关茶的诗文。② 茶文化的韵致,从文学创作者笔端流出的是灵动细腻的笔法。

(二)茶文学创作成就略举

　　茶的文学,在繁花似锦的文学天地里,并非最耀眼,但不失为文学河流中不时显现的浪花,给河流平添美丽。反过来,借助文学的灵动与它那"有的写在笔下,倍觉美丽"、"使看不见的东西被看见"的特质,有助于更多的人看到茶的精彩、感受它的美妙。这里从文学题材的几个方面,阐述茶与文学艺术方面的灿烂成果。

1. 名著(小说)中的茶情节摘选

　　茶的文学因情节需要,还因茶助文思中可摆脱束缚而升华美的情境,并给作品增光添彩。名著中故事情节的跌宕起伏与人物性格比较变化是生动有序的,茶在其中能起到应有的积极作用。茶与文学的联系,在《红楼梦》等著作中有充分反映。仔细的读者还可从有关著作中的茶事、茶文化描写中,发现时代变迁所带来的茶事、茶文化的发展变化。这里以明清时代的小说名著来说明茶与文学的结缘。

　　(1)《水浒传》中茶趣浓

　　在《水浒传》中,茶在故事中的穿插是以生活为基调的浑厚,茶与情节相应

---

　　① 有工科的学生称茶为思想的电池,是把人脑比作心灵的机器或发动机;也有护理的学生出于职业与爱心把工艺茶品的炒制完成喻为婴儿般生命的诞生。这让人想起美学家朱光潜所说:思想的创造与生命的创造有相似性。茶可以是一种思想的体现,还是思想塑造的源泉。

　　② 苏轼《惠山烹小龙团》有诗句:"独携天上小团月,来试人间第二泉。"对此,朱光潜以联想之意作释:以专供宫中帝皇重臣享用的"小龙团"而联想修饰以"天上",惟以"人间"珍稀的山间"二泉"(天下第一泉实是得不到)相配。其不即不离、若隐若现的妙处比"惠山泉水泡小龙团茶"要丰富而夸张得更有意义——含混而有蕴藉,丰富而精彩。相比"独携小龙团,来试惠山泉",修饰以"天上"与"人间",实乃点金之作。文学之所以为文学就在这一点生发上面。参见朱光潜《谈文学》,上海文艺出版社 2001 年版,第 69 页。

的不是清雅而是恰到好处的调味。

《水浒传》中的茶趣首推第二十四回《王婆贪贿说风情，郓哥不忿闹茶肆》，说到潘金莲放帘时无意中掉下竹竿打到西门庆，西门庆见潘金莲之美色，勾魂摄魄之后，两日里竟四次来到王婆的茶坊"喝茶"。期间，作者以茶的俗名及其引申意，点破文中主角微妙的心理与心态，运用的语言简单，却写得惟妙惟肖。

第一次进茶馆，西门庆迫不及待想了解潘金莲是谁家妻子。他一转踅入王婆茶坊里来，便去里边水帘茶坊坐下。问道："间壁的雌儿是谁家的老小？"王婆先是卖关子不答，促使西门庆欲火燃腔，当她道出潘是武大妻室，西门庆叫起苦来说道："好块羊肉，怎地落在狗口里！"半歇，王婆来问："大官人，吃个梅汤？"（很可能是一种真实的饮用物——笔者注）西门庆道："最好多加些酸。"两人的问答巧妙地运用茶来做"道具"，这便是王婆借"梅"与"媒"为谐音进行引逗，说明了"原来这个开茶坊的王婆，也是不依本分的"。而西门庆说要多加些酸，即表明他对潘金莲醋意倍增。西门庆这条色狼因色而烦，因欲而渴，故欲饮这一别有含义的茶。他们以茶为掩护，一语双关地点出"狼狈为奸"的媒事。西门庆二进茶铺在天黑点灯之时，王婆见他朝武大门前只顾张望，就主动问道："吃个和合汤如何？"这是一种甜茶，和合之名，取其夫妻相爱、和谐合好之意，西门庆听后，心领神会地说："最好干娘放甜些。"这一情节，王婆借用和合茶表示愿做媒人。

翌晨，王婆却才开得门，正在局子里生炭，整理茶炉。西门庆又来茶坊了，但王婆装做看不见，只顾在茶局里煽风炉子。哪里有客人来茶坊而不顾及的？说明他俩的真正目的并不在茶和经营茶坊中，只是应西门庆叫道："点两盏茶来。"王婆便浓浓地点两盏姜茶递给他喝。这姜茶即在茶中放姜煎成，此时让西门庆喝茶，一是点出时令可在破晓，二是意在煽惑。西门庆喝完姜茶离开茶馆后，遂到潘金莲门前走了七八遍。这种色欲饥渴之举止又落入王婆眼帘。当西门庆再次入茶馆，王婆直言："老身看大官人有些渴，吃个宽煎叶儿茶如何？"暗示他心勿焦急，西门庆又再次从吃茶中领悟出王婆的语味。

西门庆应王婆之"设计"，与潘金莲撮合在茶坊，王婆便去点两盏茶来，递一盏与西门庆，一盏与这妇人，说道："娘子相待大官人则个。"作者说是娘子相待，实则是王婆献上的"和合汤"，应了故事情节的发展。

《水浒传》作者独运匠心用茶来刻画人物心理，以茶代言，为茶文化添了神来一笔。

（2）《红楼梦》中的茶文化精致至极

《红楼梦》不仅像《水浒传》等侧重反映社会客观现实的类型，还兼具表现作家精神世界,是两种类型的完美结合。人称《红楼梦》为"奇书"、"绝书"。但其中"起结奇,穿插妙……命名切,用笔周"之空前绝后,少不了茶事在其中的进行穿插传神与润滑过渡,有人因此也称:"一部《红楼梦》,满纸茶叶香。"从微观的角度讲,《红楼梦》讲述了才子佳人的情感故事,相关的茶诗正是他们思想的反映,如"倦绣佳人幽梦长,金笼鹦鹉唤茶汤"、"静夜不眠因酒竭,沉烟重拔索烹茶"、"却喜侍儿知试茗,扫将新雪及时烹",等等,呈现出浓厚的生活艺术和难以追寻的茶之意境,读来情真意切。

《红楼梦》中的妙玉与宝玉之间的感情瓜葛由红学界去说,但我们可以在这一回中找到妙玉"以茶传情"的蛛丝马迹。贾母是游园一行人中的尊者,可称之为领队,刘姥姥是客人,又是情节中的主角,目的是以大俗衬托大雅。来到庵中的还有贾府众妯娌、姑嫂,然而妙玉稍作应酬后,撂下众人不管,把宝钗、黛玉的衣襟一拉,引二人进入耳房。见此情景,贾宝玉也随后轻轻地走了进来。妙玉邀钗黛二人,其实也正是邀宝玉,因为她深知宝玉和黛玉、宝钗的亲密关系,钗、黛进入耳房,宝玉怎么还会留在院中?妙玉是聪明的。况且,一位年轻女尼也不好去拉一位年轻公子的衣襟。妙玉请三人喝体己茶。体己者,关系密切、亲密也,且所用之水具,十分的不一般。妙玉递给钗、黛的是"点犀盉"(犀牛角做成的饮器,"点犀"有"心有灵犀一点通"的诗意)和"瓟斝"(瓟指葫芦形状,斝为饮器,是一种稀少而珍贵的饮器),给宝玉的是自己常用的那只绿玉斗(绿玉做的饮茶器)。乍一看,似乎妙玉是敬重钗、黛而怠慢宝玉。其实不然,越是随便,越说明关系亲密。有洁癖的妙玉,把自己日常喝茶用的绿玉斗给宝玉用,正说明宝玉在她心中的位置。这个并不引人注意的细小情节,折射出的却是:妙玉虽身为缁衣女尼,心中仍有着粉红色的梦。我们这里要强调的是曹雪芹以雅致的茶事来穿插故事情节,真是绝也。然借茶来递情爱,比"酒是色媒人"要文雅得多、贴切得多。这可谓是祖国茶文化的交响乐中别具一格的绕梁清音!

小说《红楼梦》中与茶有关的情节描写很多,且以雅趣礼仪为多,精彩之处不胜枚举。

古典名著中与茶有关的情节描写很多,对此,刘心武曾感言道:其中的"茶香飘渺,既助我们消遣消闲,又为我们提供了多么开阔的想象空间,融注进了多么丰富的思想内涵啊!"

2. 散文(含随笔与小品文)与茶

散文是在古代诗歌体形式基础上发展而来的感言性心得与体会,它与茶给人以不经意的感动、或随意与应心有着形神上的一致性。

（1）明清小品文

明代张岱对品茶鉴水极其精到，成为人们津津乐道的大茶家。《陶庵梦忆》中"闵老子茶"一节的记叙颇为生动，现摘选如下：

> 自起当炉，茶旋煮，速如风雨。导至一室，明窗净几，荆溪壶、成宣窑瓷瓯十余种皆精绝。灯下视茶色，与瓷瓯无别而香气逼人。余叫绝，问汶水曰："此茶何产？"汶水曰："阆苑茶也。"余再啜之，曰："莫绐余，是阆苑制法而味不似。"闵水匿笑曰："客知是何产？"余再啜曰："何其似罗岕甚也！"汶水吐舌曰："奇！奇！"余问："水何水？"曰："惠泉。"余又曰："莫绐余，惠泉走千里，水劳而圭角不动，何也？"汶水曰："不复敢隐。其取惠水必淘井，静夜候新泉至，旋汲之。山石磊磊藉瓮底，舟非风则勿行，故水不生磊，即寻常惠水，犹逊一头也，况他水耶！"又吐舌曰："奇！奇！"言未毕，汶水去。少顷持一壶满斟余曰："客啜此！"余曰："香扑烈，味甚浑厚，此春茶耶？向瀹者的是秋茶。"

19世纪的梁章钜（1775—1849）工诗、精鉴赏、富收藏，学识渊博，著述甚丰。在其《品茶》中即有关于茶的高论；文中对"品茶"描写，以"活"为上，读来内容生动活脱。

> ……今之品茶者，以此为无上妙谛矣，不知等而上之，则曰清，香而不清，犹凡品也。再等而上之，则曰甘，清而不甘，则苦茗也。再等而上之，则曰活，甘而不活，亦不过好茶而已。活之一字，须从舌本辨之，微乎微矣，然亦必瀹以山中之水，方能悟此消息。此等语，余屡为人述之，则皆为闻所未闻者，且恐陆鸿渐《茶经》未曾梦及此矣……非身到山中，鲜不以为欺人语也。

（2）当代茶随笔

当代有关茶的散文性随笔作品很多，虽然其"味"不像近代作品那般"浓郁"，但其内容发挥得开来，也演绎得精彩。在此选取一小部分供读者体会。

现代作家峻青在《品茗谈屑》一文中说：

> 在我独自品茶时，却总是感到有一种山川的灵秀之气，与茶香一

起涌来。所以我想这茶是山川的灵毓所钟,也可以说,这山川的灵秀之气……茶泡入杯中之后,那一片片细长的茶叶,在袅袅升腾出阵阵清香之气的清水中,慢悠悠地飘浮和降落,徐徐地舒展出像三春柳眉似的嫩绿色的芽儿……啊,看着这,简直是一种富有魅力的美的享受,它不但美,而且富有诗意,引人遐思,令人心旷神怡。

说到茶之魂、茶之魄,散文作家叶文玲曾写过《茶之醉》、《茶之魅》、《茶之境》,然而,依她所言,对茶那更进一层的启悟还得益于文友那关乎茶园的类似棒喝般的深情之问。

……情意恋恋的文友(外籍华人——编者注)抛了句话:说实在,茶喝得不少,却实实在在没见过茶园呢……被他这一说,眼前立刻升起了西湖龙井那碧绿浓黛的丘山,升起那奔腾起伏连绵不尽的绿海,鼻端立刻就有龙井的那缕熟悉的茶香缭绕不已。神思恍惚中,却不知怎样回答和应合这位朋友的问话了,倒觉得那位朋友不是无端话题,却是"入境"后真正的由情忆景。

《梦中茶园》一文中的相关内容,可谓是对叶文玲茶园之"境"的很好注解。

信阳千山,遍地茶园,绿得像一片如山的长裙。山地上的茶树排行也有规律,以顺着山势的走向;茶树才半人高,但不失挺拔繁茂。其时正是清明刚过的黄金茶芽生长时期,茶丛中尽是由片片嫩叶与不失时机纷纷往上冒的细细的嫩芽,是接受了春天的召唤,还是对阳光的热爱而奋力生长?清晨的露水洗礼了的茶树,显得格外清新。此时,来了几个采茶少女,她们如片片彩云飘然而至,轻盈漫步,皓腕灵动,纤纤素手点点而起。这简直和自己的梦中的景象一样。不,要比梦中的更美。是一幅画,一幅山水写意下的少女采茶图。宁静秀美的山水之中,采茶的少女更添了画卷的灵动,大气磅礴之中点缀着柔情似水的灵毓使我陶醉其间,呼吸着这带有香气、灵气、仙气的空气,不想回到现实。平生第一次有了恍如隔世的感觉,竟是在这茶园。幻境之中的真实,现实之中的飘渺。一切皆在虚幻与真实之间,却无一丝恐惧之感。心情不再浮躁,仿佛此地净化了我二十年的灵魂。在这里,无需理会谁是谁非,因为一切都已臻化境。这也是一幅画,而作画者只能是自然。采茶的愿望也顿时消减,只怕采坏了那份静谧。只站在茶树之间,也任云温柔的从身边飘过。已忘记在山间茶园中逗留了多久,恋恋不舍地离去,但心仍然停留在那片茶园中。①

写有"茶人三部曲"的作家王旭烽,年富力强却又无奈于事务缠身,在《浅是茶》中所道出那工作与生活及茶的美妙与甘苦突然间的表现,使人唤起久违了而静埋在内心深处的那些不可名状的对于茶的爱与一脉相承的对浅然的感慨:

> 浅茶,却多半是只可意会不可言传的,是眼前有景道不得的。……浅还意味着这样一种命运的境况——有时候我们擦肩而过,并不是我们不想厮守终身;有时候我们扬长而去,并不是我们不想回眸凝视;有时候我们入淡如菊,并不是我们心中没有情爱;是太多的深使我们浅了,浅便成了我们的生活的勇气和本领,渗入我们的言行举止,使我们能够承受本来唯恐难以承受的,但是又必须去承受的经历了。

近来深受青年人喜爱的台湾作家林清玄,以饱含道情而富禅意的文风感动年轻人。他的文章中常提及茶,《茶味》一文即有此片断,可让人欣赏中回味。

> 与人对饮时常令我想起,生命的境界确是超越言句的,在有情的心灵中不需要说话,也可以互相印证。喝茶中有水深波静、流水喧喧、花红柳绿、众鸟喧哗、车水马龙种种境界。

3. 茶文学的延伸

文学在表现情感思想中具有全面而简捷的功用,含于相关艺术中能起到相得益彰与互证的效果(如画中的诗、音乐中的歌词)。名著《红楼梦》中十分精彩的茶事描述,即是日常茶事之韵融于生活艺术(现代的影视中,常见剧中的主角在喝盖碗茶时,用杯盖轻盈而优美地在茶水面上划两下,为后续景象作

---

①　此节选自赵扬为茶文化课业而作的茶文化课程论文。

了很好的铺垫），让人津津乐道。电影《绿茶》中有一幕，让人想起宁静的画面，有胜于对白之感：女主角以纤纤玉指端起盛茶的贝壳形瓷碟，轻轻的移到鼻下摄取芳香，呼吸间，翠珠似的茶叶先后坠落盛水的杯中，精灵般的茶叶与水共舞，婀娜多姿，飘然而下；桃红的唇，碧绿的茶，白玉的碟，翠绿的水，相映成趣；然后见她端起来幽幽地说："一杯茶就像一个人。"其中的艳与雅、动与静，尽可让人想象。

（三）茶文学中感性之外的理性

从文学意义上论茶，往往因为其艺术性而在论茶见道中不失感性，如周作人在说日本茶道时称其为"在不完全的享乐一点美与和谐，在刹那间体会永久"，堪称当代茶文学中的经典名言。但由于文学的思想性所致，茶的文学也非一团和气。在20世纪二三十年代的文坛就有过以"喝茶"为题的论争，看似为了喝茶，实则关系到思想性与对时局的看法。重要的是其文论者所操方法之巧妙，水平之高，非一般人所能想到。这里略作介绍。

"喝茶当于瓦屋纸窗之下，清泉绿茶，用素雅的陶瓷茶具。同二三人共饮，得半日之闲，可抵十年的尘梦。喝茶之后，再去继续修各人的胜业，无论为名为利，都有无不可，但偶然的片刻优游乃正亦断不可少……"这是周作人在20世纪20年代的"喝茶"，随意中能见出人性的自然，广为人们传颂。但到了国运多舛的30年代初，中国迫切需要文学倡导"先进文化"之时，他消极而不合时宜地借"喝茶"而道出内心的矛盾而由消极至颓废之意味；鲁迅看出周作人思想的嬗变与茶事（文）中透露出的消极，乃至颓废，于是以"喝茶"为题进行告诫与论争。这一文坛茶话的经典，除了有关"喝茶"文字的格外优美，还表现在鲁迅通过"有好茶喝，会喝好茶，是一种'清福'。不过要享这种'清福'，首先就须有功夫，其次是练就出来的特别的感觉"。这简要的描写所起的"引玉"作用，是在语言的反复中完成启承转接与渐进的语言意境，形成了对消极的思想进行透析与驳斥（"抛砖"）而作的铺垫。其中也体现了鲁迅那高超的文学艺术手法。①

　文艺与茶的联系不仅仅局限于文学，还有音乐与绘画等其他情感化的艺术表达方式，正如林语堂所言："音乐，是无字的情感……诗歌之基于音韵及真

---

① 鲁迅就以"喝茶"为题，非常巧妙地使以"批判的武器"与"武器的批判"的文学批评技法，意蕴深远。参见黄志根《论鲁迅等"喝茶"思想及其茶文化意蕴》一文，《浙江大学学报》，2003年第6期

理的情感,下如绘画之基于色觉及视觉一样。"确实,茶文化的广博深透,还需通过其他艺术方式才得以尽情地表现。

二、茶与绘画及音乐

艺术是情趣的活动,通过相关意象的创造来完成,而茶就是情趣的内容物,是营造意象的理想媒介,其高洁的形象还被作为艺术的对象加以利用。艺术,从某种意义上说,也似茶的味道,"味随情转",还应那句"只可意会,难以言传"的套话。艺术,由情境所载,由文化符号与艺术的元素(如形象与节律等)构成,可通过与茶的意境或茶事内容本身来表达而实现创作。茶与艺术,因为媒介、功效与情趣的对象化而可相互联系与渗透。

艺术门类种多而形式有异,这里以茶与形象符号与节律表现的画与音乐的相互联系为例,作象征性介绍。

(一)茶与画

中国绘画艺术起源于生活,与生活运行的轨迹交替发展。它在发展初期曾被宗教和政治所利用;历史上的宫廷画派就享有相当的权威性。然而,艺术毕竟是艺术。由于特殊的社会背景,中国的古代文人能游离于生活、政治、自然之间,并不时地表达他们的思想情感;绘画也因擅长与爱好成为他们的四艺之一(因缘于书法的抽象美,而有书画同源之说),而他们也以画作那十分简约的表达方式,宣泄情感。古代文人的画作,因具备抽象性、意达性,不宜形象表达只可意会,其不可言传的感受等诸多特征,为后来的画界所推崇,并深深地影响着中国画的发展。茶与画的内在联系,可从茶的自然、灵性与入静,与绘画要求的情境构思(也是一种美的创造)、意象的展开方面的联系进行认识和理解,茶的温醇也因合乎儒家的中庸和谐,而融通生活艺术;茶以体现生活的本质而入画作素材,更因其灵动而为绘画创作的动因(可被喻作想象的翅膀)。由此而论,茶与画的联系,可谓简单又玄妙,茶事在意境方面迎合绘画创作的追求。

茶与画,可从其内在的关联度、品茶与画和茶入画来说明。

作画与品茶,都是历史上文人墨客抒发胸臆、寄托心灵的一种"有意味的形式"。品茶与作画连在一起,是在宽广而近乎统一的"传统文化磁场"统摄之下的互相渗透;而中国艺术思想的本源无疑是"天人合一"的哲学思想,其创作方法,也不单是从视觉,还配以复杂的精神作用,以思想的深度取代自然;其中,除了道家的情怀,少不了儒家的中庸思想,还有佛教的灵光。当代画家齐白石在论画时,拈出一个"静"字,说的恰是绘画艺术方面的真实,假如创作者心中填满了名利世故,没有了空灵之地,"罗万象于胸中"是难以在诸如画作中开辟意境,抒写灵性的。而"静"正是茶的重要而本质性的特征,可助人静心清思而入心界的空灵,与绘画的艺术相应而有助于画者的审美创作。茶之静,也让品者与作者之间构架起一座理解的桥梁而产生共鸣。郑板桥在品茶画竹时题诗时说:"曲曲溶溶漾漾来,穿纱隐竹破莓台。此间清味谁分得,只合高人入茗杯。"很能说明品茶与赏画之间内在的深刻联系。

茶入画,即有关茶事在画中的反映,是民众的茶风茶俗通及雅文化后,作出诗情画意式的艺术表达,它如同茶入文学一样,反映了人们对生活的热爱与情趣的丰富生动,给人以美的效果与联想,它真实地反映了茶文化渗透于社会生活的方方面面。

这里以茶与具体画作为主题,撷取历史上叙事性的情境画、山水画与现代的漫画各一例,略作赏析,以助读者了解欣赏。

1. 宋代《斗茶图》

画面上的人可分为两组,左右相对。两边似各有一位站立的较年长者为主角,身旁的年轻者为助手。右边组,年轻者低头专心执壶注茶,身子前倾(手里还捧着一只碗),两肘几乎呈斜面平展,从动作幅度看,显得矫健而熟练,年长者左手提篮(炉)右手持碗,目送对方饮完茶,又似在等待夸奖,其神态自然而踌躇满志。左面组,有两人在饮茶,居画面前者左手持数碗,右手持碗杯才用过茶,目光正在移向对方,居后的年轻人正把碗喝着。另有一相对年老者,提一茶篮而甘当旁观者。宋代斗茶,有"胜若登仙不可攀,输同降将无穷耻"的描写,但画中场面并非如此,双方情绪饱满,很可能是卖茶者在相聚之后、吹嘘之余,在自个儿比试技艺,评论茶品。该斗茶图画面内容结构紧凑,动静结合有度,画中人物鲜明生动,栩栩如生,线条细腻。画中所绘斗茶场景不大,但茶炉、瓷碗、金属瓶壶、竹器挑担等一应俱全,其中还不乏茶具配件与随身携带的雨具等(参见书中彩页——宋·斗茶图)。

此画作者不详,一般认为是民间艺人所作,但画中所体现的生活场景之独特,观察力之细腻,叙事之生动,颇有《清明上河图》之风格,只是其内容表现为单一的挑担式斗茶。

2. 明代唐寅《事茗图》

唐寅即唐伯虎,诗、书、画俱佳,尤以绘画成就卓著。该画以景物为主,崖、石、古木、溪流、茅舍等尽入画中,远处写意,近处突出宜景之物,以衬托文人会友的雅情与兴致,以显示品茶拂琴、吟诗作赋与挥毫染翰的主题,画中情景,潇洒和恢宏两相合。画面结构严谨,层次分明,凝重浓密,潇洒幽静,清雅宜人;其情景是古代文人候朋会友的理想之境。画中有读书人伏案作功课,并有一童子煽炉烹茶准备待客;旁边另有居士携童抱琴造访。画中人物线条工细,神态生动,着墨多而清淡,充分烘托出志趣和环境的结合;画中之诗内容贴切,字体婉转流利、俊秀潇洒。此画可为明代山水画的代表。

3. 丰之恺的漫画

漫画不同于传统的画作,它是通过人物事件的形态表现社会中的客观存在。漫画与茶,看似平白清淡,却都能以独特的文化视角折射出时代的特征与生活的内涵,一经对比赏析,还真有感觉上的相通性,尤其是与茶相关的漫画。这里以20世纪上半叶丰之恺的茶事漫画为例作简析。

丰之恺的漫画享誉中外。他的作品取材于日常生活,所使手法别致,往往是略加勾画,便独具魅力。他的漫画风格独特,那"味"儿是悠长(有人喻其如橄榄味),其深刻而简朴的意蕴,合乎茶的意境。《松间明月长如此》就是典型的代表。细细品赏,其漫画中的味儿涩、苦、甜、酸,因欣赏者的不同而可作相应体验;面对含意隽永的漫画,总觉得语言不易恰切地表白,要以意境去论。这不是更像茶?用心品赏,那生活的滋味便会油然而生,与作者的创作情景产生共鸣——画中两位"于秋月下,松石间,悠悠然相对而坐,品茗闲谈赏景。既透露了浓浓的生活气息与真情,又忘却了人世间的一切烦恼……"

(二)茶与音乐

音乐,是无字的情感,是生命的情感转换的音符,其节律是由情感凝固后对外在世界的传扬,让时空变换后的生命情感得以传沿与"流驻"。茶能通过自然功效与心灵感应给人以潜移默化,音乐则以弥散性的感应,能超越时空而浸润人的身心、影响人的行为。20世纪70年代末,美国向外太空发送"旅行者号"飞船,也选择了音乐这生命创造的复合信息向外示意。

作为人们生活的精神需要,茶与音乐之间的联系,直观上表现为人们在饮茶中喜欢有音乐相伴,如有相关的乐曲相伴,有助于烘托茶事的氛围。进一步分析,茶与音乐的联系与渗透,是表现在多方面的。音乐与茶都是情感的表现,并构成热爱生活的美丽点缀;融自然、文化于一体的茶,可象征性地表现生命活动的情趣性载体,其动静结合的特征,与音乐的旋律和起伏的节奏相似;喝茶时由茶的感觉可唤回的情感思念与记忆等,与音乐所能超越感情的时空关系（托尔斯泰称"音乐令人产生从未有过的回忆"，也让人联想起茶事中可唤回深藏于心中的记忆①），是人们生活中的情感多媒体；当然，由"美不尽言"到"语言的尽头是音乐"，与茶的欢愉而渐悟人间的和谐与大自然的美妙，呈现出的是相似的化境；音乐那心声的凝固转化而传递，与茶那品质蕴藉后的释放相似，承载人的情怀与智慧。茶与音乐所给人的感应，不能用科学的手段去分析，只能用心灵去感悟；与此相应，人们在紧张工作之余的放松，凝神创作之中的心灵滋润，茶与音乐都能起到相同的作用或效果。联想到茶与中国传统音乐在自然本体性方面的同根同源，它们的联系也存在有"自然而然"的因素，有待人们进一步揭开谜底。

在中国，茶与音乐的共通性与相互渗透，少不了传统哲学那"道法自然"的影响。茶，生于山野峰谷之间，而秉承其精魂；水，出自深壑岩罅之隙，可谓大地的象征物。为人们所喜爱的茶饮，可谓是人与自然和谐的象征。茶之淡而悠远的清香，水之缓动而清流，能令人识得淳朴天然的底蕴。音乐，可象征自然的心声，也可以表现有生之物的涌动，进而是生命的鼓动、情感的相通与共鸣，给人以情感或力量的蕴藉。常常被优雅茶事作为背景的《高山流水》乐曲，就是以流水的自然态势为主题进行创作而成经典；也正是它，被美国的科学家选作为与外界星际交流的生命信息（代表人类最高水平，因为它表现的是人和自然、宇宙交融的思想）。茶与音乐之间的联系，既有山水自然的永恒相融，也表现为予人的休憩与平和感。饮茶时的乐律，能引发茶性，感受大自然与人情之美，引人慎思而益茶德。

音乐是感情的倾诉，"能表现花朵的美妙，波浪的澎湃起伏，月光的幽丽恬静"（林语堂），也能讴歌劳动者的创造。与茶相关的音乐，除了可衬托茶香飘逸的美妙，反映茶会融洽和谐的氛围，表现茶那雅俗共赏的清音，泥土般芬芳、助人思乡与凝神的民乐，还有表现丰收喜悦的笑声欢歌，等等。现代的《采茶舞曲》就是这样的经典，该曲已被联合国科教文组织作为民歌教材收录。音乐之于茶，是美丽的歌声在茶园的上空飘荡，动情的旋律在爱茶人心里歌唱，为茶文化的画卷增光添彩。

---

①　气味难以说清与写明，也难于记忆，只能身临其境才能感受；"只须你又闻到它你才能记起它的全部情感和意蕴"（史铁生语）。音乐与茶给人以这般相似的感觉，即引导人勾起深藏的记忆。为此，有人比喻称"淡淡的茶香是姐姐衣服的芬芳，泡茶时激起的水花是小妹调皮的嬉笑，而那暖暖的茶水则是母亲慈祥而深情的目光"。还有如歌词中所说："爷爷泡的茶，有一种味道称做家。"

第五章

茶之道

茶，宜于精行修德之人

——明·屠隆

自然界的气候与其变化决定这种那种植物的出现：精神的环境

气候也决定产生与其相应的文化。

第一节　茶性、茶品、茶人

茶以洁净清幽的自然本性，与社会和人们的生活相和谐。由茶的自然性与人们对它的喜爱、互动而引申出的茶品、茶性与茶德等，表现出茶的拟人化效应，是茶道文化的重要组成部分。

一、茶性与茶品

茶性与茶品，由茶的生物性引申而来，是爱茶之人赋予茶的"人格化"内涵。

（一）茶性

茶性，是指茶之生长、体型、特色和内质的外在等方面的表现，是饮用效应的生物与物质基础。文化意义上的茶性，还要从茶的感应与启示上去认识。

1. 茶性平和谦让。茶树原产于西南云贵高原的原始森林，在被人工利用后逐渐迁移到人们居住地附近的山地与丘陵中生长。茶的习性与生态特征颇能反映其生性。茶在天然植物群落中，立足于灌木或亚乔木层，"谦让"地享受一些阳光雨露。茶的根系极发达，浅层的根能充分汲取地表的养分，主根扎入深土，可以抵御可能的不利的自然气候。茶树对生长环境没什么特别要求，在贫瘠的环境中也能表现出顽强的生命力；茶具有随意而不失坚强的性格，与"其地，上者出乱石"（陆羽《茶经》）所说的自然品质形成对应。茶的平和习性，尤其在那看似缺少给养环境中的不屈生长，可谓是屈让自己而向往大的自然。茶的生命之态，有"上善若水"的气质，可以"厚德"相誉。茶之性也因此不同于酒所表现出热辣、性烈①或咖啡那般让人亢奋，而是表现出使人冷静与提神醒

---

① 由五谷发酵或曰提炼其精华而成的酒，因其兴奋血液而蕴藏的烈性，不同于茶给人以冷静而温暖。

脑的效果,还少不了那日久生情般的滋润。

2.茶性静。茶性之静,可理解为茶树原处山中的"幽"与习性相近。静,是相对于热闹与喧哗而言的,它不同于闲,可从中见出静趣与安逸;静,"以通天下所感",让精神得以净化升华。由静而成的修养是思考与沉稳,于学习与为人处世都有益;静,也是一种心境,是可以旷达致远的境界。茶,"其性精清,其味淡洁,其用涤烦"(唐代裴汶),可以其"湛、幽、灵、远"之妙,"用以澡吾根器,美吾智意"(清代杜濬《茶喜》诗序言)。茶性之静,通过品饮渗透于人体,启发清新,引发人在喧哗中回归到自然,品鉴生活中的美好;饮茶也因此可成为认识世界、寻思新发现(包括美的发现与相关的创造)的途径。

3.茶之清而"韧"。茶之清,是与幽静相应的一种洁净(不同于虚无),它与水之明相融而成的茶汤,有内涵而富精神。茶之"韧",可以茶中的宁静怡情,引申到深远、隐忍(韧),结合茶中那丰富而又细微的内涵,它的积累该是得益于茶树多年生,而不同于酿酒所用五谷的一年生所具的生物功效,可以"渐劲"表示;人生免不了的曲折,也可从安憩性的茶事中得到鼓舞。茶之从栽种到饮用的过程,譬如茶叶成就品质的过程,不仅仅只有风和日丽与雨露的滋润,还有那必须的历练,尤其是新鲜茶叶从树上采下(脱离了树体),去接受可有重生象征(炒制加工)的涅槃,而有着坚韧般精神的象征。茶凝聚了自然的恩泽,接受了人类的智慧,承载民族的思想,从中也蕴含民族不屈的精神与人们的努力追求("厚德载物"与"自强不息")。

茶,因其性平和自然而导入人们生活,以其精神而拥有尊重;茶中的"静"与"渐劲"的结合,表现为蕴藉与进取,可借鉴于生活的态度与工作的方法中。茶性,对于人,是一种认知、感悟与启示。陆羽以"嘉木"为名以定性茶树,可谓名至实归;而苏轼在《嘉叶传》中称:"风味恬淡、清白可爱……容貌如铁,资质刚劲",不仅指茶性,还涉及茶品了。

(二)茶品

茶品,是人们从茶的认识中提炼出来的品质象征与品貌。品,有品种、品类之本意。《易·乾》中的"品物流形"就是说种类繁多;《茶经》中的"茶有千万状"。与品类相关的品级,表示物品的等级。品貌之品,不仅指品种与品类,还指外形和内质,与品性之品接近,不过也存在"形"与"行"的细小差异。品茶与茶品,字序不同,意义自然也不一样;茶品之"品",不是指饮茶,更多地是指茶之精神品貌;陆羽以"嘉木"誉称茶树,与茶品有关的品质理应与"精行俭德"相联系。已故茶学家王泽农教授从《茶经》中的"茶有千万状",到其"精腴"与"瘠老"的差别而提出的"持嫩度"①问题,喻之于茶品有深刻的意义。

茶品是人的主观所为,即被人们赋予在普遍意义上有关品格的特殊内涵,是纯洁的象征。茶品从采摘、烘焙、烹煮、取饮,均需十分洁净。人们以茶言志,喻的就是茶品的高洁,它广泛地存在于民间代表情爱的婚俗与文人雅士的精神追求中。

在不少民间地区,茶即是纯洁的象征,而且是不可侵犯的。如在湖北长阳地区,视茶树为圣洁之物,采摘清明茶时,应由未婚少女穿戴整齐而行;这一传统习俗一直延续下来。民间百姓在安于生计而崇尚茶事,也随处可见。郑板桥的"溢江江口是奴家,郎若闲时来吃茶",赞美的是少女真挚的爱情和坚贞不渝的品格,而广泛流传于民间、称"定亲"为"吃茶",即意味茶品的纯洁可与爱情的圣洁相媲美。

茶品洁性不污、矢志不移的深意,为文人雅士和参悟的僧人所感怀。文学作品中多有这方面赞美的描述,如唐代韦应物的"洁性不可污"、李白的"根柯洒芳津"、现代郭沫若的"脑如冰雪心如火,舌不饾饤眼不花",等等。文雅之士喜欢茶中缥缈的虚幻感,那是茶品高洁的象征。唐代刘禹锡的"客至茶烟起"与李中的"茶烟过竹阴"等是一种情调与氛围,也是一种意境——其情形如茶香的飘逸那般难以定格;他们所指的"茶烟"(这里的"烟",非烟火之烟,意指能缥缈至云霄,与茶品相关的茶烟实乃一种感觉、一种诗意),象征着可提升的意境,是说人对茶品深信不疑。元代白玉蟾的"两腋清风起,我欲上蓬莱",即是借助于茶的品性所生发的虚幻与缥缈;茶诗中的"茶烟",可以是茶品高格(形和神)的象征。文人雅士也往往以相宜之物——竹、松、兰、梅等,以助赏识茶品之境,例如竹与松的意象与茶在品格上有很大的相似性,被古代文人所崇尚的宜茶之景物,而与茶性相近的兰和梅,也有清、幽与苦寒之意境,可烘托茶品之不同凡品。由茶的品性引申而来的"君子性",有宋人杨万里的诗为证"故人风骨茶样清,故人风味茶样明"。

理解茶品,可与茶的生长习性与品质相联系。由物质领域升至精神领域,并人格化为道德风貌与行为规范的"品格"与"品行"。这般意义上的烹茶品茗,不是简单的需要,是一种象征与文化,茶品与品茶那"淡淡的品性,实有助于圆熟和教育"体现出相同的意义。茶品是人所赋予的拟人化内涵,茶与其他

---

①　持嫩度指特定的茶之品质优化条件下的芽叶采摘时限程度。由天地滋养的茶,适时采摘才能尽自然之性。好的茶品最需要由赏识它的人所观照,才显出其意义。两者都为茶之道所要求。

一次性饮物的一应俱全有所不同,是逐渐(有节律地)呈现色香味变化的过程,让人从中体会茶之精细与灵性,引发相关的联想与感应而起积极作用。明代徐渭在《煎茶七类》一文中说得很生动"煎茶虽微淡小雅,然要须其人与茶品相得",指的是茶品与人品相对应,而苏轼的"饮非其人茶有语,闭门独啜心有愧",表露中隐含"饮非其人"的人格缺位与遗憾之情。从茶品到人品的认识,是一种观照。①

茶性茶品所折射出的人的精神文化现象,给人激发出多维度、多层次、可想象与拓展的精神空间,迎合人们对真、善、美的追求。

二、茶与人及茶人

茶因蕴含民族思想精华而起潜移默化的作用。茶的灵性,给人以愉悦,引发人思考与联想。由茶与人及至茶人,是一个由普遍性到特殊性的话题。

(一)茶与人

茶在中国拥有极多的饮者。茶,不是人们简单的一饮了之,而是能从中得到关怀,通过其客观性引发想象(如绿茶的生动之美)。人与茶的关系,除了人们传统与习惯,还因为人们的喜爱备至而赋予茶性茶品等人格化的效应与许多美好的内涵,茶与人生,或茶如人生,即是诸多联想与比喻中最主要的。

茶与人生,可从几个方面来认识与比较。茶从生长到被采摘炒制再到冲泡,其过程与人的生命历程有可比性。茶叶在茶树上生长,就像是胎儿的孕育,不断地吸取养分而成形;茶叶在采摘后的加工、烘焙,产生了实质性的变化;经过水汽的蒸腾与火候的"考验",脱去的是鲜活,显示了类似历练后提升了的生命意义。茶之于水,犹如人之于社会,茶浸润于水而显其品味,人在于社会与人交往中才体现出其贡献与内涵。② 茶叶在水中的沉浮与释放(溶

---

① 有道是:人若在茶中有品位,对生活会有感悟,对情感有真诚,对生命会热爱,并体现出人格上的操守。

② 杯中的茶与水,仿佛是人与其工作环境的缩影;茶之品质因水而彰显其优点,理想的工作环境会彰显人的潜能;好茶的被赏识,如成功人士让人分享其人生的感悟与经验;茶中的滋味的苦后回甘也让人琢磨:一帆风顺的生活与事业有成自然是好,但努力执著的人会因为遭遇曲折而更加热爱生活。

合），似人性的自然呈现；茶会因冲饮次数而带来的内涵或动感之变，如人之渐长而体现的奉献，也似人生沉稳理念的形成以取代年少的肤浅与激情，即可比作茶禅那动复归静的理念。茶水入口时的微苦而后的香醇与甘甜，可象征着生活，引发人体验辛劳后有的收获感。茶如情谊，可象征生活的品位或点缀，喻友爱的轻松该如茶水般给人以适度与适时。茶的自然而然，如人生处世做事中的恰到好处，平淡中见出永恒，朴素中荡漾着人间的真、善、美。茶让人在领悟生活的智慧与人间的真情。茶的味随情景而变①，就像人与社会之于时间与空间一样，无穷无尽。诸如此类，茶与人生，是以生活的片段、记忆、经验与感悟和智慧而产生联系。

细小而简单的茶，能体现大自然的宽广与包容，迎合中国人的传统与智慧——以看似简单的事物来解释人生与复杂而充满变数的世界。茶那简单的物理（结构）形式（茶枝的嫩芽叶），包容着浓缩精华的复杂成分，其品质内涵蕴含和谐的哲理与美不尽言的品质感受。冲茶的过程，可让人寻味于其中——其变化的多姿多彩与人们心情的愉悦可互动，杯中茶的动与静，折射着杯外世界的节律；茶的芳香来自内在，也还少不了器皿等外在的客观（如有源头活水般的沁入，才有的绵绵汩汩）。茶与人，以是而非又不出其外的哲理，体现中国式的睿智，正如那"茶如人生"的命题，蕴含着中华文化②那浓郁的自然观。

与"一方水土"相关的饮茶文化，即是通过地域人文特征而表现出拟人化的效应。"每种茶都有一种自己独特的语言"，指的是茶表现出与生长环境相关的品质风格。如信阳毛尖的产地所处豫、皖、鄂接壤处，亚热带的季风性气候延伸至此，景色秀丽，南北文化在这里交汇，其拥有的品质是香而清高、味隽鲜醇，让人回味再三；普洱茶所具原生态气息的质朴而浓烈，那份敦厚是属于有缘人的……绿茶的自然清新、红茶的醇厚、乌龙茶的浓烈而馥郁、普洱茶的厚道，等等，茶的个性吸引着喜爱它们的不同人群。江南的柔和，不同于北方的粗犷，茶的类型不同，饮茶风格有别，这也如不同城市间人的性格情状有不

---

① 茶除种类、品质、沏茶水质或时间等客观的差异外，还因主观感受因素而"味随情转"（如西谚里的"人不能两次踏进同一条河流"）。喻生活如茶，即启示着人们去时时珍惜由生活的片段所组成的人生，体现的是平淡中见深刻、简单中蕴含复杂与多变的哲理。

② 西方有"人生就像一块巧克力"（美国电影《阿甘正传》）的比喻，意喻要在尝试与挑战中实现人生，它与我们传统文化中所指的经验与感悟的积累不同；而巧克力那经过加工后已变化了的形态，与"道法自然"哲学观所崇尚以自然物作比喻也不一样。

一样的表现。[①]

茶与人，或茶如人生的关系，是抽象而又形象化的。不过，茶文化也是关乎人的文化，它需要人们借助客观而通达主观的精神效果。

（二）茶人

相对于茶与人的关系，茶人两字的称呼更为直截了当。何谓茶人？《茶经·二之具》中有言，"茶人负以采茶"。唐代皮日休、陆龟蒙等人，他们以"茶人"为诗题，别具一格，语意深刻。陆羽称茶人为茶的劳动者，后来的文人雅士则往往把茶人与茶的品性相联系，这与陆羽等对茶的精神内涵的推崇、希望人们从中得到相关的感应有关。时代在进步，茶人的内涵也非一成不变。在20世纪的三四十年代，茶叶工作者为了祖国的命运和前途，不顾生命安危，从事产制运销工作，通过出口华茶，以向国外采购国内急需用品。此时，"茶人"似同在一个"战壕"里，以一种类似于战友之间的爱称与鼓励。在改革开放后不久，"茶人"两字由钱梁（当代茶圣在建国前的执业弟子）率先提出并加以明确解释（即为茶的精神所感染，"茶不论生长的环境是僻山还是偏野，也不管酷暑严寒，从不顾自身给养的厚薄，每逢春回大地时，尽情抽发新芽，任人采用，周而复始地为人类作出无私的奉献，直到生命的尽头"），引起茶界人士的热烈反响。茶人，由茶的产业工作者，到茶文化及相关人士，并拓展到受茶的内涵与精神启发的爱茶人。茶人是爱茶人的自称或互称，它不仅是一种称谓，还是一种牵挂、执著，一种境界。当代茶圣吴觉农在晚年就以茶人自居，认为"茶如君子，醇厚馨香而又恬淡无华，作为茶人值得自豪"。他的座右铭——"不求功名利禄、升官发财，不慕高堂华屋、锦衣美食，不沉溺于声色犬马、灯红酒绿，勤勤恳恳，埋头苦干，清廉自守，无私奉献，具有君子的操守"[②]，为当代茶人奉为追求的高尚境界。

茶人精神是从茶的内涵中提升出人格化精神特征，即是以脚踏实地、不懈努力和不断进取为特征的时代精神，茶人精神是优秀茶人在茶事实践中表现出的科学精神、奉献精神与创新精神的写真。茶人精神，是一代又一代人的努力、创造及发扬光大的结果，它与民族精神相伴随，是继承与开创茶文明的精

---

① 有人曾对城市的不同风貌作比喻称：杭州是大家闺秀，苏州是小家碧玉，成都是宝钗初嫁，广州是文君卖酒，北京是慈祥的父亲，西安、济南等则是"汉子"或"大哥"。仔细体味，不同城市风格特征与其地域性茶风俗也确有可意味的联系。

② 参见陈翰笙、夏衍等著：《吴觉农纪念文集》，奥林匹克出版社1997年版。

神财富。

第二节　茶道与饮茶

　　茶道是茶文化发展的基石,在唐朝出现的"茶道"与《茶经》中的茶道精髓,是茶文化系统形成的标志。中国传统文化中,"道"的哲理与玄虚的理念与茶事在现实生活中所反映的博大精深的茶文化,形成一种无形与有形、虚与实,以及思想与物质的统一;理解茶道的客观性与深刻性,有助于把握茶文化的深刻性、系统性与其内涵的圆融。

一、"道"与茶道

（一）"道"

　　"道"的本义是道路,如《诗·小雅》:"周道如砥,其直如矢。"其后道泛指行程、路程、方向、方位。首先从"道"引申出方法、技艺之意,以进行物质创造活动,有了技艺方法,就像"履道坦坦",而达到物质创造的目的;也如《周礼·天官·宫正》所云"会之什伍而教之道艺"。在历史的进程中,"道"与中国的文化与哲学不可分割地联系在一起。

　　老子是第一个赋予"道"以哲学的意义的人。他将"道"的观念升华到代表宇宙本体的哲学范畴,体现了一种自觉的精神。庄子从"人为物役"等现实困惑为切点,对人生的羁绊进行否定,并有"逍遥游"的呼唤;他所历举的"庖丁解牛"式事例,便是技艺与道的相通或归一(技术臻于"道",才真正达到高度的发挥而接近完美)。哲学意义上的道,赅括真、善、美,是根本性的法则,还体现了宇宙的大美、与事物的最高和谐。郑国大夫子产所说的"天道远,人道迩"(《左传·昭公十八年》)为孔子所高度赞扬,"尧之为君",说的是以"天道"为准则而行"人道",其核心思想,与儒家倡导的"道德"与"仁"相近。

"道"字从出现到应用,经历道路之"道"向体现方法与技艺的"道艺"转换,由"天道"向"人道"转化,其内涵通过观念的引申与发挥,由哲学领域进入生活与精神创造的范畴。而《周易》则把"道"与"器"的关系,连同自然宗教般的"道可道非常道",置于人所能实践、能动与转换的认识范畴。① 茶道中的"道",与此不无关系。

至于为何在中国历史上仅有茶与道成为古今一贯的传承性组合,唐代裴汶《茶述》中所说的"其性……其功致和,参百品而不混,越众饮而独高",或许可作为"当茶遇到道时"所产生的自然与人文的契合或共鸣的一种客观解释;从另一角度讲,道的普遍、严肃而又玄虚,也是需要通俗而不失高雅的茶得以阐述,以表征中国文化的器物性特征。

(二)茶道

作为饮用,雅俗共赏的茶,被人们赋予不同的情意又各有所妙。茶的文化林林总总、绵绵不绝而成综合体系。但在其发展历程中,最经典的,莫过于茶道。以道作为哲学世界和万事万物的总体性的认识与具体规定不能穷其意蕴而言,探究茶文化繁衍的根源,无疑要追溯到"茶道"。

"茶道"两字,最早源自于皎然的"孰知茶道全尔真,惟有丹丘得如此"的诗句,伴随它的是诗情画意的情感与深刻无比的意境;它以具体的茶事景象为背景,通过层层渲染、引情入事,到欲言而不尽中得以显现。"道"那以语言文字、乃至艺术所难以喻达的"非常道"的深意,却存于茶诗的字里行间,这也正是皎然所提"茶道"的深刻性所在,并代表了艺术的臻境。这里的茶道显现了道家那抽象、玄虚与不可言的特质。

在传统文化中,"道"并非为道家所专持,儒家、佛家在对客观的世界的认知与实践中也有相关的实践与进一步的发展。就茶而论,宋代理学家朱熹,就曾以茶比拟修身事理,与"始于忧勤,终于安逸,理而后和"的哲理,通达"中庸和谐"②。茶道由佛家参与后,其内涵进一步丰富,佛家的深意与茶的包容相结合更能体现"觉悟",后来的"茶禅一味",即是茶、禅的结合与中国式的即茶

---

① 《易传》中有"形而下者谓之器,化而裁之谓之变,推而行之谓之道,举而措之天下之民谓之事业"。就此,当代学者有"道之创造"与"使形而下之器启示着形而上之道"的阐述。参见陈良运著的《周易与中国文学》(百花州文艺出版社 1999 年版)。

② 《礼记·中庸》:"喜怒哀乐之未发,谓之中;发而皆中节,谓之和。中也者,天下之大本也。和也者,天下之达道也。致中和,天地位焉,万物育焉。"

即道的生活哲理。道，在日常生活中与修身进德相联系，从佛学的含义是遵循仁义、德行，要人们遵守正确的人生道路①。以民族思想与艺术性见长的茶文化，是通过人们的生活而表现，茶道也深入其中。

　　生活中的茶，常常以喜闻乐见与自在的方式出现于人们的活动中。这能与茶道联系上吗?:"道，可道，非常道。""不识庐山真面目，只缘身在此山中。"答案是肯定的，只是人们对茶道的理解还需要感悟。"普遍地内化"与"无所不在"，也是"道"的存在方式，而人们正是"在家庭中喝茶，又上茶馆去喝茶，或则独个儿，或则结伴而去，也有同业集会，也有吃茶以解决纷争的。未进早餐也喝茶，午夜三更也喝茶，如'捧了一把茶壶，中国人很快活地随处走动'"。"成为全国人民日常生活的特色之一"(林语堂《吾土吾民》)的饮茶，就是这样与社会及人们的生活相和谐! 何为"和谐"? 和，"相应也"(《说文解字》);"谐之为言皆也，词浅会俗，皆悦笑也"(刘勰《文心雕龙》)。可见，中国茶的雅俗共赏，不同于简单的解渴行为而成一种文化，它可由饮茶通及日常与事理，由愉悦而触及人们的内心世界而感动。我们把它与异国文豪所称道的被"中国文化的美丽精神"的触动与感慨②相联系，不难理解以生活哲学所体现的茶道，合乎皎然对茶道所寄托的深情所在，也与唐代封寅的"茶道大行"相应，还体现后唐刘贞亮的"以茶可行道"。

　　茶道是人们通过茶事而得的体验与感悟，给人生与社会增添和谐。茶道植根于自然与文化的相生相应，乃至契合，而体现茶事的美好。就日常而言，茶道包括两方面的内容:一是通过茶的生物效应给人以愉悦与功能性的作用;二是通过茶的真善美，洗濯心灵，并以智慧的方式传承人类的崇高思想，让代表自然之灵物的茶，尽其所能。当然，由于人们条件不同，导致对茶的客观认识会有局限，但这并不妨碍人们在茶事中各有所需("得一察以自好"——庄子语)或得到适意的感受。在此，如果把它与道的"无所不在"相联系，那么，与人生的知识和经验的积累相关的茶道，能以其宽广性与层次性③包容了现实中的客观差异。

----

　　①　《庄晚芳论文选集》，上海科学技术出版社1992年版，第395页。

　　②　印度的泰戈尔曾感言说:"世界上还有什么事情比中国文化的美丽精神更值得宝贵? 中国文化使人民喜爱世界，爱护备至，却又不至陷于现实得不近情理! 他们找到事物的旋律的秘密。不是科学权力的秘密，而是表现方式的秘密。"但无疑透视到与茶道相关的中国文化的深处。

　　③　道的永恒性，可从人的认识过程的递进来认识。人生是知识和经验的积累，其过程就如上台阶一般，每一阶段有其相应的内涵。与人生相关的茶道，应与此相联系。

　　茶道,是民族智慧在茶事中的体现,茶道是儒释道为主基调的传统文化在茶事中的阐发,是中国人心灵艺术以茶为载体的展现。茶道,反映了茶的"自然"性与传统文化的相关,其中蕴含着道的深刻与茶文化的自然而然,以及人们对自然与社会客观的认识与联系;由此表现出的相似的共性与特殊的差异性,构成了茶道深刻与宽广的思想基础。与实践相关的哲理性茶道,乃是茶之为文化的内核与言简意赅的表征,它于茶文化的意义如同溪水成河流而让人想到其原出处——茶道如源头活水涌出时的泉眼,显示出茶文化原典和深意。

二、茶道

　　大凡经典,往往是极致而不失中庸。茶道应是如此。茶的自然而然,通过日常与习俗体现简单与平凡,在精神上见出思想性与艺术性,并成为文化的传承。明代张源在《茶录》中说"茶道,造时精,藏时燥,泡时洁。精、燥、洁,茶道尽矣",相比于其承载和谐理念、洒播文明,可认为是专业技艺性的制茶技艺与泡茶诀窍,而茶道有技艺表达岂不是更好? 茶文化是通过生活为主体而承载,那么,茶道又是如何与日常生活联系的呢? 对它的阐述有必要遵循人们的认识过程,这里以人们努力追求的和谐之"和"与认识之"心",来解读茶道。"和",有"和而不同"的相处之道,有生物(多样的)与自然的和,还有宇宙大化之"和";心,可应对象物而产生不同的感应,并有情感愉悦与心物共鸣,甚至于物我两忘和圆融无碍。"和"与"心",与内涵和情感所系而关系到茶道。

(一)茶道之内核——"和"

　　"和"的内容很宽广,在倡导礼乐文化的中国,它构成"中庸和谐"的核心内容。

　　中庸体现为执事的过程,要求处事上注意把握事物的分寸和尺度、与各个事物之间的平衡和和谐的关系。与中庸相应的"中和",还体现人(主体)的一种主动性和创造性顺应的思想,倡导相济容异的厚德载物,但它又不排斥自强日新、变通创造。和,是《周易》的核心思想,它是相互矛盾的对立思想,不被忧患所困,在相反、相成和相济的关系中转化,推动社会或事物顺应人的意愿而发展;和,具有多重结构与层次,小到生活细节,大到与天地同在。与传统文化思想相联系的"和",通过茶事的实践与认识体验而得以阐发。

　　儒家思想之"和",表现为意识形态上主宰的道德和伦理观,是"形而上者"

的治世之道；它也是原创性的华夏文化的主心骨。茶事之"和"（含行茶方式与内容的恰当等），可象征理政之道。皇室例行茶事可视烹茶如治理国家，茶汤的适心可口有皇室和睦、朝廷与地方的协调一致，以及君臣百姓之间的同心同德和世界大同的象征。和，是人伦和谐的一把尺子，体现生活中的互帮互敬。茶事所表现的由"和"而"敬"，不是形式，是由内心精神的外化；以茶言和，是人们通过饮茶、敬茶和品茶过程，实现以礼相待、巩固感情，启示传统美德。中国文化传统的延续，还从生活习惯的最基层滋养出来的。茶之于礼仪及生活，即是如此。道家认为"道"普遍地内化于一切事物。饮茶可作为修道的过程，通及悟道后的境界。"道法自然"要求的是提倡顺其自然，无心而为的心物相契，相应的茶事不必拘泥于饮茶的程序、礼法、规则；道家的"和"，贵在朴素、简单，以自然而然的饮茶默契天真，在茶事的心到、眼到、手到中近乎茶道——体验"育华"，感受大自然的奇真异妙。茶道之"和"，同样以清静的内涵体现于僧人的参悟与修性。在他们眼里，杯中的茶，在升腾、在动静反复中实现其应有的价值，其清其静有助于他们内心世界的省悟：自然地生活和做事、着衣吃饭、涤器煮水、煎茶饮茶，道在其中，不修而修。日本茶道中的"夏日求其凉，冬日求其暖"等理念，即是如此。"和"贯穿于佛家茶事的始终。

和，对茶事而言，是内在的，也是理想的结果对过程的要求。与茶道相联系，可进一步引申开来。它要求水、火、器、茶、环境、人以及其技艺互为相应；茶事之和，并非囿于茶事技艺本身，还要求人的精神与之相一致；其理也通及人与自然及社会的方方面面，如天遂人愿，风调雨顺，人民安居乐业，等等。如果说张源所提茶道的"精、洁、燥"的技术要领，给一盏茶以纯真的本色和自然的清香，则《大观茶论》中"冲瀹简洁"、"致清导和"的意境则是关系到精神的慰藉和人格的感召，这是技艺与效果、细小与做大之间的关系。有道是"图难于其易，为大于其细。天下之难作于易，天下之在作于细"（《道德经》第六十三章）。茶之和，可借助传统文化中的儒释道等思想[1]，而通及社会方方面面，产生广泛而积极的影响。

茶道之和，小中见大，理义见于其事。致清导和、沁雅思明的茶道，是通过茶事而表现中华文化前提下的自然精神与人文意义，它依托茶的自然本性，蕴藉儒家的处世机缘，寄寓佛家淡泊的出世情操，洋溢道家的浪漫理想，而成为

---

[1] 儒家思想的"和"可以在不同、乃至矛盾状态中实现共处；道家思想之"和"乃为求真而致善达美；佛教中的"和"，是在舍弃了根本之后的"和"，其境界可谓极深，它所奉承"无"的茶道意境即是如此。

传统文化的多媒体。

(二)识茶之心

　　茶道之和,要从心而论、怡情相应,以智相求而得其感应与启悟。茶道需要通过人的认识与追求而体现价值。道家把自然万物都看成具有人的感应与情感,而茶即是具有在精神上可以互相沟通的生命气息(如有人所说"有茶的地方就有特殊的空气"),宜用心去感悟。朱熹说"仁者,心之德"。诚由心立、情从心生,茶德(参见下文)与儒家强调修身养性相联系。茶的蕴藉,也可在祖先定格"茶"字的"草、人、木"结构①中发现踪迹。佛事中有"茶禅一味"之说;然而禅机的体现不完全在于茶,还在于人,只是茶的静气宁静、摒弃外物的效果起到了修心的作用。可见,由愉悦而生发的情意,与实践中总结出的道理,在茶道中得以会合,实现情理合一(也如"理而后和")。茶以其色香味之愉悦,打开了情感与思想的阀门,引导人们洗濯心灵,追求完善,体现人们之间(包括历史)深层次理念和追求的交流!

　　茶之心,是人与人、人与自然友好相处与社会和谐的通道。在中国这多民族的社会大家庭中,为众民族所同爱的茶,可象征人与人及各民族之间的共通的感情。茶就是这样以日常而平凡的方式体现着文化,表达着情谊,连通着感情。"茶之心不仅局限于茶室之中,它是人与众多的生物在大自然中共同生存下去所不可缺少的。让世界上所有的人了解茶之心,并与世界上所有的人共享这一优美的文化,大家彼此以笑脸相迎,共同营造一个互相认可、彼此尊重的生存空间……"②茶心无形,可心随境转而互动。茶道是心与物的相契,是身心与外界相适相通的一种表达。就茶事的专注而言,它通过茶之心的认识而创造表现,以心得体会与特定的方式加以巧妙的表达,也即如通常所说的茶艺了。

　　茶道之和与识茶之心,使茶事在日常中体现平凡而深刻的意义。以茶道中可感应的"真"、"怡"(与"善"相关)为例。真,是生活的本质与意义所在,也

---

　　①　以"茶"字的草、人、木结构而言,"人"处于中心,以草木代表自然,人是自然界的万物之灵,而应追求崇高。"茶"字中的"人",在书写时,即可作起笔埋于草木、而收笔又落于其外的联想,以及识事于茶中而作用于其外的象征,后者可直接与即茶即道的生活实践相联系。

　　②　[日]千宗室的《茶之心》一文,转引自《茶叶信息》,2005年第16期,第24页。

是茶道的起点和追求,其意义不言而喻。怡,是和悦、快乐之意,是一种健康积极的心态,有助于人们和好相处与正确面对人生际遇,或克服危机。由认识到追求,茶之心与茶道之和,有助于构筑良好的人际关系与社会和谐。茶,通过生活这载体所起引导性的作用而体现"生活即教育"的传统理念;源之于生活,还原于日常妙用与社会和谐、体现与传承民族智慧及精神的茶事,就是茶道。

"和"的宽广与认识之心的发展,要求茶道包容而不拘束,不应有规定与程式。① 茶道是通过茶事演绎人的主客观需要(包括有益于身心健康),体现人的认识、自我发现以及对进步乃至完美的追求,从中表现人性对光明向上的积极追求;与认识的渐进相应,茶道也孕含茶的内涵与品质,给人以身心愉悦中进一步追求与创造高一层次的和谐。茶道以宽广的时空与内涵的层次感,体现出认知与感悟过程中的温故而纳新。

在中国,茶通过生活的需要、变化而简单的存在,以及其所蕴藉的文化内涵,使优雅与通俗、思想与表达、物质与精神、休闲与激励,以及真、善、美,得以通融转化。从更广的意义上讲,茶以其自然的存在(包括茶的简单)反映了自然的高贵与崇高,以及那现代科学与文化互相依存的象征关系。②

三、茶德

历史上,"德"是人至高的精神修养,是在修养上臻"道"与提升境界之后的"施之为行"。德高望重,就是中国人对德的绝对尊重。德也是成事之本。受茶的影响,讲究高尚、追求完善,是茶人为自己确定的道德标准和行为规范。茶道、饮茶与茶德互为联系。茶所蕴含的积极内涵,以德而传承,并体现为社会功德。

最早提出"茶德"之说的,是后唐的刘贞亮,他依据茶的自然与社会功效,总结出包括"利礼仁"等在内的《茶十德》。改革开放后,茶学界代表人物对茶

---

① 例如,有时随心所欲的适意或不具备条件下的创造性茶事,不应排除在可简可繁的茶事茶道之外,它体现人性的自然流露与对和谐的追求。

② 科学以严谨的术语严格地证明宇宙,而茶以其独特而质朴的方式向人们演绎着生活的平凡与人性的向上。文化与科学互相依存,互动相长。茶的经典似乎还表现在茶那芽叶的简单的物理存在,却包含了极其复杂的化合成分的合理组成;这迎合中外哲学思想家(包括老子、柏拉图和康德等)认为世界的合理性是永恒的。

德都作了深刻的注解。王泽农先生认为：茶德不仅从物的品质作为评比的标准，还要评价所提升的精神境界，以体会其品性，使茶成为崇尚美的象征；"德"体现茶道为人的本质，"本心为德，施之为行"；德是天性、茶性和人性的共性所在。庄晚芳先生更是早在 20 世纪 80 年代末，就提出以"廉美和敬"为核心内涵的当代茶德，作为当代茶人践行于积极投身祖国建设的思想武器。"廉"，乃"廉俭育德"，以清廉来倡导人们的品德，如清茶一杯，推行清廉，勤俭育德。廉所维系的"俭"，与"精行俭德"一脉相承的。"美"，则是"美真康乐"，实现品真香、品真味，实现健康乐生，其乐融融，美的内涵贯穿于生活艺术的始终。"和"，"和诚相处"，以求德重茶礼、处好人际关系，并追求人与人之间友好、和睦的境界。"敬"，即"敬爱为人"，做到敬人爱民、助人为乐，还可理解为敬重人与自然之间的关系。"和"与"敬"显示出敬爱助人与积极有为的理想状态。茶德，与儒家的道德标准"中庸"及人类的追求和谐浑然一体，演化出一种至德、至美的境界，那无疑是当代茶人追求的精神乐园。

　　融当代伦理、美学于优秀传统文化的当代茶德，是"德兼于道"意义上的茶事阐述，其思想性堪称传统茶道文化的与时俱进，具有深刻的时代特征与广泛的实践指导意义。

第三节　茶圣与《茶经》等

　　茶圣，是茶人在茶事精神方面创造的楷模，也从其成就或壮举中显现的人格魅力而备受推崇。茶圣的精神光照后人继承其开创的事业。历史上的陆羽与当代的吴觉农就是如此。

一、陆羽与《茶经》

　　陆羽（约 733—804），字鸿渐，复州竟陵（今湖北天门）人。陆羽在出生后即遭父母遗弃而在收养的寺院长大，并接受相关教育；但在长大后不久终以

"无复后嗣……得称为孝乎？——羽将校孔氏之文可乎"为由，弃寺而出。之后，他去过为人之所不恭的戏班演戏，凭他的才华与投入而受人尊敬，还赢得有识之士的赏识。李齐物出守竟陵时（745），便因赏识陆羽的才华而向他"亲受诗集"，陆羽的人生机缘也得以转变；他与文人士大夫交往的开始，也是他访茶品泉及茶人生涯的开端。唐玄宗天宝十一年（752），崔国辅被朝廷贬至竟陵司马，与陆羽巧遇，游处长达三年之久。这样的机遇（崔国辅的才学当时名冠全朝，唐玄宗也赏识其才而令他为杜甫的应试文官），无疑是陆羽文学才华显现并得以表现与提升的见证（后来他也确享有"太子文学"的美名）。崔对陆羽也可谓了解至深，在他被回召朝廷时与陆羽临别所赠物品（"白驴乌犎一头，文槐书函一枚……宜野人乘蓄"），就暗示了陆羽的人生前程，这与皎然、崔子向在《寄处士陆羽联句》中对陆羽有"荆吴备登立，风土随编录"，"野中求逸礼，江上访遗编"的描述，形成了某种意义上的前后呼应。

　　人生的轨迹难以与时代背景相割裂（陆羽生活在玄、肃、代、德四朝的中唐时期）。青少年时期的陆羽适逢唐玄宗在位（712—756），其时有过的尊儒重道的政策，很可能影响了陆羽的人生价值观。"安史之乱"发生后，陆羽来到了人杰地灵的浙江吴兴（今湖州等地）一带，与"释皎然为缁素忘年之交"，唱和往来于名隐张志和等，并有"结庐于苕溪之湄，闭关对书，不杂非类，名僧高士，谭讌永日"的描述（《陆文学自传》）。期间他历经遍及江南诸地（包括茶产地）考察，积累相关资料，如此历经数载，终成博学多闻、知识渊博的学者，著于公元760年左右的《茶经》，即为陆羽的代表之作。《茶经》内容丰富，重点突出，体系完整，对后来的茶文明与茶文化的发展具有里程碑式的意义（具体内容参见前文"茶之史"一章中的唐宋部分）。这里从其思想意义与相关内容方面作分析。

二、《茶经》的价值基础与"精行俭德"的深义

　　陆羽的一生有着与常人不同的经历。陆羽一生著书很多，并以"词艺卓异"而闻名于世，但大多著作都已佚失，唯有《茶经》得以广泛传扬；《茶经》反映的是他对茶的特殊感情与深刻的精神寄托，它的价值是陆羽浓郁思想情感通过茶的阐发而体现。

（一）《茶经》的价值基础

　　《茶经》的贡献可从茶学与茶文化两方面而论。一是它总结的茶知识开创

了中国的古典茶学，也为现代茶科学奠定了历史性的基础；如果考虑到中国历史上"形而下者谓之器"的局限，《茶经》内容中的文理结合的科学观、抑或其自然唯物的思维方式，就显得更为突出。二是后来的茶文化受其深刻影响，"受陆羽《茶经》的薰陶和启发，并继承其中那可谓是中国、乃至世界的一笔宝贵的茶文化遗产，发展了茶道的哲学思想和精神修养"（附Ⅰ）。

相对于科学性，《茶经》的文化价值尤其显要、甚至永恒，为破译《茶经》的文化密码，有必要对其撰写的思想立足点与价值体系作进一步的剖析。陆羽的复杂生平、耿直的性格，与他的才华横溢而又志存高远紧密联系。他早年的艰苦生活，和流落社会底层滚爬（地位低下）的民间演艺经历，深深地影响了他的思想与后来的人生抉择——因为直接生活于劳动人民中间，他比一般寒士更了解和熟悉劳动人民。事实也表明他非常关心和同情劳动人民，并一直保持艰苦朴素的作风；与此相应，他的情绪受社会动荡而表现得较为激烈，有学者称陆羽常常"处于一种积极昂扬和消极颓丧的矛盾状态"，即可理解为他受"安史之乱"等影响而表现出的性情。身处江湖的静僻处，还忧民又忧社稷，可谓是他在相当长一段时期精神生活的真实写照。为此，我们可以初步得出这样的结论：陆羽是在感受了社会的动荡与不安之后，对理想中的社会与人该如何生活所作了深入的思索与求解，并试图为社会提供一种合乎人性（人性中最美好的东西是什么，可理解为通过日常生活与学习工作而表现出对上进、乃至真、善、美的追求，茶道精神可与此相联系而展开联想）的社会生活坐标体系；《茶经》是他作为知识分子对社会与民生关心的实际行动与具体表现。陆羽心中的茶该是融物质与精神、务实而灵动的载体，同时也可以承载人们的向往；陆羽所阐述的茶文化的精辟，是建立在他思想的深刻与丰富，还有与茶之于社会的宽广与适宜性①。结合陆羽的生平与撰写《茶经》之前的生活轨迹，我们还可以把它与其主观上的"为生民立命"等相联系。

陆羽在《茶经》中巧妙地处理了儒释道不同的思想价值观在茶中的融汇，以非同寻常的追求、独立探索的思想与科学精神，准确地把握了茶的物质内涵与精神世界，成就了传统文化思想在茶中的凝聚，也为茶道文化奠定了思想根

---

① 茶所表现的文化与民生相联系，可寄寓深意于日常中；它是平民百姓的密友良朋，被文人雅士引为知己，它一方面能把民众的茶风茶俗汇入雅文化的诗情画意，同时又能把圣贤们诗思哲理，化作涓涓细流，泽被四野八荒。《茶经》中最后部分的"十之图"，意指把《茶经》的内容写在绢上挂在座旁以示众目；这看似可有可无，却很能反映陆羽希望其广泛传播的意向。

基。"茶者，南方之嘉木也"，对《茶经》而言，是提纲挈领，对茶本身而言是意味深远的赞美——吴觉农主编的《茶经述评》称："嘉木"的"嘉"，含有高度的善和美的意思。另一重要的命题——"茶之为饮……最宜精行俭德之人"，让茶的精神与前文所阐述的茶与人互为应照的关系、以及人格化价值观埋下了伏笔，也为后人留下想象与拓展的空间。

　　总之，陆羽依赖于《茶经》而流芳千古，这是建立在他对茶的内涵作出深刻而经典的阐发，包括前瞻性，而这又是以他那对人生的苦苦思索与对理想人生与构建和谐社会的追求结合在一起。某种意义上说，他是把茶与生命连结在一起，而只有把茶与生命相融合的人，才会把生命与安康生活以及对自然的渴求，转化为《茶经》中的洋洋洒洒而饱含深情的文字，并能通过服务于民生而体现不朽的传承意义。

（二）《茶经》中"精行俭德"

　　"精行俭德"是《茶经》的核心思想，后人尊其为茶道精神或精髓。由于它的深刻与传承，我们有必要进行简要的剖析。"精行"，体现的是精益求精的品行，是茶事的基本要求，"俭德"，是人类遵循自然规律、关乎伦理的基本思想而与茶的品性相联系；茶道精神通过阐发茶的内涵与品质得以体现。

　　精，精华，精细也；行，行为，行事，品行。陆羽认为，大自然的至真尽美，必须施以精行而实现至美。好的质材（茶或茶具等），只有"精行"，才能尽物之性，并不负大自然的孕育和恩赐。从茶之源到茶之饮，是否都要历经"精行"？回答是肯定的。陆羽在《茶经》中反复强调"精"，是与"育华"有着过程与结果的必然联系。他对茶具制作材料和规定、茶器的讲究，甚至通过茶事洁具的摆放要求，体现的正是"精行"。烹茶是实施精行与追求"精美"的关键，以实现"育华"并及"隽永"之美。事实上，从茶之"出"，到茶之"造"，以及品饮，甚至于与此相关的因地制宜的茶叶生产，并配之以针对性的工艺和器具，环环相扣，造就非凡茶品，少不了"精行"的道理。① "精行"与茶道的宽广性相联系，体现了由特殊到一般的道理。

　　精行，还与"俭德"相辅相成。"俭，约也。"俭德，节俭的品德，人品的基础。

---

　　① 以现代的经典名茶制作为例，龙井茶的鲜叶原料，只有以现行龙井茶的工艺，才使其品质显赫无比。如果以苏州名茶碧螺春的鲜叶原料，行之以龙井茶的加工方法，其品质不及代之以碧螺春工艺所成，精行以因地制宜等为前提。"精行"对自然资源的利用等，也有推而广之的意义。

孔子提倡的"温、良、恭、俭、让"五德,俭即在其中。把它与茶的人性化内涵相结合,"俭"给人以细微中见出精神与人的情感化①效应。精行是与俭德互为呼应的,正所谓"精义人神,以致用也;利用安身,以崇德也"(《易经·系辞传》)。

茶之"精行俭德",即以精俭的品德践行茶事,既能"育华",又有助于修身养性,具有推而广之的意义,让人领略即便是自然的恩赐也需要通过自身努力而收获理想的结果。

三、吴觉农——当代茶人事业的杰出代表

吴觉农(1897—1989),当代茶圣,浙江上虞人。受 20 世纪初中国"科学救国"的引导,吴觉农出国留学。学成回国后,他以宽厚的基础和扎实的理论积极投身社会活动,践行革命人士的壮举义行,为新中国的建立作出了突出贡献。②

吴觉农是投身现代茶科学的第一人,也是开拓祖国茶业的引路人。他前往印度等国考察茶叶产制运销后,规划"华茶复兴"蓝图,以实际行动锐意进取。抗日战争爆发后,他又立足茶业实体运行开展抗日救国运动。期间吴觉农亲自组建了中国茶叶研究所,茶业改良场和茶叶精制加工厂,协助筹建国内第一个高等院校的茶叶专业学科,并任负责人。

新中国成立后,吴觉农任农业部副部长兼中国茶业公司总经理,期间他积极引导并参与筹建了全国性的茶叶产销体系,完善了茶叶业教学与科研机构等。改革开放后,他虽年逾八旬,却仍壮心不已,积极倡导全局性的宏观管理与具体改革,还继续收集历史资料,耕耘不止,并在"米寿"(八十八岁)之时出版了对新时期的茶文明有开创性意义的《茶经述评》。吴觉农体现了特定时期

---

① 人情或关爱,通过感情得以体现关怀,而细致优雅的情感,源自于思想,并受其滋润。于此,与"德"相关的茶之人性化内涵可理解为:茶的生长习性所表现的、以谦让之心去接受大自然,并进而奉献于人类——它躬身体验人生的处境,是一种体察入微,还是一种高瞻远瞩。

② "当代茶圣"系陆定一同志对吴觉农的赞誉,"当代茶圣"之名因此而广为传扬,吴觉农本人在后来也以茶人自居。吴觉农曾不顾生命危险,与胡愈之等公开痛斥"四·一二"事变,并多次奋力掩护与营救革命者与仁人志士,他也因此受到周恩来总理的高度赞扬。

茶人的大家风范,其开创性贡献与非凡的人格魅力,在当代茶人心中树立了永久性的丰碑。

他公私分明,廉洁奉公,视节俭为美德,且把这一理念,贯穿于始终,影响周围的人。他在工作中一丝不苟,秉公办事,廉洁奉公。他说,旧中国长期受家庭制度和人治的习惯势力影响,种种事情会演变成团体(公)和私人不分,只顾自己,并演变成浪费,这简直是一种罪恶。他一生坚持公私分明,廉洁奉公,也勉励他人如此。

他严于律己,宽于待人,善于引导,并以实际行动感染周围的人。他待人和蔼可亲,替人着想,在茶叶工作与相关事业的开创中,善于团结广大的"茶人"共同奋斗,给年轻人指明前进方向,鼓足干劲,勉励他们成功有赖于学习与实践。1940年,复旦大学成立了由他倡议的我国第一个茶叶系与茶叶专修科,吴觉农随即以更大的热情投入专业人才的培养;他把中华茶业的崛起寄希望于年轻的一代。在我国20世纪的茶业界的骨干中,许多人是受他的教育启发或他那对茶的事业的热诚和信心影响而投身事茶的;"与吴觉农相处的事茶日子里,人们亲如一家,终身难忘"是他们的共同感言。

他有着"即知即行"的创新精神与深明大义的胸怀。因为魅力所致,吴觉人的周围总有一批人跟着他干事业,但由于时代的特殊与情形的多变,难免会有不同的认识与看法。对此,吴觉农在说服同事与年轻人时,常常列举孔子的"再思可矣"(反对"三思而后行")、王阳明的"知行合一"和孙中山的"行易知难"时,还强调提倡"即知即行"的认知态度,启发他人学习和掌握"动静兼顾"的工作之道。吴觉农的研究视野是开阔的,成就也是多方面的。他还曾研究过农民、妇女等社会与经济问题(他发表的"中国农民问题"等文曾被毛泽东同志主办的广州农民运动讲习所采用为培训教材内容),其工作所及之处,可谓成效斐然(其影响与效果如同一杯清茗那般奉献于人及社会)。值得强调的是,他的非凡成就,无一不来自特殊的时代环境中他那以顽强坚毅的活力去勇敢争取后扎扎实实地干出来的。新中国成立后,作为新中国有功之人,吴觉农在晚年除了畅谈未来外很少谈及自己过去做过的革命工作与功劳;他一贯坚持节俭为本,可对支持祖国的科学与文化事业却是非常的慷慨。

"要养成科学家的头脑(研究分析),要有宗教家的博爱,要有哲学家高尚的道德修养和大公无私,要有艺术家的手法来处事和待人接物,还要有……进取开创精神。"①这是吴觉农在处理工作和待人方面所总结出的经验心得。从

---

① 陈翰笙、夏衍等著:《吴觉农纪念文集》,奥林匹克出版社1997年版。

中我们也可看出吴觉农与陆羽具有学识背景方面的相似性,都是思想家、哲人,当然也是具有划时代意义的茶文化实践的先驱。

不同于陆羽(身后称圣称神)所代表的传统茶人开辟了茶文化的广阔空间,吴觉农以他的人格魅力,"自然而深刻地展示了其与以往传统茶人不一样的文化面貌",践之以行动,驾起时代的航船,引领"中国茶叶文明开始全面进入了现代化的进程"①。吴觉农是当代茶人的楷模,是茶人精神的化身,它所产生的时代效应体现于当代茶产业水平的提升与快速发展;他的影响也如茶的芬芳,春风化雨般地融于人们的思想而推动了茶的文明。吴觉农为当代的茶圣,是众望所归。

第四节　　名家茶论

名家,指在某些领域做出卓越成就的名人,有思想家、政治家以及杰出的文学艺术家等。他们当中不一定个个像茶圣那般精通茶的理论与技艺,但因为喜爱而能触类旁通论茶及道,并对饮茶表现出独到而不失精确透彻的见解,既让爱茶人为之叹服并传颂不已,更为茶文化的画卷增添了许许多多精彩的点缀;其中,有高度的觉解,也能堪称茶文化历史上的重墨重彩之一笔。这里撷选少数名家及其有关茶的文论,以助于人们提高相关认识。

1. 皎然、卢全

皎然(760—840),字清昼,吴兴人,是精通茶事的诗僧与诗论家。皎然,俗姓谢,是南朝山水诗人谢灵运十世孙。也许是得益于先祖那"清水出芙蓉"的影响,称"夫诗工创心,以情为地,以兴为经,然后清音韵其风律,丽句增其文采。如杨林积之下,翘楚幽花,时时间发。乃至斯文,味亦深矣",以"情、意、景、音韵、丽句"为有味,被后人称之为宋代之前为数不多的诗论家。皎然的《诗式》是唐之前屈指可数的诗论作品,他提倡诗的神思与精思:"有时意静神

---

①　王旭烽:《茶者圣——吴觉农传·自序》,浙江文化名人传记丛书,浙江人民出版社2003年版。

王,佳句纵横,若不可遏,宛如有神助。不然,盖由先积精思,因神王而得乎?"作为诗论家,其诗作自有不俗表现,如他那"晦夜不生月,琴轩犹为开,墙东隐者在,淇上逸僧来。茗爱传花饮,诗看卷素裁,风流高此会,晓景屡徘徊。"(《晦夜李侍御萼宅集招潘述、汤衡、海上人饮茶赋》),读来清空如话;而广受爱茶者传颂的"三饮便得道"的"茶道诗",可谓是神思而得,即皎然借茶事以"神思",以打破苦闷为引子,发出"羽化飞仙"后的天籁之音。"茶道"两字,是皎然首先神思而得。

皎然与陆羽,结识于湖州,同住过妙喜寺,并成忘年交。妙喜寺旁的"三癸亭",即是他们俩与颜真卿合作的杰作。该亭由陆羽构设创建,皎然赋诗《奉和颜使君真卿与陆处士羽登妙喜寺三癸亭》曰:"秋意西山多,列岑萦左次。缮亭历三癸,疏趾邻什寺。"亭名由颜真卿题写。此"三癸",真可谓"三绝"。

卢仝(约775—835),号称玉川子,济源(今河南)人。卢仝出身寒微,虽刻苦求学,视"为民请命"为己任,但适逢时政与朝廷的极度不稳,因此而影响仕途。诗人曾南下扬州,遁于社会最底层的劳动人民中,亲身体验到唐王朝政繁赋重,官暴吏贪,民不堪生的痛苦之后,他自己以作诗来"呐喊"。他的一曲茶歌——《走笔谢孟谏议寄新茶》(附Ⅱ1),喊出了他关注百姓生活的心声,更反映出他的茶癖及悟道之深。该诗作以"天子须尝阳羡茶,百草不敢先开花"为茶功作铺垫,由一碗到七碗,从生理、心理,再到意境,顺序渐进而又反复提升茶的感应,直至"六碗通仙灵"。"七碗吃不得也,唯觉两腋习习轻风生。"言外之意是,要是真的成了仙,那可并不是他原先的理想与抱负。后人在作茶诗时,反复颂及"玉川子"的茶仙诗境,感叹无法超越,如赵朴初先生所称的"七碗受至味"。历史上也流传过"都说茶香飘万里,哪能胜过'七碗茶'"的顺口溜,人们将卢仝诗句中"两腋"、"清风"等词引申为理想的饮茶心境,这即便是大文豪苏轼也不例外地用于诗词中。

2. 蔡襄、苏轼

蔡襄(1012—1067),字君谟。为北宋著名官家与书法家,福建仙游人。在他任职福建其间,随时留意农桑,写有《荔枝谱》,但他更是一位茶家。蔡襄为了弘扬北苑贡茶,在丁谓的基础上,改进贡茶工艺,将每斤八饼精制为二十饼,不但外观精美,质量也得到提升。皇室成员与朝廷显贵对改进而精美的茶叶大加赞美,这对生产与茶的影响无疑是一种推动。蔡襄对饼茶技术的改进,为后来斗茶技艺的发展创造了物质条件。蔡襄还著有《茶录》一书,虽仅千余言,上篇论茶,下篇论器,首尾有序,内容十分的真实与丰富。有人说《茶录》的影响缘于他在文坛与官场上的名望,但其内容所显示出的对当时的茶事的技艺追求有精准的描写与某些方面独到而深刻才是根本，正如那"茶有真香，入贡者微以龙脑和膏，欲助其香。建安民间试茶，皆不入香，恐夺其真"的描述，反映了其时的制茶情状与民间用茶所追求的质朴，而其中"真香"两字的茶香定位，可谓是入木三分，即使在今天也还能恰切地体现茶的自然禀赋（人工无法合成）。

蔡襄喜欢斗茶，也善于鉴别茶。《茶录》中写到，他捧瓯未尝便曰："此茶极能似石岩白，公何从得之？"对方不服，"索茶帖验之，乃服"。可见其品茶功力非凡。蔡襄平时好字书，每次行书必以茶为伴。在他年老因病忌茶时，但仍"烹而玩之"，茶不离手。

苏轼（1037—1101），字子瞻，号东坡居士，四川眉山人。因诗词方面的造诣成为历史上杰出的大文学家。苏轼一生喜欢茶，写有不少十分精彩的茶诗文，其中提及的茶之种类颇多，足以说明他善结茶缘且深刻。苏轼对茶艺也甚为精通，论及烹茶及其用具也非常之精到，强调茶对水与器具的要求。"故人怜我病，箬笼寄新馥。欠伸北窗下，昼睡美方熟。精品厌凡泉，愿子致一斛。"（《求焦千之惠泉诗》）就是在离惠泉数百里外的杭州所写，而杭州也并不缺好水。"铜腥铁涩不宜泉"、"定州花瓷琢红玉"等，就是讲宜茶之器具的。苏轼的茶事诗也是信手写就而成佳作，茶诗中的经典之作也数他为多，《汲江煎茶》，就是被杨万里赞之为"七言八句，一篇之中句句皆奇，一句之中，字字皆奇"。苏轼还是茶之拟人化的杰出代表。"内味恬淡，清白可爱"，"容貌似铁，资质刚劲"是他在《叶嘉传》中体现出的君子性；"戏作小诗君勿笑，从来佳茗似佳人"，则是茶中还有那与君子相对应的柔和与温煦；而"松风竹炉，提壶相呼"，可以是他的人格追求与茶事的应照。

苏轼为官时体谅民情办实事，然而宦海沉浮，世态纷扰，他遭受过数次贬官。好在他能坦荡面对，而他对茶的嗜好，也是对受伤的心灵的一种抚慰，对身陷的苦境的一种超脱——"莫听穿林打叶声，何妨吟啸且徐行，竹杖芒鞋轻胜马，谁怕？一蓑烟雨任平生。料峭春风吹醒酒，微冷，山头斜照却相迎。回首向来萧瑟处，归去，也无风雨也无晴。"（苏轼《定风波》）他那精彩绝伦的《汲江煎茶》诗（附Ⅱ1）就是在被贬到南海时所作。从中，我们也能见出一个卓越而从容的苏轼。

3. 宋徽宗与《大观茶论》

《大观茶论》是在"成废俱举，海内晏然"的大观年间（1107—1110）所作。其内容十分广泛，全书2800多字，首为序论，下分地产、天时、采择、蒸压、制造、鉴辨、烹点、白茶、罗碾、盏、筅等二十目。从茶的栽采制到烹点、鉴品，从烹茶的水、具、火，到茶的色、香、味，以及点茶之法、藏、焙之要，无所不及。重要的是《大观茶论》所论茶的功用，乃思想性与技艺性兼具的"茶论"。正如文中开篇所说："至若茶之为物，擅瓯闽之秀气，钟山川之灵禀，祛襟涤滞，致清导和，则非庸人孺子可得而知矣，冲澹简洁，韵高致静，则非遑遽之时可得而好尚矣。"充分说明了作者对茶文化深刻而精到的认识。清，可谓清心幽雅。和，便是和睦相敬。此实乃茶道之精深内涵也。"茶论"中深刻的技艺性也随处可见，如"品茗"一目中就有"不知茶之美恶，在于制造之工拙而已，岂冈地之虚名所能增减哉"，即茶之品质，除了特定的生态环境这个前提，制作工艺的"精行"十分重要，"涤芽惟洁，濯器惟洁，……蒸压惟其宜，研膏惟熟，焙火惟良。"其上在对采摘用指的说明就让人称奇："断芽必以甲不以指，以甲则速断不留，以指则多温易损。"

　　《大观茶论》的经典还在于对"斗茶"中茶质、器具及选水的讲究。斗茶所用茶饼的质量是前提，要求经得起色辨、质辨与声辨，以"验其为真品也"。它对器具的要求，罗碾"以银为上，熟铁次之"，"盏色贵青黑，玉毫条达者为上"，"茶筅以筋竹老者为之，身欲厚重，筅欲疏劲，本欲壮而未必"，"瓶宜金银"，大小适宜，"勺之大小，当可以受一盏茶为量"，对水质的要求，自然也不用说了。由此，斗茶的过程是一种极为精致幽雅的审美享受，它不仅是一种茶饮仪式的流程，而且是一种精神的聚会，一种洁净与高雅沉淀，一种尘心洗净与冥合万物的审美体验。《大观茶论》较陆羽的《茶经》文人化倾向更强，艺术上更精进。

　　历史上一直认为《大观茶论》是宋徽宗以帝王之位屈尊而写[1]，这恐怕是中国国情与文化感召力的复合所致。但他(以及他的先祖)的爱茶之甚，精于茶事，且把他的艺术才华渗透于品茶斗茶是显而可见的。蔡京在《太清楼侍宴记》中所记的"遂御西阁，亲手调茶，分赐左右"，即是宋徽宗放下帝王之尊，亲自为臣下烹茶论艺；这也许是艺术使然，但在宋代出现(自宋代开国初的"杯酒释兵权"，宰相也不设座，君臣之间"坐而论道"在形式上似不复存在)，其情形非同寻常。大概也是为茶所致，他增设官窑，为宫廷烧御用贡瓷(然而他又禁止民间收藏)，这种只为着他自己享用的高雅文化，无疑是以增添平民百姓的负担为代价。任何时代的风尚与统治者的倡导不无关系，《大观茶论》的问世，标志着茶文化的文人化倾向达到了历史上的高峰。宋徽宗乃一代君主，如果能在政治舞台上一展雄姿，那么他尽享精细至极的高端文化(工书画、通百艺，

---

　　①　游修龄教授曾撰文论证《大观茶论》并非赵佶所亲著。详细内容参见《农业考古》，2003 年第 4 期。

尤喜奇花异草、怪石香茗)也无可厚非,但历史所呈现的结果("靖康之耻"),是他自己玩物丧志所致,还是时代给他开的玩笑,已无法定论。《大观茶论》中的"天下之士,盛志清白,意为闲暇修索之玩",是否与宋代兴盛的理学的"格物致知"与"穷理"之间存在关系,也不得而知。而在宋徽宗倡导下,观赏性与艺术性兼具的茶文化的发展,是画了句号,还是惊叹号,同样值得人们思索。

4. 朱权

朱权,明太祖朱元璋的第十七子。他在明朝洪武二十四年(1391),因身心受累,转向韬晦,醉心于道教仙术,构精庐一所,终日读书、鼓琴(精于史学、旁通释老并工于鼓瑟)于其间。朱权竭力从内心到周围环境,追求营造一种飘然尘外的出世之感。一篇《茶谱》,既是他茶道理念的全面阐述,更是其独特的心态在压抑与狷傲间冲突的极好表露。"朱权茶道"由此而来。

《茶谱》中的"与天语以扩心志之大,符水火以副内炼之功。得非游心于茶灶,又将有裨于修养之道矣",是他心志与茶事的真实写照。朱权受茶感动之深,也如他所说:"茶之为物,可以助诗兴而云山顿色,可以伏睡魔而天地忘形,可以倍清淡而万象惊寒,茶之功大矣!"这振聋发聩的呼喊远胜出一般人的理解。不过,朱权茶道也有一种存乎有形与无形之间的精神展示,如他在《茶谱》序言中所示("挺然而秀,郁然而茂,森然而列者,北园之茶也……渠以东山之石,击灼然之火。以南涧之水,烹北园之茶")。结合朱权的身世与生平,不少人见出其茶道理论中的"强烈的愤世嫉俗为基调的遁世托道之孤芳自赏"和孤傲色彩。不过。朱权在《茶谱》中所描述的茶会在中国茶文化史上屈指可数,值得现今的茶艺借鉴:

> 参与茶会者要诗人仙客,至少不能是世流时俗。至于地点环境,或泉石之间,或松竹之下,或对皓月清风,或坐明窗静牖。命一童子设香案,置茶炉,一童子取出茶具,以瓢取水注于瓶中烧煮。碾茶为末,筛取细末。根据客人数量取适量茶末放入大碗,茶筅搅拌后分盛啜饮茶碗,放入竹架。童子手捧竹架上前献茶,主人起身,举茶碗奉客说:"为君以泻清臆。"客人起来接茶,举茶碗回答说:"非此不足以破孤闷。"于是主客均坐下。饮茶毕,童子收拾茶碗退下。主客久谈情长,礼陈再三,于是陈列琴棋笔砚,或诗文酬唱,或鼓琴弈棋,寄形物外,与世相忘。

5. 张岱

张岱,出生山阴(今浙江绍兴),后侨寓杭州。祖上为官显赫,早年的他过着锦衣美食、弹琴吟诗的贵公子生活,明亡之后,家境不复而成赤贫之士,还循入山林。张岱的一生历尽艰辛,未曾仕宦,但仍以深情(向往美好人生)与厚爱(爱祖国爱家乡)而留下了《陶庵梦忆》、《西湖梦寻》这两部中国文学史上很有光彩的散文集。

茶因体质清新、韵味萦绕而入诗情画意,同样,茶所寄寓的真、善、美,也迎合散文的文心道体,张岱为文,善于从寻常的戏曲品茗等小事中挖掘题材,在作恰当的渲染中,使之蕴含深刻的情感,而在情感的表达上,则体现为毫无遮掩的宣泄,使其文营造出一种水泻石阶的文势,还音律和谐,清真隽永——其行文的厚积薄发正如他自己所说的"孔重辞达,孟善言近,由诗文之妙不在角奇斗险也明矣"(《石匮书·文苑列传》)。后人以"文中有画"来赞美张岱的短文,与历史上的称誉王维"诗中有画"的风格,有一脉相承的感染力。

张岱对茶事、茶情与茶理的精通,丝毫不逊于他在文学方面的名声,堪称大家。他的文章中也少不得茶事的记叙。"兰雪茶"经他的妙笔生花,其雅致的品质形象不亚于《红楼梦》中的任何名茶。至于那自己亲身经历的"闵老子茶",则把水茶之鉴与品茶的意境记叙得栩栩如生,"棱棱有金石之气"(其文参见上一章"茶与文艺"中列举的文例)。

6. 老舍与《茶馆》

老舍(1899—1966),平民出生,自小就熟悉挣扎在城市底层的贫民生活,喜爱流传于北京市井中(茶馆)的曲艺,这为后来话剧《茶馆》的创作打下了根基。老舍的茶道功夫也了得,他在《多鼠斋杂谈》就说:"我是地道的中国人,咖啡、蔻蔻、汽水、啤酒皆非所喜,而独喜茶……茶的温柔、洁雅、轻轻的刺激,淡淡的相依。茶是女性的。"道出了茶的感性、国民性,以及与生活哲理的联系。

老舍擅长于将市民阶层的命运和追求以艺术化的方式引入现代文学,他所获得的殊荣(老舍与巴金一道分别被授予"人民艺术家"与"人民文学家"),来自于他的创作成就。反映他艺术创作功底的《茶馆》,是新中国话剧舞台上具有世纪性意义的代表作。剧本展现清末至民国达50年间茶馆的变迁,也重现了北平的茶馆习俗:茶馆在当时是重要的社交场所,是什么人都能去得又可逗留的地方——玩鸟的在那里歇脚,喝喝茶,让鸟儿表演歌唱;穷苦力也去歇息,还有说媒的、商议事情的,也去了。《茶馆》取材于清代光绪年间一家老茶馆的变迁,写出中国近代改良主义思潮失败至1949年北京解放前夕的社会景象,与剧中人物的惨败的经过,叙述了三个被埋葬的时代(剧情在茶馆老板被逼自杀而推向高潮)。《茶馆》的成功,还得益于选材的恰到好处与语言对话的精彩——老舍以最简单的语言反映人物个性与思想的丰富深刻,展现剧情的发展、情节的烘托,其对白能让剧情中的人物生动得"站立"起来。

《茶馆》曾去西欧巡回演出,尽管欧洲茶馆远不及咖啡馆普遍且社会文化迥异,但其演出效果出乎意料,被誉为"东方舞台上的奇迹"。"民族的才是世界的",老舍以《茶馆》所蕴藉的艺术种类给予了回答。

以上所列举的名家论茶及道,无疑是有代表性的。不过历史上的名人大家与茶有过不解之缘并留下印记的还有许多,不胜枚举:白居易对茶的痴情,让后人赞叹不已;"唐宋八大家之一"的欧阳修的茶诗也是流畅而婉丽;朱熹援引茶的"中庸之为德"与"礼后而和"直击茶道之要,不失大家风范;陆游因主张抗战受朝廷排挤而借茶襟怀山水而高寿,并成就茶诗多达数百首;明代的徐渭,是近代书画大家(他自评"书第一,诗次之,文再次之,画又次之"),其茶话也是独具见解;张源《茶录》中的茶事之道则体现的是"业精于专";清代曹雪芹的那"三杯乃牛饮"的喝茶观,铁定要成为后人喋喋不休的话柄(因太讲究细品慢饮又无关于"爽"而让不少人耿怀);等等。即使到了 20 世纪,茶文化佳话也不少,孙中山先生那"民生与茶"而引发出的"茶为国饮"的高瞻远瞩;周恩来总理在演绎踏遍茶山路、情满梅家坞(龙井茶主要产地)的故事中,还参与了《采茶舞曲》歌词的修饰。等等内容,这里无法一一细叙,有心的读者可去细细探寻。

第五节　中日茶道比较

茶在中国有几千年的历史,它所形成的文化内涵无疑是中华文化的血液,茶被称为国饮。相比之下,日本茶道文化虽源自中国,但经发展后自成一体,别具魅力,影响深远;日本茶道虽然才五六百年的历史,却能以其传统、严谨规范和知名度让世界为之瞩目。有同根同源之谊的中日茶道文化,在 21 世纪东亚文化崛起的今天,比较分析它们的由来与发展轨迹,引导人们理性的思考,促进文化的交流与茶文化的发展,很有意义。

一、中日茶文化和茶道文化的发展史要

茶原产于我国的云贵高原地区,茶在我国的发现与利用,可追溯到神农时代。到了汉代,已有明确的文字记载。在唐代前,除了饮用,茶还作为醒酒与治病的常用药备用,其制作存放也有类似于中草药或腌制的。陆羽《茶经》的问世,标志着中国茶文化的形成,也反映了与精神相关的茶叶生产与消费等物质基础的丰富,其中也记叙了中国茶由的饮用价值与精神效能,并反映了茶由"实用"至物质与精神兼备的发展历程。茶在唐代的宫廷中成为有代表性的文化雅事,与儒、释、道思想相互为表里,茶与琴棋书画的相提并论,以及茶与艺术文化的相互渗透,等等,都是在民间茶事的基础上,通过广泛实践而丰富发展的结果。中国是茶的故乡,茶道文化资源一应俱全,这样的茶道文化优势,是日本所没有的。

日本最早的茶事记载,据《奥仪抄》,为日本天平元年(729),宫廷招百僧颂经,赐茶。公元805年,"留唐"日僧最澄从中国带去了茶籽。日本掀起历史上的首次饮茶小高潮(810—824),是由在大唐28年的大僧都永忠向天皇嵯峨献茶而起。日本茶事的再度兴起要归功于日僧荣西,他在12世纪来中国并带去茶籽与种茶技术,并经一位将军的提倡,形成了以寺院为重点和一定的上层社会范畴的饮茶圈子。此时的饮茶,相袭于中国的品茶,其文人雅士气息浓厚。这种情况一直持续到15世纪,日本在茶道方面才有新的作为,开始摆脱中国的影响,或者说是融进更多的日本本土文化(包括禅),形成以千里休为集大成的、传袭至今的日本茶道。日本茶道一开始便被当做一种文化、一种完美的艺术形态来创造,是对生活哲理中的茶事的发挥想象,其茶道文化也是以有别于中国式的、可寓茶道内涵于广泛渗透于一般茶事,而以专注的方式存在。值得一提的是,日本茶道在历史上的辉煌是在当时的最高实权者丰臣秀吉的政治目的参与下完成的,尽管千里休最终还是坚持以艺术形式来创作与传承,但与实际饮茶,在相当程度上分开或不相关的。至于一般的日本庶民,喝茶还是后来(约18世纪)的事。无疑,日本的茶事文化,是茶道在先,后有实用性的喝茶,其历程可归纳为从"精神文化"走向饮茶的实用价值的。日本茶道文化发展的由上层而下至民间,与中国茶文化由"百姓日用"而至"形而上"的道路是不同的。

二、日本茶道思想溯源与文化背景

日本千里休(1522—1592)所处的时代要比陆羽迟得多,他能在茶中得道,缘于不懈的追求和独特的天赋。日本茶道在先前的茶道开山之祖——村田珠光(1423—1502)和其先驱武野绍鸥(1502—1555)之时,基本上还局限于寺院。在寺院修道的千里休,从师后者,并不断修炼提高,成为当时的主要茶道首领。千里休与陆羽相似,他赋予了茶事先前未能体现的真知灼见。他与前人一起,将寺院中的茶道生活化,并进一步哲理化和艺术化,创造性地把日本民族文化融于其中,终于成就了将修炼身心作为茶道文化形成的"胎盘",使得当今日本人向外宣传文化,首推其茶道成为可能和现实。当然,茶道所以能被历史上的日本国民重视和推崇,还与其时国家由动乱向安定转变的背景相关,尤其是在纷争的战乱之后的 16 世纪初,进京的武将为了统一天下并得以长治久安,认识到茶道可作为其当时的新文化(即当时来自兴盛的中国的文化)来笼络人心,而有十分重大的现实意义。这种想法在得到乱世英雄织田信长和丰臣秀吉认同后,借茶道之风统一天下的思潮就得以泛滥。而此时,千里休在前两代大茶人(珠光与绍鸥)的基础上,已将茶道艺术发展得相对成熟,风格鲜明而富独创精神,以"平常心"、"专心泡好茶"和"敬茶"等实现主客同心同德,深受当时人们的喜爱。当时的掌权者丰臣秀吉对茶道也十分崇尚,加上他的政治目的,于是在大加赏识中向社会各阶层推行,"茶道大行"也就不难想象了。这样,日本茶道在文化艺术的基础上,借助于政治力量的推动,很快得到社会的认同,其推行速度也大大加快。这时的千里休,对茶道的"创作"几乎是登峰造极,至真至诚,远离原先的豪华高贵而求归真和自然,加上他自己的人生也到了晚年,他在茶道上的成就已完成了努力实现通过茶道来完成指引人生之路的哲理。后人以"和敬清寂"概括其境界,并以"和"为核心、"寂"[1]为特征,较中华传统文化更直接而有目的性,其内涵也相当深刻。茶道在日本,虽少不了模仿,但却体现了它自身创造给人带来魅力与受时代政治的光耀[2]促成的共

---

[1]　日本因地理所处半岛的位置特殊性,"和",除了"和合"团结以抵御自然的冷漠之外,还有类似抱团取暖的蕴意。

[2]　有日本学者就把当时掌握军政大权的丰臣秀吉比作太阳,喻千里休如月亮,太阳为月亮增辉,月亮教人理解美的真髓。

同成就,加上其民族对文化传统的珍重,终成日本文化的代表作。到了 20 世纪的战后,茶道已成为日本国民素质的提高与自我意识增强的象征。日本茶道文化的成功实践,是在有条件借鉴的基础上,加上其尊重传统中锐意改进而为其所用,其经验值得借鉴。

三、中日茶道的同源与殊途

中日茶道文化所表现出的史实不同,还受到其他条件因素,如生态、气候、地理纬度、茶类、民族风格等不同的影响。由物质条件的差异与哲学基础深广的不同,使得其茶道的发展过程中以潇洒与凝重,随意与规范的不同方式表现出来,其所起的作用和地位也不尽相同。日本茶道之所以区别于中国,是有其深刻的社会背景与历史根源的。

茶道在日本之成为正统的大道,有其偶然与必然性。在由平安时代进入镰仓、室町时代,以及此后时期的日本,社会正处于从无序走向有序,社会生活及文化教育诸多方面都亟须确立规范。然而,由于哲学与文化思想基础上缺少相对的深厚,日本便把笼络人心所需的思想文化武器的构建目光瞄向国外。于是,类似我国宋代宫廷能代表兴盛的茶事文化便进入倡导者的视野,模仿后加以改进而成的茶仪茶规也被当时重要的社会阶层(平定社会动荡不安后的统治者)——武士所吸纳,加上茶道文化中深刻的禅宗内涵与其民族文化相接轨,使其有可能成为人们行为规范所需的组成部分,并经过逐渐的改造与发展,终成规模与特色,并在艺术创造上达到相当的高度。能成为一种曾一度主导的综合文化体系,很大程度上是因为历史或时代的原因,造成日本国的神道教,难以担当政治文化转换时期作为思想武器的重任(其相关的传统文化思想不及中国的博大与深刻),最终使得从中国引进后经改造而成的茶道成为日本文化的代表。当然,这样的日本茶道也就不同于中国式的茶事形式——其中的茶不是品质意义上的物质茶,日本历史上的大茶人大多是大文化人、思想家(这种情况即使发展到今天,也不曾有多大改变),而不是茶家或文艺家。

日本茶道,是日本文化的结晶,从其由来而说,能反映东方文化,但却无法代表东方文化,这与其原创文化缺乏深度与广博有关。日本缺少像中国历史上有世界影响的大思想家,才使得大茶人的地位得以突出、显要;其茶道的最根本的落脚处,是它以严格的程式对人们行为的约束,是以宗教团体的清规戒律对其团体中人员的行为乃至某些观念的强制性求同。日本茶道的传承也是以秘传的方式进行的,要成为茶道家或成为一个大茶人,须经长久,乃至终身性的修炼。这些因素也促成了日本茶道的严肃和正统。

　　茶道文化在中国也因其背景呈现出不同的际遇。中国的茶道文化是在茶的自然性与中华文化的博大精深的相契相应而成。中国的茶道是在没有担当特定的政治与文化职能中,受以儒释道为主体的传统文化推动而自然发展的,洋溢着一种不同于日本茶道那纯精神的、器物化的,随意与喜闻乐见,又不失其内涵与精神的综合性文化。陆羽倾其毕生之力撰写了《茶经》,揭示了茶道精髓,也刻画了茶文化的宏伟蓝图;成就的茶道虽是高深却可与日常生活相表里。然而,相比于历史上思想的经典与文化的浩如烟海,茶文化难以担当政治或文化的重要使命。即便历史上有思想家、大哲人(如朱熹等)也不乏嗜茶者,但茶文化因无关于政治,而没有与统领思想的主流文化紧密结合(文化的器物表现与思想性之间难以贯通一致,而历史上儒家礼教思想的一以贯之与道家思想的不喜欢受到仪规的约束,使得以茶作相关的规范显得不可能)。援引儒、道、佛思想于茶事中,可各行其“道”而体现茶的精神,但其实践过程可谓是各行其是,虽然因为哲学意义上的同源性而有殊途同归,其聚焦性而体现的针对性效果茶道因包容性与宽广而显得不足。但这也许正是中华茶道的魅力——源远流长而生命力不减,也如茶的淡淡幽香可显恒久魅力,长流的总是细水,最能体现滋润的效应。

　　茶道的方式不同,效果与针对性也不一样。中国茶道文化以随意中显示真实,与日本茶会中体现出茶道的严肃,存在着形式与风格上的区别,这似乎可以在中国茶道内涵中的“静”与日本茶道的“寂”中的差异。这两者看似相近,实则不同,它们分别代表的是乐天与忧患意识、随意中的满足与对不完全美的祭典。① 以日本茶道为例,其宗旨是通过一定的仪式引导,在情景的配合下,灌输相应的理念,并达到提升精神境界的效果,茶在其中充当的是精神追求的象征性载体或文化道具。日本的茶道主要以仪式与茶会的方式表现,并给参与者以积极影响。在日本,茶会发生在不同的季节、地点,茶人用心经营的每一次茶会,都应着变化的环境而布置,追求着世界上不会出现再次相同的

---

　　① 日本茶道中有对不完美的肯定,乃至崇拜,即以不完美为前提而去努力寻求完美的理念。如茶室布置的不对称,即引导人们从情感出发去追求完美,相关的艺术创造也可由此产生;从艺术中接受感化而鉴赏艺术,寻求、超越其中的不完美。这也同样能促进茶人意志的磨砺和境界的提升。由此,茶会中的动作或礼节,如欠身、凝视,因凝结着平等、尊重和亲切而显得必要,传递着的茶碗,弥漫在空中的幽幽茶香,都可视为是一种心的交会。

茶会,以拉近心灵间的距离。每次茶会都是"唯一"的,人和客人在这种种偶然中油然而生一种不期相遇的喜悦之情。时空的变化与人世的无常也统一在茶道当中。以此与日常、包括工作相联系,可见其"认真"程度,这所带来的国民教育、塑造良好素质的积极作用(对日本历史有过的偏激也起到一定的消融或修正作用),值得我们深思。由此,中华茶文化能以喜闻乐见而表现于日常,而表现出"达观与无执"或"浮滑与随意",其心境因不可避免地带有道家的色彩(如茶事中的自由发挥与对茶质量的要求),更多、更普遍地体现在实用和行为习惯上,其效果也是可以通过鉴赏等,潜移默化人们的自身与悟性,并上升到精神层面。

四、当代中日茶道文化的发展

千里休曾在日本茶道如日中天之时预言:千年之后,茶之本道(在形式上)可能衰败,但饮茶之风必定昌盛。这是他在茶道艺术到达炉火纯青的境界时所作的感言,难能可贵。日本茶道确实值得我们借鉴,日本茶道因创造美好的精神而成经典。我们也可从中得到启发,但不能因此而妄自菲薄或待之以非理性。一个民族接受其他民族的文化的影响有如吸收滋养,可使自己的文化更加丰富。先前在台湾、香港等地成功实践后在大陆广泛流行的茶艺,就是在融入地方风土人情,融艺术于不同特色中,发扬光大,它反过来能影响日本;同样在我国各地的茶馆秉承传统而形成独特的茶馆心理、茶馆人生和茶馆行为,深深扎根于人们的生活环境,近来也受到日本民众的青睐。这在一定程度上也反映了中日茶道文化的同根同祖。日本茶道的成功,于中华茶文化是有荣光的。"茶道文化最大的特色是讲究与自然的和谐",是当代中日茶道代表性学者的共同认识。

中日茶道文化延续到今天,外部的境况已发生变化。文化体现民族的特色,但也有高于民族的内涵。日本茶道界的有识之士针对传统茶道传承有余创新不足,努力在外延上拓展茶道文化向外展示与宣传(如在新世纪初,日本茶道一代宗师千宗室就曾应邀在联合国总部给官员们讲茶道,希望以此能化解可能的战争,并举行了"一碗茶中喝出和平"为主题的和平茶会活动)。这可认为是传统茶道文化在当代的一种开拓性举措。和平崛起的现代中国,而从已有的文化高度,如何面对国内人们对茶文化的广泛需要,在世界范围内借助文化交流与众多的孔子学院,创造性地宣传中国茶道文化? 值得我们认真思考。

附 录

Ⅰ 茶文化和咖啡文化面面观①

茶和咖啡是世界两大天然非酒精饮料,它们在历史发展中,形成了各自的文化特征。茶居首位,咖啡其次,两者各以自己的特色吸引了大量的爱好者。这里对两者差异试作比较与探讨。

一、茶和咖啡的起源与传播

作为中国人独特的饮料,论起源至少可追溯到距今 5000 年以前,即传说中的神农氏时代,可能更早。有史以后,明确提到茶叶市场的是西汉王褒的《僮约》。到唐朝陆羽《茶经》这部世界唯一的茶叶百科全书问世之后,中国就进入茶文化发展的盛期,以迄于今。

咖啡的起源只有简单的民间传说。说是很早的时候,非洲埃塞俄比亚克法(省)(Keffa 或 Kaffa)的一个牧民,发现他养的羊吃了牧场上一种野生的小红豆(即咖啡)以后,变得兴奋不已。他就试行摘下来咀嚼,觉得精神抖擞。从此人们就由采摘食用进一步实行人工栽培。现在英语的 Coffee ,阿拉伯语的 Qahwah,希腊语的 Kawek("力量和热情")都是 Kaffa 的音译和意释。

中国茶叶的外传经历了两个不同时期和不同的路径。早期在公元 475 年(北魏)时,由陆路从土耳其人进入中国西北,进行以货易货的贸易,将茶叶引进土耳其,把汉语的"茶"音译为"Chiy";接着经由土耳其传到阿拉伯,以后再传到俄罗斯,俄语音译为"Чай"。后期,在 17 世纪(明末清初)后,中国和欧洲的海路贸易快速发展起来,最初由英国人从厦门购买茶叶(把闽南方言的茶音"tay"或"te",拼作英语的"tea",然后荷兰语作"thee",意大利、丹麦语作" te",

---

① 本文原载于《饮食文化研究》2005 年第 3 期,经作者游修龄同意,作了删节。

德语作"the"。茶的拉丁植物学属名"Thea sinensis"即采用闽南音为茶的属名)最后传入欧洲。

伊斯兰教的《古兰经》严禁喝酒,说:"恶魔唯愿你们因饮酒和赌博而互相仇恨,并且阻止你们纪念真主和谨守拜功。"咖啡从非洲传入阿拉伯地区以后,成为代替戒酒的理想饮料,因而获得迅速发展。《古兰经》约与《茶经》同时,《茶经》是世界第一部茶叶全书,而咖啡才开始在阿拉伯地区"落户",两者的文化背景差异,无法相比。

阿拉伯人最初是咀嚼咖啡豆(Coffee Cherry),吸取其汁液,一直到约公元1000 年时(北宋),才把咖啡豆放在滚水中煮沸,成为芳香的饮料。把咖啡加工成粉末,成为速溶咖啡,是迟至 20 世纪 30 年代的事。而中国在宋朝时,茶产全盛,茶书层出,儒道佛三家把茶文化推向新高潮。对比咖啡的加工历史和加工技艺远不及茶叶复杂繁多,也不足为奇了。

阿拉伯地区由埃塞俄比亚引入咖啡后,为保持咖啡的垄断地位,曾长期禁止咖啡种子外传。直至 16 世纪,印度人偷偷地将咖啡种子带到印度种植。17世纪,荷兰人从也门偷偷地将咖啡种子带到锡兰(斯里兰卡)和印尼爪哇、苏门答腊、东帝汶等地种植。咖啡是 17 世纪初由土耳其传到意大利,当时的威尼斯商人称咖啡为"阿拉伯酒",接着传遍了欧洲各国 ,到 18 世纪晚期已传遍了南美洲各国。

二、茶文化和咖啡文化的碰撞

神州大地有持续八千年至万年的农耕历史,茶文化是在农耕社会的影响下孕育发展起来的,富有凝聚力及和平的思想。陆羽《茶经》是中国茶文化发展到唐朝的一个回顾和总结,它是中国也是世界上的一笔宝贵的茶文化遗产。后人继承《茶经》精神和传统,发展了茶道的哲学思想和精神修养,历代的士人因品茶而著作的各种茶书,据不完全统计不下 60 种。又据傅宏镇的考证统计,我国的历史名茶累积达 880 种之多。至于历代诗人墨客即兴创作的大量茶诗、茶歌、茶谣、茶联等,更不可缕述。这还不包括民间的白话小说、戏曲、谣谚中涉及制茶、煮茶、饮茶、品茶的文字在内,茶文化在中国是独树一帜,在世界则是独一无二的文化遗产。

咖啡则不同,咖啡原产地埃塞俄比亚人只是采食咖啡果,口嚼提神,还不是饮料,更缺乏历史文献记载。直到被引种到阿拉伯以后才开始制成饮料,用来代替饮酒。咖啡开始向世界范围传播的时间更晚,起因于欧洲各国争夺殖民地,咖啡被引进殖民地种植,其文化形态也富有殖民色彩。典型的如巴西,从 16 世纪成为葡萄牙殖民地至 19 世纪巴西帝国建立,三百余年间巴西实行的是大庄园制和奴隶制并存的庄园农业,依靠印第安人及从非洲输入的黑奴为农业劳动力,从事庄园农业生产,其农业经济以咖啡、棉花及甘蔗为主,到20 世纪初,巴西咖啡的产量一度曾占到世界总产量的 75 % 。咖啡只是上层社会的社交享受,以后咖啡普及起来,才成为城市平民的消闲饮料,当然不可能产生类似《茶经》那样的咖啡经的著作来。

《茶经》问世以后,茶道也随着孕育发展起来。儒、道、佛三家都酷爱饮茶,三家共同构成茶道的核心。儒家思想强调"和",中国茶道的核心也是"和"。"和"意味着天和、地和、人和,宇宙万物,和谐统一。茶人的修养,就是要以"和"为贵,以"和"为美。道家思想的核心是"自然",沁入茶道之中,认为茶的色、香、味、韵都是纯自然的,自然法则通过品茶来展示(《道德经》:"人法地,地法天,天法道,道法自然")。禅宗主张"茶禅一味",禅味即茶味,茶味即禅味,茶禅互参,禅茶不二;不过分沉湎于茶的色、香、味、韵"四相",才能真正"因茶入道"。所以儒、道、佛三家都具有宽容性、包容性,向往人间的正道——中庸和谐。这种深厚的文化境界,与农耕民族的宁静、凝聚、平和心态相适应。咖啡缺乏茶道的这种历史背景和相应的哲学积淀,所以很难从咖啡的品味中获得类似或相近的印证。

咖啡对于欧洲,是外来饮料,欧洲民族原本是以牛、羊奶为饮料的游牧民族,后来进入畜牧业,仍以肉食、奶饮为主,种植业只是一种副业,完全不同于中国以种植业为主、家畜饲养为副的农耕民族。欧洲人精神上信奉基督教,排斥其他宗教的信仰,为了推行"主"的信仰,不惜使用武力,消灭其他宗教的信仰,因而富有进攻性,一旦有了咖啡,那隐藏其中的几分野性正好满足了追求刺激,进攻的欲望。中国儒道佛的兼容性、和谐性与欧洲基督教的排他性、侵略性,形成强烈鲜明的对照。

同样是饮料,如果要从饮茶和饮咖啡中寻找两者的相似之处,也并非完全没有。从中国式的茶馆和欧式的咖啡馆入手,便可以从中发现两者之间,也是异中有同。

中国的茶馆是茶文化的土壤,它是上层的茶文化基础;同时上层的茶文化又反过来促使基层茶馆的繁荣,两者相互影响,源远流长。早在唐朝玄宗年间,《封氏见闻记》中就已有店铺卖茶的记载:"自邹、齐、沧、隶,渐至京邑、城市,多开店铺,煮茶卖之,不问道俗,投钱取饮。"这"不问道俗,投钱取饮"有点像现在的无人售货了。到宋代,中国的经济文化重心已完全南移,南方茶馆如雨后春笋般滋生。明代的《杭州府志》里记载杭州有大小茶坊八百余所,除了饮茶,茶坊里通常都配合有说书,讲《水浒》、《三国》等小说。明清时期北京的茶馆分"清茶馆"、"棋茶馆"、"书(评书)茶馆"及季节茶馆等。苏州多园林,因而园林里也有茶室;苏州多水面,因而水边多茶馆,甚至水上也有茶饮之船。苏南浙北的平原水网地区农村,更分布着无数的农家茶馆,农民们早起下田劳动以前,先到茶店、茶坊坐一会,饮一杯茶,藉此沟通人情来往,交换市面买卖信息,茶不单是饮料,它负载着更深刻的社会文化。

覆盖全国的茶饮,因地而异,两广一带嗜好红茶,闽人爱好乌龙茶,江浙人偏爱绿茶,黄河以北喜爱花茶或绿茶,西北内蒙、新疆、西藏喜饮黑茶和茶砖,都各与其地理风土的特性相适应。

咖啡在欧洲近三百年来的流行,促成咖啡馆的诞生,咖啡馆使原来上层社会封闭的"沙龙"生活转而走上街头,人们在咖啡馆里读报、辩论、玩牌、打台球。作家去咖啡馆喝咖啡,已成为一种社交生活方式。欧洲各国以法国人喝咖啡最富有文化情调。卢梭、伏尔泰和当时的许多著名文人,都有他们固定聚会的咖啡馆,文人们从喝咖啡中获得创作的灵感。咖啡又有取暖的作用,北欧国家瑞典、挪威等国人均咖啡消费量,名列世界前茅,是咖啡帮助他们渡过漫长寒冷的冬季。

欧洲人喝咖啡要数法国人最有特色,他们不大在家里闭门独饮,为讲究环境和情调,要到街上咖啡馆里凑热闹。即使在家里自煮自饮,也是慢慢地品尝,这点和中国人的喝茶习惯十分相似。法国人在咖啡店里读书看报,交谈议论,一喝就是大半天,有一种优雅的韵味和浪漫的情调。法国的咖啡店也是风格和大小不拘一格,大街小巷、马路旁、广场边、河岸边和游船上到处都有,尤其以露天咖啡座最充满浪漫情调。与中国城镇的茶馆、茶坊、茶摊,江南水乡的茶店等形成一种东西文化异中有同,同而异趣的对照。但从浪漫情调看,中国人还不如法国人,在法国,一个地道的咖啡馆常客,对他经常光顾的咖啡馆,上咖啡馆的时间,坐哪张桌子的哪个座位,都是固定不变的。店主人也完全知道配合,不会让老顾客失望。只有老舍笔下的北京《茶馆》,可以与之比美,或有过之而无不及。法国人对咖啡的情有独钟,与中国人把茶列为开门七件事之一,确有异曲同工之妙。相比之下,美国人喝咖啡随性放任,百无禁忌,缺乏欧洲人特别是法国人的咖啡情结与情调。从二战至今,法国和美国总是格格不入,除了政治、经济上的矛盾,文化修养的深浅和文化情调的雅俗之差异,显然有着密切的关系。

Ⅱ　茶诗、茶联和茶文欣赏

一、茶诗

在我国,茶因能启发文思、与诗有着"清"与"新"等方面的同质性,而吸引诗人和诗作与茶相亲相近,并在茶事中作驻足与缠绵(以诗的方式与茶"对话")。茶的韵味为文人墨客增雅助兴,借题发挥,赋物咏志,也成为他们生活中的滋润物;而茶的品性,也自然渗透到诗中,并对诗材、构思、意境和鉴赏等方面产生影响。历史上诗论家的"茶爽添诗句,天清莹道心"①说明了历史上的茶中有诗与诗语茶韵。茶诗可抽象而又具体与茶事可及的精深所寄寓的自然功效一致,茶"可助诗兴而云山顿色,可以降睡魔而天地忘形"(明朱权),而"候汤将如蟹眼"还如诗作的构思与酝酿。茶这个意象被诗人抽离成一个空灵缥缈的记号。历史上的茶诗多而精彩,如李白、杜甫和苏轼等都作过茶诗,其形式也多姿多样,内容也繁简各异,显现了传统茶事的诗情画意与惟妙惟肖,令人赞叹不已。茶的美妙,除了直观与悟性,还有那无意中的感触。由茶的情感效应到意象,构成了中国诗文的符号。茶诗在历史上的丰富也是不容置疑的,然而,值得指出的是,茶的情感效应还应合了西方的诗理,"灵魂之饮"②的巧妙中就少不了西方浪漫主义诗人的寓意。同样,"诗起于沉静中回味得来的情绪",与诗会在无意中给人觖起感动,这样有代表性的西方理情话理,同样适合于茶诗与茶文化中的真实。茶诗的精彩与经典,可以想象。

历史上的茶,给诗以清心与哲理,诗也以高超的语词与精细入微的表现,为茶事传神写照——茶诗因涉及采摘、制作、烹煮、器具、斗茶、茶宴、茶道、怀

---

① 　(唐)司空图:《即事二首》。

② 　与我们常常所说的"心灵之饮"相似,"灵魂之饮"最先由英国牧师勃莱迪提出。与此相关,英国诗人雪莱对诗赞美道"诗使我们的灵魂之眼穿透弥漫的尘雾";"诗起于沉静中回味得来的情绪"同样是英国浪漫主义诗人华兹华司所言。下文的"诗比历史更真实",出于亚里士多德的《诗学》。现代美学家朱光潜曾解释说:"诗人的职责不在描述已发生的事,而在描述可能发生的事⋯⋯因此,诗比历史是更哲学的,更严肃的,因为诗所说的大半带有普遍性,而历史所说的是个别的事。"

思、风俗、礼教、理喻、赞誉等与茶相关的内容,已成为茶叶史料的重要组成部分("诗比历史更真实")。古人云"诗无达诂","茶道"两字正是最先出现于茶诗,并有"不可言"的理喻与深意。同土而栽、同根而生的中国茶与诗(及词)的相融,反映了茶的历史,展示了茶文化的绚丽,是祖国茶文化的瑰宝。

　　在此,撷取历史上茶诗的一些小片段,以帮助人们对茶与诗的了解和认识,以利有兴趣者欣赏(还方便与正文中的引用相对照)。

(一)赋茶与茶韵

　　　　芳茶冠六清,溢味播九区。
　　　　人生苟安乐,兹土聊可娱。

　　　　　　　　　　　　　——晋张载《登成都白菟楼诗》(节录)

　　　　山僧后檐茶数丛,春来映竹抽新茸。
　　　　宛然为客振衣起,自傍芳丛摘鹰嘴。
　　　　斯须炒成满室香,便酌沏下金沙水。
　　　　骤雨松声入鼎来,白云满碗花徘徊。
　　　　悠扬喷鼻宿醒散,清峭彻骨烦襟开。
　　　　阳崖阴岭各殊气,未若竹下莓苔地。
　　　　炎帝虽尝未解煎,桐君有采那知味。
　　　　新芽连拳半未舒,自摘至煎俄顷余。
　　　　木兰沾露香微似,瑶草临波色不如。
　　　　僧言灵味宜幽寂,采采翘英为嘉客。
　　　　何况蒙山顾渚春,白泥赤印走风尘。
　　　　可知花蕊清冷味,须是眠云跋石人。

　　　　　　　　　　　　　　　——唐·刘禹锡《西山兰若试茶歌》

(二)茶性、茶品

　　　　洁性不可污,为饮涤尘烦。
　　　　此物信灵味,本自出山原。
　　　　聊因理郡馀,率尔植荒园。
　　　　喜随众草长,得与幽人言。

　　　　　　　　　　　　　　　　——唐·韦应物《喜园中茶生》

天赋识灵草,自然钟野趣。
闲年北山下,似与东风期。
雨后探芳去,云间幽路危。
唯应春报鸟,得共斯人知。

————唐·陆龟蒙《茶人》

仙山灵草湿行云,洗遍香肌粉末匀。
明月来投玉川子,清风吹破武林春。
要知玉雪心肠好,不是膏油首面新。
戏作小诗君勿笑,从来佳茗似佳人。

————宋·苏轼《次韵曹辅寄壑源试焙新茶》

(三)烹茶、斗茶

活水还须活火煎,自临钓石取深清。
大瓢贮月归春瓮,小勺分江入夜瓶。
雪乳已翻煎处脚,松风忽作泻时声。
枯肠未易禁三碗,坐听荒城长短更。

————宋·苏轼《汲江煎茶》

年年春自东南来,建溪先暖水微开。
溪边奇茗冠天下,武夷仙人从古栽。
新雷昨夜发何处,家家嬉笑穿云去。
露芽错落一番荣,缀玉含珠散嘉树。
终朝采掇未盈襜,唯求精粹不敢贪。
研膏焙乳有雅制,方中圭分圆中蟾。
北苑将期献天子,林下雄豪先斗美。
鼎磨云外首山铜,瓶携江上中泠水。
黄金碾畔绿尘飞,碧玉瓯中翠涛起。
斗茶味兮轻醍醐,斗茶香兮薄兰芷。
其间品第胡能欺,十目视而十手指。
胜若登仙不可攀,输同降将无穷耻。
吁嗟天产石上英,论功不愧阶前蓂。
众人之浊我可清,千日之醉我可醒。

屈原试与招魂魄，刘伶却得闻雷霆。

卢仝敢不歌，陆羽须作经。

森然万象中，焉知无茶星。

商山丈人休茹芝，首阳先生休采薇。

长安酒价减百万，成都药市无光辉。

不如仙山一啜好，泠然便欲乘风飞。

君莫美花间女郎只斗草，赢得珠玑满斗归。

——宋·范仲淹《和章岷从事斗茶歌》

（四）茶德、茶功

赵人遗我剡溪茗，采得金芽爨金鼎。

素瓷雪色缥沫香，何似诸仙琼蕊浆。

一饮涤昏寐，情思爽朗满天地；

再饮清我神，忽如飞雨洒轻尘；

三饮便得道，何须苦心破烦恼。

此物清高世莫知，世人饮酒徒自欺。

愁看毕卓甏间夜，笑向陶潜篱下时。

崔侯啜之意不已，狂歌一曲惊人耳。

孰知茶道全尔真，唯有丹丘得如此。

——唐·皎然《饮茶歌诮崔石使君》

日高丈五睡正浓，军将打门惊周公。

⋯⋯⋯⋯⋯

（详文见第三章第八节"茶歌、茶歌舞"部分）

——唐·卢仝《走笔谢孟谏议寄新茶》

百草让为先，功先百草成。甘传天下口，贵占火前名。

出处春无雁，收时谷有莺。封题从泽国，贡献入秦京。

嗅觉精新极，尝知骨自轻。研通天柱响，摘绕蜀山明。

赋客秋吟起，禅师昼卧惊。角开香满室，炉动绿凝铛。

晚忆凉泉对，闲思异果平。松黄干旋泛，云母滑随倾。

颇贵高人寄，尤宜别柜盛。曾寻修事法，妙尽陆先生。

——唐·（僧）齐己《咏茶十二韵》

二月一番雨,昨夜一声雷。枪旗争展,建溪春色占先魁。采取枝头雀舌,带露和烟捣碎,炼作紫金堆。碾破春无限,飞起绿尘埃。　　汲新泉,烹活火,试将来,放下兔毫瓯子,滋味舌头回。唤醒青州从事,战退睡魔百万,梦不到阳台。两腋清风起,我欲上蓬莱。

——宋·白玉蟾《水调歌头·咏茶》

(五)茶事景象

凤辇寻春半醉回,
仙娥进水御帘开。
牡丹花笑金钿动,
传奏吴兴紫笋来。

——唐·张文规《湖州贡焙新茶》

茶烟一缕轻轻扬,搅动兰膏四座香,
烹前妙手胜维扬,非是谎,下马试来尝。
兔毫盏内新尝罢,留得余香满齿牙,
一瓶雪水最清佳。风韵煞,到底属陶家。
金芽嫩采枝头露,雪乳香乳塞上酥。
我家奇品世间无。君听取,声价彻皇都。

——元·李德载《喜春来·赠茶肆》

(六)奇妙体茶诗

茶

香叶　嫩芽

慕诗客　爱僧家

碾雕白玉　罗织红纱

铫煎黄蕊色　碗转曲尘花

夜后邀陪明月　晨前命对朝霞

洗尽古今人不倦　将至醉后岂堪夸

——唐·元稹《茶功》(宝塔诗)

空花落尽酒倾缸，日上山融雪涨江。
红焙浅瓯新火活，龙团小碾斗晴窗。①

——宋苏轼《梦回文二首》（选一）

（七）当代及国外茶诗

七碗受至味，一壶得真趣，
空持百千偈，不如吃茶去。

——赵朴初

国外也有许多茶诗，有的还相当优美。日本茶道的集大成者千里休居士在答人们提问何为茶道时曾作诗，其形式质朴而内涵深刻：

夏日求其凉，冬日求其暖。
茶要合于口，碳要利于燃。

英国 19 世纪伟大的政治家 William Gladstone（威廉·格莱斯顿）作有茶诗一首，以张扬的笔法，赞美茶功的深刻。

Tea, The Cure—All

If you are cold, tea will warm you;
If you are too heated, tea will cool you;
If you are too depressed, tea will cheer you;
If you are too exhausted, tea will calm you!

---

①　此回文诗，奇妙之处在于排序倒过来，诗文内容精彩不减：窗晴斗碾小团龙，活火新瓯浅焙红。江涨雪融山上日，缸倾酒尽落花空。

二、茶文列举

荈　赋

　　灵山惟岳，奇产所钟。厥生荈草，弥谷被岗。承丰壤之滋润，受甘灵之霄降。月惟初秋，农功少休；结偶同旅，是采是求。水则岷方之注，挹彼清流；器择陶简，出自东隅。酌之以匏，取式公刘。惟兹初成，沫沉华浮，焕如积雪，晔若春敷。

——晋·杜育

三、茶与楹联

　　如果说文之精者为诗，则诗之精者为联；楹联，是中华民族的独创，它是通过中国语言文字的工整对称与优美精致，体现出比诗更为直观的通俗共赏。茶联，普遍应用于与茶有关的亭台楼阁及茶馆等休闲场所，它虽不一定能画龙点睛，却实在以雅俗互为表里的方式，对特定的场景起着装帖与衬托作用。读析精美的茶联那与人情味相关的内涵，其透析出的朴实与哲理，让人忘记心中的垒块或身心的劳顿，觉得像在喝一杯茶一般，可沁人心脾。

　　　　　扬子江心水，蒙顶山上茶。

　　　　　落日平台上，春风啜茗时。

　　　　　泛花邀坐客，代饮引清言。

　　　　　精泉烹雀舌，活水煮龙团。

　　　　　诗写梅花月，茶烹谷雨香。

　　　　　玉盏霞生液，金瓯雪泛花。

　　　　　酒醒饭饱茶香，花好月圆人寿。

　　　　　竹雨松风琴韵，茶烟梧月书声。

开门七事虽排后，待客一杯常在先。

竹荫遮几琴易韵，茶烟透窗魂生香。

扫来树叶煮茶叶，劈碎松根煮菜根。

茶能解渴何妨饮，亭可乘凉且慢行。

茶香高山云雾质，水甜幽泉霜雪魂。

素雅为佳松竹绿，幽淡最奇芝兰香。

泉从石出情宜冽，茶自峰生味更圆。

松涛烹雪醒诗梦，竹院浮烟荡俗尘。

松风亮节，竹解心境，梅傲霜雪，茶能性谈。

天光云景晴川入画，鸥雨草堂活水烹茶。

阁构三层读书论世，泉飞云壑听瀑煮茗。

石鼎煎香俗物尽洗，松涛烹雪诗梦初灵。

茶洗尘心超凡入胜，书开栈道好梦成真。

以上对联以雅趣为主，有的引自于诗作，宜场景而需。茶的对联以雅致、工整为多，但要别致而入胜，还需与情景相应才显出奇与妙。"欲把西湖比西子"与"从来佳茗似佳人"是苏轼两首诗中的佳句，连在一起刻到西子湖畔的亭台楼阁上，其语境与情境、入茶之意境十分相应。同样，当代学者夏承焘在《鹧鸪天·题九溪十八涧茗坐》中的"若能杯水如名淡，应信村茶比酒香"，就是一副佳联，与后来的"诗人不做做茶农"有一种应会之感，反映杭州九溪十八涧中歇脚品茶的真实写照——"宁心声色外，问茶溪涧中"。

人性与茶事以及场景的巧妙结合，该是茶联的独特魅力。好的茶联，虽不同于美景，但亦能起赏心娱目的效果。不少地方有对山歌的风俗，于是在茶亭上也出现了联语，读来很显情趣；如"小憩为佳，清品数口绿茗去；归家何急，试对几曲山歌来"。以下示例，读者不妨作相关的想象。

坐、请坐、请上坐；
茶、敬茶、敬香茶。

奇乎？ 不奇，不奇亦奇；

园耶？是园，是园非园。

座上茶香，客走茶犹热；
壶中水沸，人来水更甜。

雪芽甘露竹叶青集茶谱妙品香座客，
水浒三国红楼梦汇艺苑精绝醉散仙。

聆妙曲，品佳茗，金盘盛甘露，缥缈人间仙境；
观五俗、赏绝艺，瑶琴奏流水，悠游世外桃源。

风物小桃源，且此徘徊，说道花深堪避世；
水竹旧院落，无人与问，其是壶中别有天。

旖旎山势舞流溪，柴米油盐酱醋茶排行老七；
独览梅花扫腊雪，精行俭德真善美位居鳌头。①

茶后行者行，莫愁劳燕分飞，放眼光明路正远；
亭前过客过，若访雪鸿遗迹，印心名胜景尤佳。

　　新加坡属东方文化圈，华侨很多，受中国的影响，茶文化颇受青睐，其茶文化场所也有茶联之景，这里也举一例：

天下几个闲，问杯茗待谁，消磨半日；
洞中一佛大，有池荷招我，来证三生！

　　茶联的意蕴与格调，是中华茶文化中的一笔财富，我们应当珍爱。这里列举几例说明。历史上有回文体的诗（联），与茶联姻，顺读与倒读，意思不尽相同，却能平添妙趣，赋以近现代内容，可成为佳作。如"春螺碧为海，海为碧螺春"，就有名茶胜景在其中；而广州有名为"天然居"的茶楼，就有相应的回文茶联为之增色："客上天然居，居然天上客"。饮茶器具上言简意赅、颇能反映生活智慧的短语字铭，对素色的茶具是一种点缀，其性质与对联相类似（其形式与宋词有几分相近，创造了一种最纯粹直观的境界），给品茶增添几分情趣。

---

　　①　此联初看极平，细看可以发现它巧妙地利用汉字的谐音，读来颇有趣味。上联的上半句"旖旎山势舞流溪"，是阿拉伯数字节1234567；下联的上半句"独览梅花扫腊雪"是曲谱1234567。

"可以清心也"是早些时候瓷杯盖上常见的铭文；它的奇妙在于依茶杯盖形让这五个字排成一圈，从任何一个字为起始点，读来都是意思明了而顺畅，其形式近似回文诗。在群体性活动与文化聚会中，如组织安排恰当，也可给茶联以渗透的机会与传播的效应。2005 年的春节联欢晚会上，有一幅反映福建与台湾同根同祖（同喜功夫茶）的对联——"品铁观音，香飘两岸；拜妈祖庙，情系一家"，看后让人过目不忘。而在香港的"万人泡茶迎千禧"的茶会上，有学者在"仪仗擂鼓开场，洵热乡盛举"后，赋以联语曰："九天紫云，鼓者其谁欤？中土嘉叶，煎之乃我焉。"会场气氛顿显活跃。

　　茶联的魅力，恒久流传。它也为茶那源出山野柴门而入幽雅与堂皇，增添了诗情画意。

参考文献

陈宗懋.中国茶经.上海:上海文化出版社,1992

吴觉农.茶经述评.北京:中国农业出版社,2005

陈彬藩.中国茶文化经典.北京:光明日报出版社,1999

关剑平.茶与中国文化(中国文化新论丛书).北京:人民出版社,2001

陈文华.长江流域茶文化(长江文化研究文库).武汉:湖北教育出版社,2004

浙江农业大学茶学系.庄晚芳茶学论文选集.上海:上海科学技术出版社,1992

中国茶叶学会编.王泽农选集.杭州:浙江科学技术出版社,1997

陈翰笙,夏衍,等.吴觉农纪念文集.北京:奥林匹克出版社,1997

宛晓春.中国茶谱.北京:中国林业出版社,2007

李鹏程.当代文化哲学沉思.北京:人出版社,1994

陈良运.周易与中国文学.南昌:百花洲文艺出版社,1999

滕军.日本茶道文化概论.北京:东方出版社,1992

童启庆.习茶.杭州:浙江摄影出版社,1996

潘根生,顾冬珍.茶树栽培生理生态.北京:中国农业出版社,2006

姚国坤,胡小军.中国古代茶具.上海:上海文化出版社,1999

林治.中国茶艺.北京:中华工商联合出版社,2000

詹罗九.名泉名水泡好茶.北京:中国农业出版社,2003

阮浩耕、沈冬梅、于良子点校释注.中国古代茶叶全书.杭州:浙江摄影出版社,
   1999

寇丹.鉴壶.杭州:浙江摄影出版社,1995

张堂恒,刘祖生,刘岳耘.茶・茶科学・茶文化.沈阳:辽宁人民出版,1994

青苹果数据中心.中国古典名著百部.北京:北京电子出版物出版中心,2000

曹春林.中药药剂学.上海:上海科学技术出版社,1996

徐楚江.中药炮制学.上海:上海科学技术出版社,1985

沈冬梅.宋代茶文化.台北:学海出版社,1999

郭孟良.中国茶史.太原:山西古籍出版社,2003

黄纯艳.宋代茶法研究.昆明:云南大学出版社,2002

吴自牧.梦粱录.杭州:浙江人民出版社,1984

布目潮沨.中国吃茶文化史.日本:岩波书店,1995

朱自振.茶史初探.北京:中国农业出版社,1996

朱自振.中国茶叶历史资料选辑.北京:中国农业出版社,1981

余悦.问俗.杭州:浙江摄影出版社,1996

汤一编.茶品.杭州:浙江大学出版社,2003

董尚胜,王建荣.茶史.杭州:浙江大学出版,2003

程启坤.茶类知识百问.杭州:浙江摄影出版社,2001

刘学君.文人与茶.北京:东方出版社,1997

止庵.樗下读庄.北京:东方出版社,1999

柯继民编.四书五经.哈尔滨:黑龙江人民出版社,2005

江西社会科学院.农业考古·茶文化专号.1991—2005 年,1～30 号

后　记

　　感动作为一种性情，以源于自然而发乎内心而珍贵。因缘一种物品的感动，以广泛、悠久与沟通雅俗而融入我们的文化，恐怕惟茶所能。文化，不能固定，也难能有标准，但把文化与茶相联系，不但没有影响其成色，却显得生动而恰切，这就是茶文化。以"从惊讶开始，到赞美结束"喻茶之文化，也并不为过。以"知之深，爱之切"，让我等走到一起（编写此教材），为茶文化的传播与教育贡献自己的力量。

　　寓创新于法度、寄情理于活泼，是一种追求。古老的茶文化在吐故纳新与生生不息中所唤发出的活力已是有目共睹，然而，如何透过历史、关注现实而把握时代的脉博，如何将传统意义上严肃得近乎"非常道"的茶道、平日家长里短的茶事与茶文化巧妙地联系起来，如何客观地把握自然科学性在茶文化中所起举足轻重的作用，是茶文化教材所难以回避的，也是本书要探讨的。

　　本书还因通识课程而设。通识教育"是一种广泛的、非专业性的、非功利的基本知识、技能和态度的教育"，作为与茶文化相关的通识教育，还要求体现它有助于人的全面发展与民族优秀文化的传承，至于它为人们的生活或工作的间隙构置一个可供心灵憩休的园地，体现教育意义的文化休闲，那也是一种客观。凡此种种，都脱不开书稿的结构与内容，纲举才能目张。鉴此，本书在原有书稿的基础上，有别于一般的茶文化图书的惯例，对结构做了新的调整。以茶之史、茶之真、茶之善、茶之美、茶之道的结构体系所作的抽象与概括后进行具体阐述，以期达到理想的效果，其根本的依据就是茶的文化合乎人们的需要，与人性的美好向往以及相关的追求紧密相连：由茶的历史，到茶之道所反映的人生真谛，以及人们依茶而做的认知、情感的寄托、鉴赏和审美性创造，等等。这样的铺叙体现茶文化的本质与人们对茶文化了解与深入的需要，也反映茶的永恒性与人们茶文化喜爱的深刻所在。

　　感动自己，与大家分享，借鉴他人的研究成果，接受"实践"的检验，然后进行"自我鉴定"，这是作者深入茶文化的大致经历。它与改革开放后的民族复兴、文化的自觉、以及人们对自然和人文精神的再认识过程大体相当。如果以此作为书稿的思想基础与社会背景，那么，这一书稿的由来还在于时代的召唤；而由我辈来参与教材编写这项艰巨的工作，更多的当是一项职业性的使命。值得指出的是，面对博大精深的茶文化，与取其质材为不同于一般专业的通识性教育（通识教育在国内高等教育中才刚起步）而论，我们能凭借的只有自己有限的学养与执著的努力。从中我们也深深地感受到，在困难面前不退却，需要的还不只是勇气，至少还有那前辈的指导与同仁们的支持。现在，书稿将付梓并奉于读者，心情难免不能平静，我们愿以茶般的虚静期待恳切的评判。在此通过心得的形式写出，以表拳拳之心及自勉之意。

　　这次书稿由汤一、丁以寿、关剑平、黄杰与黄志根共同完成，是集体合作的结晶。其中：第一章"茶之史"（绝大部分）由关剑平撰写，第二章"茶之真"为汤一完成，第三章"茶之善"由黄杰撰写，第四章"茶之美"（前三节）为丁以寿撰写，绪言、附录、第五章"茶之道"（以及第四章的第四节）由黄志根编撰，彩页部分也由黄志根编排。值得强调的是，本书稿得到著名农史学者游修龄教授自始至终的指导，他那上次精彩的序言与这次在重病出院之时立即对原序所作的修改就是最好的例证。同样需要感谢的是徐波与董尚胜两位先生，由于行政工作的繁重，没能继续参与编写，但他们在原书中所表现出的经验与智慧是我们后来编写工作的宝贵财富。

　　《中华茶文化》书稿的编写工作得到作者所在相关单位领导的关心，出版过程得到浙江大学出版社有关人员的支持与帮助。本书彩照的收集得到了王建荣、黄飞和孙状云等的支持，在此一并致谢。

黄志根
2007 年月 10 月　于杭州华家池